Christian Jebas

Physiologische Bewertung aktiver und passiver Lichtsysteme im Automobil

SPEKTRUM DER LICHTTECHNIK   **BAND 1**

Lichttechnisches Institut
Karlsruher Institut für Technologie (KIT)

Physiologische Bewertung aktiver und passiver Lichtsysteme im Automobil

von
Christian Jebas

Dissertation, Karlsruher Institut für Technologie (KIT)
Fakultät für Elektrotechnik und Informationstechnik, 2012
Referenten: Prof. Dr. rer. nat. Cornelius Neumann,
Prof. Dr.-Ing. Stephan Völker

Impressum

Karlsruher Institut für Technologie (KIT)
KIT Scientific Publishing
Straße am Forum 2
D-76131 Karlsruhe
www.ksp.kit.edu

KIT – Universität des Landes Baden-Württemberg und
nationales Forschungszentrum in der Helmholtz-Gemeinschaft

KIT Scientific Publishing 2012
Print on Demand

ISSN 2195-1152
ISBN 978-3-86644-937-4

PHYSIOLOGISCHE BEWERTUNG AKTIVER UND PASSIVER LICHTSYSTEME IM AUTOMOBIL

Zur Erlangung des akademischen Grades eines

DOKTOR-INGENIEURS

von der Fakultät für Elektrotechnik und Informationstechnik

des Karlsruher Instituts für Technologie

genehmigte

DISSERTATION

von

Dipl.-Ing. (FH) Christian Jebas

geb. in	Wismar
Tag der mündlichen Prüfung:	11. Mai 2012
Hauptreferent:	Prof. Dr. rer. nat. Cornelius Neumann
Korreferent:	Prof. Dr-Ing. Stephan Völker

I DANKSAGUNG

Die vorliegende Arbeit entstand im Rahmen meiner Tätigkeit als wissenschaftlicher Mitarbeiter des *Lichttechnischen Institutes* des *Karlsruher Institutes für Technologie.*

Mein besonderer Dank gilt gleichermaßen Herrn Prof. Dr. rer. nat. Cornelius Neumann für seinen wissenschaftlichen aber auch freundschaftlichen Rückhalt in seiner Tätigkeit als Betreuer als auch Herrn Prof. Dr. rer. nat. Uli Lemmer, dessen Unterstützung meine Annahme als Doktorand und damit auch diese Dissertation ermöglicht hat.

Des Weiteren möchte ich meinen Dank gegenüber Herrn Prof. Dr.-Ing. Stephan Völker für die Übernahme des Korreferates und das damit verbundene Vertrauen in diese Arbeit zu Ausdruck bringen.

Darüber hinaus danke ich Herrn Dr. Karsten Köth für seine Unterstützung in Form zahlreicher wissenschaftlicher Anregungen.

Bei Herrn Dr. Karl Manz möchte ich mich im Allgemeinen für die stets offene Tür für Fragen und Hilfestellungen und im Speziellen für die rechtlichen Hintergründe zum Thema Warnsichtsysteme bedanken.

Ebenfalls danke ich Herrn Dr. Dieter Kooß für die Hilfsbereitschaft und die Beantwortung zahlreicher Fragen auf dem Gebiet der gesetzlichen Regelungen.

Bei Herrn Jürgen Locher möchte ich mich für seine hilfreichen Ratschläge zur angewandten Statistik bedanken.

Mein Dank gilt des Weiteren den von mir betreuten Studenten, deren Mithilfe in Form von Diplom-, Bachelor- und Studienarbeiten entscheidend zum Gelingen dieser Arbeit beigetragen hat. An dieser Stelle seien auch meine studentischen Hilfskräfte genannt, welche mir in zahlreichen Versuchsfahrten sowie deren Vorbereitung mit unterstützender Hand zur Seite standen.

Ebenso möchte ich allen Korrekturlesern meinen Dank für das aufmerksame Lesen meiner Dissertation sowie die konstruktive Kritik und die Verbesserungsvorschläge aussprechen.

Neben der gesamten Abteilung *Optische Technologien im Automobil / Allgemeine Lichttechnik* möchte ich mich im Besonderen herzlich bei Carmen Kettwich, Steffen Michenfelder und Tino Fettke für die tolle Zusammenarbeit bedanken. Nicht nur der fachliche Austausch, sondern auch das freundschaftliche Miteinander führte zu einem unvergleichlichen Arbeitsklima und einer hohen Motivation an meiner täglichen Arbeit.

Abschließend gilt mein ganz besonderer Dank meiner Mutter Kersten Jebas, die mich auf meinem privaten und beruflichen Weg stets unterstützt und motiviert hat.

Christian Jebas

II INHALT

I   Danksagung..I

II   Inhalt..III

1   Einleitung..1

    1.1   Automobile Lichttechnik und Verkehrssicherheit 1

    1.2   Zielstellung der Arbeit 4

    1.3   Eingrenzung des Untersuchungsgegenstandes 5

    1.4   Struktureller Aufbau 7

2   Adaptive Scheinwerfersysteme 9

    2.1   Anforderungen.. 9

       2.1.1   Lichttechnik.. 9

          2.1.1.1   Position anderer Verkehrsteilnehmer 10

          2.1.1.2   Fahrdynamik 11

          2.1.1.3   Beladung 14

          2.1.1.4   Aerodynamik.. 15

          2.1.1.5   Regen 16

          2.1.1.6   Nebel.. 18

          2.1.1.7   Straßentyp.. 19

          2.1.1.8   Horizontale Straßenführung 21

          2.1.1.9   Vertikale Straßenführung 23

       2.1.2   Passive Sicherheit 24

2.1.3 Ökologie 25

2.1.4 Design 26

2.2 Stand der Technik 27

2.2.1 Statische Leuchtweitenregelung 29

2.2.2 Dynamische Leuchtweitenregelung 30

2.2.3 Nebelscheinwerfer 30

2.2.4 Statisches Kurvenlicht/ Abbiegelicht 32

2.2.5 Dynamisches Kurvenlicht 33

2.2.6 Modulation der Lichtverteilung 35

2.2.7 Adaptive Hell-Dunkel-Grenze 37

2.2.8 Maskiertes Dauerfernlicht/
Vertikale Hell-Dunkel-Grenze 38

2.3 Ausblick auf zukünftige Systeme 40

2.3.1 Anpassung an die vertikale Straßengeometrie 45

2.3.2 Blendfreies Fernlicht 46

2.3.3 Warnsichtsysteme 47

3 Warnsichtsysteme 51

3.1 Einführung in die Thematik 51

3.1.1 Relevanz von Warnsichtsystemen 51

3.1.2 Zu bewertende Konzepte 55

3.1.2.1 Warnsichtsystem *Adaptive Lichthupe* 55

3.1.2.2 Warnsichtsystem *Markierungslicht* 56

3.2 Thesen 58

3.3 Versuchsdesign 58

3.4 Durchführung 60

3.4.1 Simulation der Warnsichtsysteme 60

3.4.1.1 Warnsichtsystem *Adaptive Lichthupe* 61

3.4.1.2 Warnsichtsystem *Markierungslicht* 62

3.4.1.3 Synchronisation der Einschaltverzögerung 67

3.4.2 Referenzlichtverteilung 69

3.4.3 Versuchsfahrzeug 69

3.4.3.1 Entfernungsmesssystem 70

3.4.3.2 Mikrofone 70

3.4.3.3 Kamera 70

3.4.3.4 Datenlogger 72

3.4.4 Probandenkollektiv 72

3.4.5 Versuchsstrecke 75

3.4.6 Sehobjekte 76

3.4.7 Versuchszeitraum 78

3.4.8 Fragebogen 78

3.5 Analyse der objektiven Daten 79

3.5.1 Datenmenge und -struktur 79

3.5.2 Vergleichbarkeit der Sehobjektpositionen 80

3.5.3 Vorversuch 84

3.5.3.1 Deskriptive Statistik 84

3.5.3.2 Prüfung auf Signifikanz 86

3.5.4 Hauptversuch 1 86

3.5.4.1 Deskriptive Statistik 86

3.5.4.2 Prüfung auf Signifikanz 88

3.5.5 Hauptversuch 2 90

3.5.5.1 Deskriptive Statistik 90

3.5.5.2 Prüfung auf Signifikanz 91

3.6	Analyse der subjektiven Daten	93
	3.6.1 Deskriptive Statistik	93
	3.6.2 Prüfung auf Signifikanz	97
3.7	Diskussion	100
	3.7.1 Diskussion des Vorversuches	100
	3.7.2 Diskussion der objektiven Daten	100
	3.6.3 Diskussion der subjektiven Daten	104
3.8	Rechtliche Einordnung	106
3.9	Fazit	107

4 Adaptive ambiente Innenraumbeleuchtung ... 109

4.1	Einführung in die Thematik	109
	4.1.1 Blendung durch den Gegenverkehr	109
	4.1.2 Ambiente Innenraumbeleuchtung	114
4.2	Zu bewertendes System	118
	4.2.1 Allgemeiner Aufbau und Funktionsweise	118
	4.2.2 Lichttechnische Charakterisierung	120
4.3	Ziele der Studie	122
4.4	Thesen	123
4.5	Analyse der Blendbelastung im realen Straßenverkehr	124
	4.5.1 Experimentelles Design	124
	4.5.2 Durchführung	125
	4.5.2.1 Versuchsfahrzeug	125
	4.5.2.2 Photometer	126
	4.5.2.3 Spektrometer	126
	4.5.2.4 Kamera	127

4.5.2.5	Datenlogger	128
4.5.2.6	Versuchsstrecke	128
4.5.2.7	Versuchszeitraum	129
4.5.2.8	Bestimmung des Korrekturfaktors	129
4.5.3	Analyse der Daten	130
4.5.3.1	Datenfilterung, -menge und -struktur	130
4.5.3.2	Deskriptive Statistik	131
4.5.3.3	Prüfung auf Signifikanz	131
4.5.4	Diskussion	133
4.6	Bewertung der *AAB* – statischer Versuch	135
4.6.1	Experimentelles Design	136
4.6.2	Simulierte Situationen	137
4.6.3	Durchführung	140
4.6.3.1	Versuchsaufbau	140
4.6.3.2	Sehobjekte und Monitor	141
4.6.3.3	Ansteuerungssoftware *Schweko* und Mikrofon	143
4.6.3.4	Blendlichtquelle und Vorfeldscheinwerfer	144
4.6.3.5	Probandenkollektiv	145
4.6.3.6	Fahrzeug	145
4.6.3.7	Versuchsort und Versuchszeitraum	145
4.6.4	Analyse der Daten	146
4.6.4.1	Datenfilterung, -menge und -struktur	146
4.6.4.2	Deskriptive Statistik	147
4.6.4.3	Prüfung auf Signifikanz	149
4.6.5	Diskussion	149

4.7   Bewertung der *AAB* – dynamischer Versuch 152

    4.7.1   Experimentelles Design 152

    4.7.2   Durchführung 153

        4.7.2.1   Versuchsaufbau 153

        4.7.2.2   Versuchsfahrzeug 153

        4.7.2.3   Scheinwerferracks 154

        4.7.2.4   Probandenkollektiv 155

        4.7.2.5   Versuchsstrecke 155

        4.7.2.6   Sehobjekt 157

        4.7.2.7   Versuchszeitraum 158

        4.7.2.8   Fragebogen 158

    4.7.3   Analyse der objektiven Daten 159

        4.7.3.1   Datenmenge und -struktur 159

        4.7.3.2   Vergleichbarkeit der Situationspaare 159

        4.7.3.3   Deskriptive Statistik 161

        4.7.3.4   Prüfung auf Signifikanz 162

    4.7.4   Analyse der subjektiven Daten 164

        4.7.4.1   Deskriptive Statistik 164

        4.7.4.2   Prüfung auf Signifikanz 166

    4.7.5   Diskussion 166

        4.7.5.1   Diskussion der objektiven Daten 166

        4.7.5.2   Diskussion der subjektiven Daten 168

4.8   Fazit   169

5   Vorfeldausleuchtung **173**

5.1   Einführung in die Thematik 173

    5.1.1   Bisherige Untersuchungen 173

	5.1.2	Blickverhalten im Tag-Nacht Vergleich	176
5.2		Ziele der Studie	178
5.3		Thesen	179
5.4		Experimentelles Design	179
5.5		Durchführung	180
	5.5.1	Versuchsfahrzeug	180
	5.5.2	Forschungsscheinwerfer *Voxellight*	180
	5.5.3	Eye-Tracking-System	185
	5.5.4	Probandenkollektiv	186
	5.5.5	Versuchsstrecke	187
	5.5.6	Fragebogen	187
	5.5.7	Versuchszeitraum	188
5.6		Analyse der objektiven Daten	188
	5.6.1	Datenfilterung	188
	5.6.2	Datenextraktion	189
	5.6.3	Datenstruktur	189
	5.6.4	Deskriptive Statistik	190
	5.6.5	Prüfung auf Signifikanz	192
5.7		Analyse der subjektiven Daten	193
5.8		Diskussion	194
	5.8.1	Diskussion der objektiven Daten	194
	5.8.2	Diskussion der subjektiven Daten	196
5.9		Fazit	197
6		**Zusammenfassung und Ausblick**	**201**

Literaturverzeichnis...**209**

Abbildungsverzeichnis...**229**

Tabellenverzeichnis..**239**

Anhang

Anhang A   Abkürzungen, Symbole und Einheiten...................... 245

     A.1   Abkürzungen.. 245

     A.2   Symbole und Einheiten................................. 247

Anhang B   Probandenübersicht 249

Anhang C   Fragebögen 254

     C.1   Warnsichtsysteme 254

     C.2   Adaptive ambiente Innenraumbe-
leuchtung AAB - dynamischer Versuch........ 254

     C.3   Vorfeldausleuchtung 260

Anhang D   Versuchsstrecken.. 261

Anhang E   Deskriptive Statistik zur Datenfilterung;
Versuch: Warnsichtsysteme
(Kapitel 3.5.2) 264

Anhang F   Veröffentlichungen.. 267

     F.1   Konferenzbeiträge mit Vortrag..................... 267

     F.2   Konferenzbeiträge mit Poster 268

     F.3   Eigenständige Werke 268

     F.4   Buchabschnitte.. 268

     F.5   Zeitschriftenartikel....................................... 269

     F.6   Veröffentlichungen als Drittautor 269

Anhang G   Betreute Arbeiten... 270

KAPITEL 1

EINLEITUNG

1.1 AUTOMOBILE LICHTTECHNIK UND VERKEHRSSICHERHEIT

Die persönliche Mobilität ist ein grundlegender Bestandteil unserer modernen Gesellschaft. Infolgedessen nimmt der Bestand an Kraftfahrzeugen weltweit stetig zu. Allein in Deutschland haben sich die Zulassungen seit 1975 etwa verdoppelt. Derzeit befinden sich über 50 Millionen Fahrzeuge im deutschen Straßenverkehr [KBA10].

Eine Folge der ansteigenden Verkehrsdichte ist das erhöhte Unfallrisiko für alle Verkehrsteilnehmer. Die alleinige Anpassung verkehrspolitischer Maßnahmen kann dieses Risiko nicht zufriedenstellend verringern. Zur Gewährleistung einer ausreichend hohen Sicherheit ist die Integration und Weiterentwicklung aktiver und passiver Sicherheitssysteme im Fahrzeug unerlässlich. Definitionsgemäß verhindern aktive Sicherheitssysteme Unfälle, während passive Sicherheitssysteme Unfallfolgen verringern. Eines der ältesten aktiven Sicherheitssysteme im Automobil stellt der Kraftfahrzeugscheinwerfer dar. Dieser leuchtet den Verkehrsraum in der Dunkelheit aus und bestimmt maßgeblich die dem Fahrzeugführer zur Verfügung stehenden Informationen.

Der Mensch nimmt über 90 % aller Informationen visuell auf [Fas94], [Lac97], [Eck93]. In der Dunkelheit ist diese Informationsaufnahme jedoch eingeschränkt. Entsprechend den Angaben von *Reinsberg* [Rei03] reduziert sich die Sehleistung bereits bei einem Menschen mit normaler Sehleistung auf 5 % des Tagesniveaus. Bei älteren Menschen ist die Reduktion deutlich höher. Diese Einschränkung führt neben weiteren Faktoren zu einem signifikanten Anstieg des Unfallrisikos in der Nacht. Abhängig von der Statistik und des Unfalltyps wird dieser Anstieg mit einem Faktor von 2 bis 4,1 beziffert [Dai10], [Sul01], [Sig96]. *Eckert* [Eck93] gibt an, dass bereits die Hälfte aller Unfallursachen auf Wahrnehmungsprobleme zurückzuführen ist.

Zur Senkung des bislang noch unverhältnismäßig hohen Unfallrisikos in der Dunkelheit ist eine kontinuierliche Weiterentwicklung des Scheinwerfers von entscheidender Bedeutung. Dabei liegt der Fokus in der Dynamisierung der Systeme. Aufgrund stetig wechselnder Faktoren des Umfeldes und des Fahrzeuges kann der bisher eingesetzte statische Scheinwerfer die an ihn gestellten Anforderungen nicht in jeder Situation erfüllen. Eine zufriedenstellende Lösung ist nur mit einem situativ-adaptiven System zu erreichen.

Im Laufe der Entwicklungsgeschichte des Automobils ist es trotz einer Vielzahl innovativer Ideen lange Zeit nur in Einzelfällen zu einer technischen Umsetzung adaptiver Funktionen in Serienfahrzeugen gekommen. Als Ursache ist unter anderem die geringe Akzeptanz von Fahrzeugkäufern für einen höheren Kaufpreis verbesserter Scheinwerfersysteme zu sehen. Während Umfragen zufolge 95 % bis 97 % der Fahrzeugführer Sicherheitssysteme, wie beispielsweise das Antiblockiersystem (ABS) oder das elektronische Stabilitätsprogramm (ESP), beim Neuwagenkauf als unbedingt notwendig erachten [Spi03], nimmt die lichttechnische Ausstattung eine untergeordnete Rolle ein. So akzeptieren am Beispiel des Kurvenlichtes nur 5 % der Käufer einen Kaufpreis von über 500 Euro und etwa 24 % einen Kaufpreis von über 200 Euro [Jeb08]. Ein Vergleich bekannter Systeme verdeutlicht die Problematik. Während das erst 1995 eingeführte elektronische Stabilitätsprogramm bereits heute in 73 % aller Neufahrzeuge integriert wird, kommt der bereits 1991 erstmals eingesetzte Gasentladungsscheinwerfer lediglich in 32 % aller Fälle zur Anwendung [DAT11].

Derzeit ist erfreulicherweise ein positiver Trend im Bereich der Scheinwerferlichttechnik zu beobachten. Während der Scheinwerfer viele Jahrzehnte praktisch nicht verändert wurde, konnten sich insbesondere in den letzten Jahren adaptive Systeme unterschiedlicher Komplexität in einer Vielzahl von Modellen diverser Klassen und Hersteller etablieren. Hier ist nicht zuletzt das für den Kunden sichtbare Design der neuen Systeme als Grund für diesen Wandel zu sehen.

Die derzeitige Situation stellt mit dem Absprung des adaptiven Scheinwerfers vom Einzelfall zur Implementierung in ein breites Modell- und Markenspektrum den Anfang eines Umschwunges dar. Die Marktdurchdringung einfacher anpassungsfähiger Systeme wird in den nächsten Jahren voraussichtlich schneller als bisher ansteigen, während auch komplexere Systeme Anwendung finden. Hier werden neue Technologien, wie beispielsweise die Verwendung der Leuchtdiode, höhere Freiheitsgrade bei der Auslegung adaptiver Funktionen ermöglichen.

Während die Weiterentwicklung des Scheinwerfers die naheliegendste fahrzeugbezogene Maßnahme zur Steigerung der Sichtweite des Fahrers bei Nacht darstellt, haben sich in den letzten Jahren auch alternative Optimierungsansätze gebildet. Bekannte Beispiele hierfür sind Nah- und Ferninfrarot-Nachtsichtsysteme. Kaum bekannt ist dagegen die Verwendung einer ambienten Innenraumbeleuchtung zur Steigerung der visuellen Leistungsfähigkeit des Fahrzeugführers.

Zur konventionellen Beleuchtung im Fahrzeuginnenraum zählen vorrangig die im Dachhimmel integrierten Leseleuchten, welche eine Störung des Adaptationszustandes verursachen können und aus diesem Grund nur im

Stand zu betreiben sind. Im Gegensatz hierzu werden ambiente Innenraumbeleuchtungen auch während der Fahrt betrieben. Sie sollen keine Störung des Adaptationsniveaus bewirken. Beleuchtungen dieser Art werden bereits seit mehreren Jahren in Automobilen unterschiedlicher Klassen integriert. Allerdings sind diese Varianten mit dem Ziel der Individualisierung primär designoptimiert.

In zukünftigen Modellen ist ebenfalls der Einsatz ambienter Innenraumbeleuchtungen denkbar, welche neben den gestalterischen Vorteilen auch einen Einfluss auf das Kontrastsehen des Fahrzeugführers besitzen. Studien [Fra06], [Kas07], [Löb00] haben bereits bewiesen, dass ein derartiger Einfluss für bestimmte Altersklassen erzeugt werden kann. Auf diese Weise könnte auch die Lichttechnik des Fahrzeuginnenraumes die Verkehrssicherheit bei Nacht erhöhen.

Zur Optimierung der Sicht im nächtlichen Verkehrsraum ist die stete Weiterentwicklung der Lichttechnik im Innen- und Außenbereich des Fahrzeuges als grundlegend anzusehen, wobei die Optimierung als sequenzieller Prozess zu betrachten ist. Verbesserungen können nur schrittweise umgesetzt werden. Da die im Straßenverkehr beteiligten Fahrzeuge ausnahmslos von Menschen gesteuert werden, sind sinnvolle Weiterentwicklungen nur auf der Basis physiologisch-psychologischer Bewertungen umzusetzen. Letztere erfolgen auf der Basis von Probandentests. Durch die Erprobung innovativer Lichtsysteme wird deren Wirkpotential im realen nächtlichen Straßenverkehr quantifiziert, um verbesserte und zweckdienliche Weiterentwicklungen zu ermöglichen.

1.2   ZIELSTELLUNG DER ARBEIT

Die Sicht im nächtlichen Straßenverkehr wird vor allem durch das Verhältnis zwischen Objektkontrasten und dem jeweils vorliegenden Schwellenkontrast des Fahrzeugführers bestimmt. Beide Parameter werden neben Umfeldfaktoren, zu denen auch andere Verkehrsteilnehmer gehören, vor allem durch die fahrzeugeigene Lichttechnik bestimmt. Dabei ist nicht nur die Ausleuchtung der Scheinwerfer, sondern auch eine gegebenenfalls vorhandene ambiente Innenraumbeleuchtung entscheidend. Signalleuchten im Front- und Heckbereich besitzen lediglich einen Einfluss auf andere Verkehrsteilnehmer.

In den nächsten Jahren ist eine im Vergleich zur bisherigen Entwicklung schnellere Marktdurchdringung neuer Technologien im Bereich der Fahrzeuglichttechnik zu erwarten. Hier seien beispielhaft die Verwendung der Leuchtdiode als neue Lichtquelle in hochadaptiven Matrix-Scheinwerfern oder eine stärkere Vernetzung von Lichttechnik und videobasierter Sensorik genannt. Diese Weiterentwicklungen werden die Umsetzung völlig neuartiger Systeme mit weitreichend veränderten Ausleuchtungen ermöglichen.

Ziel der vorliegenden Arbeit ist die physiologische Bewertung innovativer Lichtsysteme im Automobil aus Sicht des Fahrzeugführers im nächtlichen Straßenverkehr.

1.3 EINGRENZUNG DES UNTERSUCHUNGSGEGENSTANDES

Aufgrund des großen Spektrums innovativer Ideen sind zunächst eine Auswahl der zu analysierenden Konzepte und eine Eingrenzung der Fragestellung erforderlich. Dabei wird neben der Scheinwerferlichttechnik auch der Bereich der ambienten Innenraumbeleuchtungen betrachtet. Im Zuge der Recherche im Bereich neuartiger Fahrzeuglichttechnik erweisen sich die folgend aufgeführten Fragestellungen als besonders relevant:

1)   Die Verknüpfung von Scheinwerfersystemen mit einer videobasierten Objekterkennung ermöglicht die Detektion potentieller Gefahrenobjekte im nächtlichen Straßenverkehr. In diesem Zusammenhang sind insbesondere unbeleuchtete Fußgänger zu nennen. Während derzeit auf dem Markt befindliche Systeme diese Gefahrenobjekte auf einem Bildschirm markieren (vgl. [Kno10]), wird als Alternative zukünftig der Scheinwerfer als Aktor eingesetzt [Dai10]. Dieser soll Fußgänger in Fahrbahnnähe ausleuchten und sowohl deren Erkennbarkeit, als auch die Aufmerksamkeit des Fahrzeugführers erhöhen.

Im ersten Teil dieser Arbeit wird der Einfluss dieser sogenannten Warnsichtsysteme auf die Erkennbarkeit von Fußgängern analysiert.

2)   Im Gegensatz zu bisherigen Design-orientierten Entwicklungen im Bereich der ambienten Innenraumbeleuchtung werden in zukünftigen Modellen voraussichtlich Systeme eingesetzt, welche die visuelle Leistungsfähigkeit des Fahrzeugführers positiv beeinflussen sollen.

Im zweiten Teil dieser Arbeit wird der Einfluss einer bereits auf dem Markt erhältlichen situativ-adaptiven Innenraumbeleuchtung auf die visuelle Leistungsfähigkeit des Fahrzeugführers untersucht.

3)   Bereits heute sind adaptive Scheinwerfer in der Lage, die Lichtverteilung mit geringem Freiheitsgrad zu variieren. Zukünftig wird die Verwendung der Leuchtdiode die Integration einer Vielzahl einzelner Lichtquellen im Scheinwerfer ermöglichen. Durch die individuelle Ansteuerung der LEDs können bei entsprechender optischer Auslegung die Lichtstärken in fein abge-

stuften Raumwinkelbereichen moduliert werden, wodurch die Gestaltungsfreiheit der Lichtverteilungen im Vergleich zu derzeitigen adaptiven Systemen deutlich erhöht wird. In diesem Fall ergibt sich der Freiheitsgrad aus der Anzahl der verwendeten Leuchtdioden, welche jedoch aus technischen und wirtschaftlichen Aspekten begrenzt sind.

In Hinsicht auf die neuen Möglichkeiten zur Gestaltungsfreiheit der Lichtverteilung stellt sich die Frage nach der Relevanz der einzelnen Raumwinkelbereiche für die jeweilige Lichtverteilung. In der vorliegenden Arbeit wird diese Fragestellung in Bezug auf die Ausleuchtung unmittelbar vor dem Fahrzeug bearbeitet.

1.4 STRUKTURELLER AUFBAU

In Kapitel 2 erfolgt zunächst eine Einführung in die adaptive Scheinwerferlichttechnik. Nach der Definition der grundlegenden Anforderungen an diese Systeme werden die derzeit etablierten adaptiven Funktionen im Einzelnen ausführlich erläutert. Es folgt eine Darstellung der in den nächsten Jahren voraussichtlich zu erwartenden Konzepte in diesem Bereich.

Entsprechend der getrennt voneinander zu behandelnden Aufgabenstellungen unterteilt sich die weitere Dissertation in drei weitestgehend unabhängige Abschnitte. Die Bewertung der Warnsichtsysteme wird in Kapitel 3 erläutert, während die nachfolgenden Kapitel 4 und 5 die Analyse der ambienten Innenraumbeleuchtung sowie der Vorfeldausleuchtung beinhalten. Abschließend werden die Ergebnisse in Kapitel 6 zusammenfassend dargestellt.

KAPITEL 2

ADAPTIVE SCHEINWERFERSYSTEME

2.1 ANFORDERUNGEN

2.1.1 LICHTTECHNIK

Die zentrale lichttechnische Anforderung an den Fahrzeugscheinwerfer stellt die Ausleuchtung des Verkehrsraumes in der Dunkelheit dar, wodurch die Sicht des Fahrzeugführers verbessert und die Erkennung von potentiellen Gefahrenobjekten ermöglicht werden soll. Weiterhin erzeugen beide Scheinwerfer ein charakteristisches Signalbild zur Klassifizierung des Fahrzeuges durch andere Verkehrsteilnehmer. Dabei ist eine Blendung des Fahrzeugführers oder anderer Verkehrsteilnehmer auszuschließen bzw. zu minimieren.

In Hinsicht auf die allgemeine technische Reife moderner Automobile ist die seit vielen Jahrzehnten etablierte Verwendung des statischen Fern- bzw. Abblendlichtes als nicht mehr zeitgemäß anzusehen. Sowohl das Fahrzeug als auch der Straßenverkehr stellen Systeme mit hoher Dynamik dar. In einfacher Schlussfolgerung ist eine optimale Erfüllung der an den Scheinwerfer gestellten Anforderungen auch nur mit einem dynamischen System zu erreichen.

Diese Systeme werden als Adaptive Frontbeleuchtungssysteme (AFS) bezeichnet. In der *ECE*-Regelung 123, welche seit 2007 in Kraft ist, werden diese als „[...] Beleuchtungseinrichtung, die Lichtbündel mit unterschiedlichen Eigenschaften für die automatische Anpassung an verschiedene Anwendungsbedingungen des Abblendlichtes und gegebenenfalls des Fernlichtes [...] erzeugt", definiert.

In den letzten Jahren konnten sich bereits einfache adaptive Systeme auf dem Markt etablieren. Während ihr Dynamikumfang derzeit jedoch noch begrenzt ist, werden in den nächsten Jahren voraussichtlich Scheinwerfer zur Verfügung stehen, deren Lichtverteilung mit einem deutlich höheren Freiheitsgrad moduliert werden kann. Durch eine Verknüpfung einer weiterentwickelten Lichttechnik mit einer komplexen Sensorik wird die Anpassung an veränderliche Bedingungen ermöglicht. Letztere resultieren aus Faktoren des Umfeldes sowie des Fahrzeuges.

Die folgenden Kapitel 2.1.1.1 bis 2.1.1.9 beinhalten eine Darstellung der wichtigsten Bedingungen, an welche eine Anpassung eines optimalen adaptiven Scheinwerfers erforderlich ist.

2.1.1.1   POSITION ANDERER VERKEHRSTEILNEHMER

Die primäre Aufgabe des Kraftfahrzeugscheinwerfers, also die Ausleuchtung des Verkehrsraumes für den Fahrzeugführer, ist offensichtlich einfach zu realisieren, solange die Verkehrsdichte gering ist und die Fahrzeuge einen ausreichend großen Abstand zueinander besitzen. In diesem Fall sind grundsätzlich die für die jeweilige Sehaufgabe relevanten Bereiche hell auszuleuchten. Obwohl selbstverständlich physiologische und psychologische Aspekte des Fahrzeugführers grundlegende Anforderungen und Einschränkungen an eine für diese Situation optimierte Lichtverteilung definieren, ist der Freiheitsgrad möglicher Gestaltungen dennoch vergleichsweise hoch.

Aufgrund der heutigen Verkehrsdichte kann eine Lichtverteilung mit dieser Charakteristik jedoch selbst bei optimaler Nutzung nur in etwa 50 % der gesamten Fahrzeit eingesetzt werden (vgl. [Böh10]). In der verbleibenden Zeit liegt die sekundäre Anforderung an den Scheinwerfer in der Vermeidung der Blendung anderer Verkehrsteilnehmer. Die Erfüllung dieser sekundären Aufgabe bei gleichzeitiger Gewährleistung einer ausreichend hohen Sichtweite bildet einen Zielkonflikt und stellt auch derzeit noch ein Arbeitsgebiet mit besonders großem Optimierungsbedarf dar.

Statische Scheinwerfer reduzieren die Blendung entgegenkommender oder vorausfahrender Fahrzeuge mithilfe einer nicht veränderlichen Abblendlichtverteilung mit asymmetrischer Hell-Dunkel-Grenze nach *ECE*-Regelung 98 bzw. 112 Abs. 6.2.1. Die Position anderer Verkehrsteilnehmer stellt jedoch einen der größten Dynamikfaktoren im Verkehrsraum dar. In Schlussfolgerung ist die Lichtverteilung des Scheinwerfers an die Lage anderer Verkehrsteilnehmer anzupassen.

Aus lichttechnischer Sicht ist eine Klassifizierung der Verkehrsteilnehmer in Unbeleuchtete und Beleuchtete sinnvoll. Letztere weisen durch ihr Signalbild eine gute Sichtbarkeit auf und sind zu entblenden. Im Gegensatz hierzu sind unbeleuchtete Verkehrsteilnehmer, also Fußgänger, zur besseren Erkennbarkeit auszuleuchten.

2.1.1.2 FAHRDYNAMIK

Im Bereich der Fahrdynamik werden sechs Bewegungsgrößen unterschieden. Neben den translatorischen Bewegungen in den drei Dimensionen des Raumes führen Längs- und Querbeschleunigungen des Fahrzeuges zu einer Neigung der Karosserie um die Hoch-, Quer- und Längsachse (Abbildung 1). Dabei ist vor allem die Bewegung um die Querachse für die

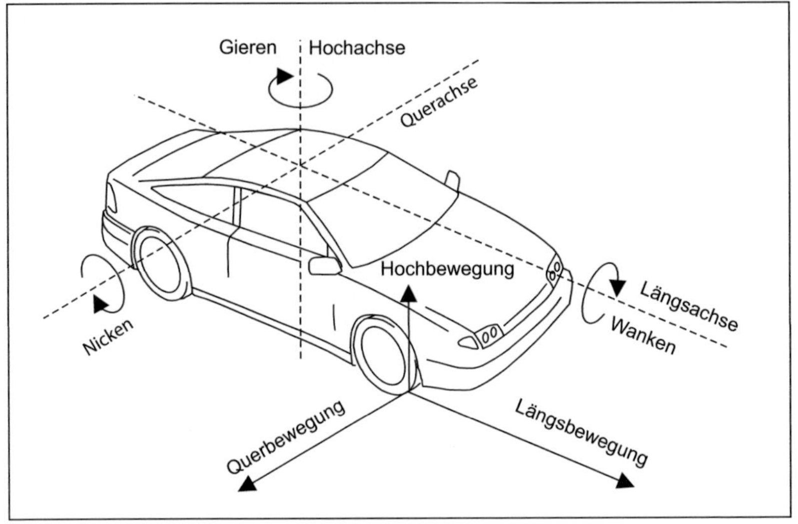

Abbildung 1:
Translatorische und rotatorische Bewegungsgrößen eines Fahrzeuges

Automobillichttechnik relevant. Dieses sogenannte Nicken bedingt eine Veränderung der Scheinwerferreichweite und führt auf diese Weise zu einer eingeschränkten Erkennbarkeit von Gefahrenobjekten bzw. zu einer Blendung des Gegenverkehrs.

Die während der Fahrt entstehenden Nickwinkel sind insbesondere von den Eigenschaften des Fahrzeugtyps abhängig. Vor allem die Lage des Schwerpunktes sowie die Charakteristik des Fahrwerkes bestimmen maßgeblich die Größe dieses Wertes. *Damasky* [Dam95] gibt bei einer mittleren Beschleunigung von ± 3 m/s² Nickwinkel von etwa - 0,9° bis + 1,1° an.

Diese Werte sind für den allgemeinen Fahrbetrieb anwendbar. Jedoch können insbesondere im Fall einer Notbremsung auch deutlich größere Beschleunigungen von bis zu - 10 m/s² auftreten. In seiner Dissertation ermittelte *Huhn* [Huh99] maximale Nickwinkel von bis zu + 1,49° bzw. -1,81°.

Abbildung 2 zeigt beispielhaft den Zusammenhang zwischen der Beschleunigung und dem resultierenden Nickwinkel im Fall eines bremsenden Kleintransporters[1].

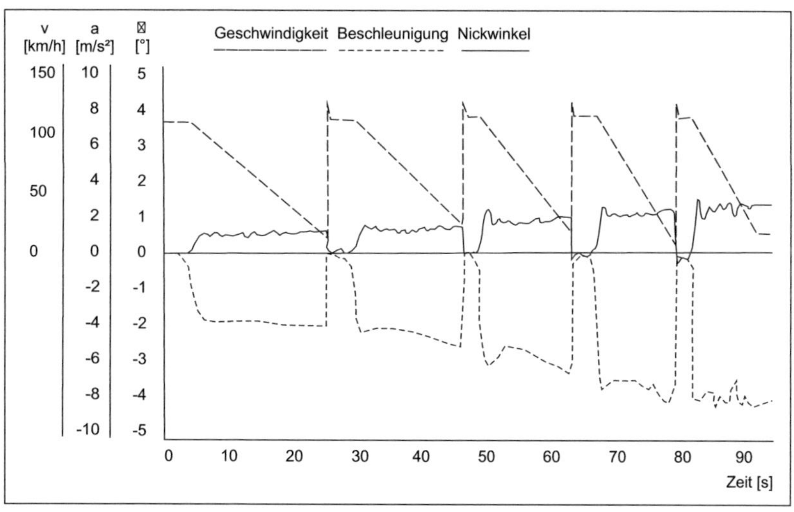

Abbildung 2:
Nickwinkel in Abhängigkeit der Längsbeschleunigung am Beispiel eines unbeladenen Kleintransporters

Die Beträge der Nickwinkel mögen klein erscheinen. Es gilt jedoch zu bedenken, dass der geforderte Neigungswinkel eines Scheinwerfers bezogen zur Fahrbahn in der Regel lediglich - 0,57° beträgt. Betrachtet man beispielhaft die von *Huhn* angegebenen Werte für die Notbremsung, so resultiert eine Abweichung von 317 %. In diesem Fall sinkt die Reichweite[2] der Ausleuchtung von 65 m auf unter 16 m, wodurch die Erkennung und damit das Umfahren der für die Notbremsung verantwortlichen Gefahrenobjekte nicht zufriedenstellend gesichert sind.

---

[1]   Unbeladen, Gesamtgewicht 2.488 kg
[2]   Hier: Lage der Hell-Dunkel-Grenze auf der Fahrbahn

Als ebenso kritisch sind die positiven Nickwinkel während der Geschwindigkeitszunahme anzusehen. Diese sind zwar für den Fahrzeugführer von untergeordneter Bedeutung, führen jedoch zu einer Blendung anderer Verkehrsteilnehmer. Den Angaben von *Huhn* [Huh99] zufolge liegt die Hell-Dunkel-Grenze bezogen auf innerörtliche Fahrten im Mittel in 4,78 % der gesamten Fahrzeit über dem Horizont. Außerorts sind diese Anteile aufgrund der konstanten Fahrweise erwartungsgemäß niedriger.

Eine Kompensation der Abweichung ist seitens der *ECE* nicht vorgeschrieben, obwohl nach *Klinger* [Kli08] selbst kleine Nickwinkel die nach Regelung 48, Abschnitt 6.2.6.1.1 [ECE10] vorgeschriebenen Toleranzen von 0,1 %[3] um ein Vielfaches überschreiten. In Bezug auf ein adaptives Scheinwerfersystem ist eine Kompensationseinrichtung jedoch als grundlegend anzusehen.

Werden neben mehrspurigen auch einspurige Kraftfahrzeuge betrachtet, so ist auch die Bewegung um die Längsachse, das sogenannte Wanken, von Bedeutung. Abhängig von der Charakteristik des Motorrades, sowie des Untergrundes können nach *Seiniger* [Sei06] theoretische Winkel von bis zu 50° erreicht werden. Je nach Wankrichtung resultiert diese Bewegung ebenfalls in einer reduzierten Erkennbarkeitsentfernung des Fahrers bzw. einer Blendung anderer Verkehrsteilnehmer.

2.1.1.3 BELADUNG

Wechselnde Beladungszustände führen ebenfalls zu einer Bewegung des Fahrzeuges um die Querachse. Die in der Regel auf das Fahrzeugheck wirkende Belastung resultiert in einer Blendung des Gegenverkehrs.

---

[3]   Bezogen auf die vom Hersteller festzulegende Einstellung der abwärts gerichteten Ausgangsneigung der Hell-Dunkel-Grenze

Matha [Mat10a] quantifiziert die auftretenden Neigungswinkel in Abhängigkeit der Beladung am Beispiel eines Mittelklassefahrzeuges. Seinen Angaben zufolge führt bereits die Betankung des Automobils zu einem Nickwinkelunterschied von 0,1°[4]. Ist das Fahrzeug mit fünf Personen voll besetzt, steigt der der Fehler auf kritische 0,8°[5]. Im Fall einer zusätzlichen Beladung von 400 kg im Kofferraum werden sogar Maximalwerte von annähernd 1,7°[6] erreicht.

2.1.1.4 AERODYNAMIK

Neben beschleunigungs- und beladungsbedingten Nickwinkeln kann ferner auch die Aerodynamik zu einer Bewegung des Fahrzeuges um seine Querachse führen. So bedingt der Windwiderstand in Kombination mit dem Antriebsmoment ein Aufstellen der Karosserie und damit bei Nichtkompensation eine höhere bzw. geringere Reichweite des Abblendlichtes, welche ggf. in einer Blendung des Gegenverkehrs bzw. einer verringerten Erkennbarkeitsentfernung resultiert.

Lehnert [Leh01] zeigt, dass die Nickwinkel mit der jeweils gefahrenen Geschwindigkeit korrelieren. Seinen Angaben zufolge kann die Neigung des Scheinwerfers abhängig von der Fahrwerksauslegung vergrößert oder verkleinert werden. Er ermittelte Nickwinkel von bis zu -0,24° beziehungsweise +0,16° bei Geschwindigkeiten von über 200 km/h.

Die von *Lehnert* ermittelten Nickwinkel sind im Vergleich zu den durch die Beladung oder Fahrdynamik verursachten Abweichungen geringer, überschreiten jedoch deutlich die in *ECE* Regelung 48 [ECE10] definierten Tole-

---

4 Von *Matha* in [Mat10a] mit 0,20 % angegeben
5 Von *Matha* in [Mat10a] mit 1,35 % angegeben
6 Von *Matha* in [Mat10a] mit 2,90 % angegeben

ranzen in Bezug auf die Einstellung der vertikalen Neigung der Hell-Dunkel-Grenze. Des Weiteren kann eine durch die zuvor genannten Einflüsse bedingte Abweichung verstärkt werden.

2.1.1.5 REGEN

Die Reflexionseigenschaften der Fahrbahn bestimmen in wesentlichem Maße die Sicht im nächtlichen Straßenverkehr. So resultiert die vom Fahrzeugführer wahrgenommene Leuchtdichte und sein Adaptationszustand aus der Rückwärtsreflexion des vom Scheinwerfer emittierten Lichtes, während die am Auge des Gegenverkehrs vorliegende Blendbeleuchtungsstärke und die Kontraste von Objekten im Fernfeld durch die Vorwärtsreflexion desselben beeinflusst werden. Zur Beschreibung wird der von der Beobachtungs- und Beleuchtungsrichtung abhängige Leuchtdichtekoeffizient q genutzt, welcher aus dem Verhältnis von Leuchtdichte und Beleuchtungsstärke gebildet wird.

Im trockenen Zustand besitzt die Fahrbahn eine raue Oberflächenstruktur, wodurch der Leuchtdichtekoeffizient für die Rückwärtsreflexion einen hohen Wert annimmt und relativ hohe Leuchtdichten in Richtung des Fahrzeugführers erzeugt werden. Mit zunehmender Wasseransammlung auf der Fahrbahn steigt der Reflexionsgrad und der q-Wert für die Rückwärtsreflexion sinkt, wogegen er für die Vorwärtsreflexion ansteigt (Abbildung 3). Infolgedessen werden die Blendbeleuchtungsstärken am Auge entgegenkommender Verkehrsteilnehmer erhöht. *Von Hoffman* [Hof03] konnte einen maximalen Anstieg um den Faktor vier auf feuchter, sowie um den Faktor neun auf regennasser Fahrbahn nachweisen. Des Weiteren verringern sich die vom Fahrzeugführer wahrgenommenen Leuchtdichten und somit dessen Adaptationsniveau. Die Kombination dieser Auswirkungen führt zu einer deutlichen Verschlechterung der Sicht-

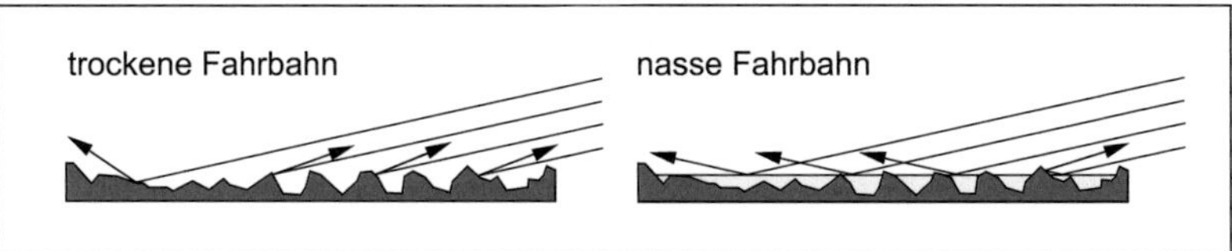

Abbildung 3:
Reflexion des vom Scheinwerfer abgestrahlten Lichtes auf trockener
und nasser Fahrbahn

bedingungen, welche durch auf der Windschutzscheibe befindliches Wasser noch verstärkt werden kann. Nach *Rosenhahn* [Ros99] kann die Leistungsfähigkeit des visuellen Systems auf bis zu 10 % des ohne Blendung vorliegenden Niveaus verringert werden.

Köhler [Köh11] führte ebenfalls Versuche zum Reflexionsverhalten von Fahrbahnoberflächen statt. Sie bestätigt die aus vorhergehenden Arbeiten resultierenden Ergebnisse. Ihren Angaben entsprechend steigt der maximale Leuchtdichtekoeffizient auf nasser Fahrbahn im Vergleich zur trockenen Oberfläche um den Faktor drei.

Nach *Damasky* [Dam95] bestimmen vor allem die Reflexionen im Bereich von 10 bis 25 m vor dem Fahrzeug die Blendung des Gegenverkehrs. Zur Optimierung der Lichtverteilung in Regensituationen ist folglich eine Anpassung der Lichtverteilung im Bereich des Vorfeldes erforderlich. *Rosenhahn* [Ros99] definiert photometrische Mindestanforderungen auf Basis der von ihm durchgeführten Untersuchungen. Er führt zusätzliche Bereiche auf dem Messschirm ein, welche durch die Vorgabe maximaler Beleuchtungsstärken die Reflexblendung bei Regen verringern sollen. Ferner ist die Lichtverteilung zu verbreitern, um die Orientierung des Fahrzeugführers zu verbessern.

2.1.1.6 NEBEL

Im Nebel führen die in der Luft befindlichen Wassertröpfchen mit einem Durchmesser von unter 10^{-6} m neben einer geringen Absorption vor allem zur Streuung des vorhandenen Lichtes, welche sich über die Mie-Theorie beschreiben lässt. Als Folge werden die Objektleuchtdichten und damit der Kontrast mit zunehmendem Beobachterabstand und steigender Trübungsdichte exponentiell reduziert [Wol02]. Des Weiteren wird ein Teil des vom Scheinwerfer emittierten Lichtes in Richtung des Fahrzeuges zurück reflektiert, wodurch die Umfeldleuchtdichte und das Adaptationsniveau des Fahrers erhöht werden. Diese Einflüsse führen, wie unter anderem von *Richter* [Ric06] belegt, zu einem erhöhten Unfallrisiko in Nebelsituationen.

Untersuchungen von *Rosenhahn* [Ros99] haben gezeigt, dass eine Verringerung der im Nebel entstehenden Streuleuchtdichte über eine Neigungsanpassung der Scheinwerfer erzielt werden kann. So führt beispielsweise eine Winkelveränderung von - 0,57 % auf - 1,14 % zu einer Reduktion der Streuleuchtdichte auf etwa die Hälfte des Ausgangswertes, bezogen auf eine Entfernung von 20 m.

Seine Studien konnten im Übrigen eine Abhängigkeit der Streuleuchtdichte von der Anbauposition der Scheinwerfer nachweisen. Aufgrund des größeren Winkels zwischen der Beleuchtungs- und Beobachtungsrichtung erzeugt ein auf der rechten Fahrzeugseite befindliches System stets einen geringeren Streulichtanteil. Als Schlussfolgerung ist der Lichtstrom der zum Auge des Fahrzeugführers bezogenen Position des jeweiligen Scheinwerfers anzupassen. *Rosenhahn* [Ros99] gibt Empfehlungen für einen Unterschied von 25 % zwischen dem rechten und dem linken Scheinwerfer an.

Vergleichbar mit einer Anpassung an nasse Fahrbahnoberflächen kann die Orientierung im Nebel durch höhere Lichtstärken im Seitenbereich verbessert werden. Bereits heute generieren Nebelscheinwerfer eine Lichtverteilung mit einer Breite von ± 35°. Nach *Wambsganß* [Wam96] kann eine weitere Verbreiterung jedoch keine zusätzlichen Vorteile erzielen.

2.1.1.7 STRASSENTYP

Eine Klassifizierung der in Deutschland vorhandenen Straßen ist auf der Basis verschiedener Kriterien möglich. So kann die Trennung beispielsweise den *Richtlinien für die Anlagen von Straßen (RAS)* [FSV95] entsprechend primär funktionsorientiert erfolgen. Eine häufig verwendete Alternative stellt die Aufteilung nach dem Träger der Straßenbaulast dar. Während diese etablierten Definitionen vor allem auf funktions- und wirtschaftsbezogenen Aspekten basieren, ist für den Bereich der Fahrzeuglichttechnik, wie nachfolgend näher erläutert, eine eigenständige Unterteilung nach dem Bereich der Sehaufgabe sowie der zu erwartenden Position zu entblendender Fahrzeuge sinnvoll.

Unter dem Bereich der Sehaufgabe wird in diesem Kontext eine Zone im Verkehrsraum verstanden, in welcher in Hinsicht auf die wahrscheinlichste Lage möglicher Gefahrenobjekte sowie den notwendigen Anhalteweg des Fahrzeuges die höchste Blickhäufigkeit des Fahrzeugführers gefordert wird. Während der Abstand dieses Bereiches zum Fahrzeug mit der gefahrenen Geschwindigkeit korreliert, ergibt sich seine Breite aus dem Straßenumfeld.

Aus dieser Überlegung resultierend muss der Fahrzeugführer bei hohen Geschwindigkeiten seinen Blick innerhalb eines schmalen Raumwinkelbereiches weit in die Ferne richten, um sein Fahrzeug in einer Notsituation rechtzeitig abbremsen zu können. Mit sinkender Geschwindigkeit verringert sich auch der theoretisch notwendige Mindestabstand des optimalen Blickbereiches zum Fahrzeug. Bewegt sich letzteres außerhalb geschlossener Ortschaften, konzentriert sich das Interessengebiet auf den vor dem

Fahrzeug liegenden Verkehrsbereich. Innerhalb geschlossener Ortschaften sind zur Gewährleistung einer rechtzeitigen und sicheren Detektion von sich bewegenden unbeleuchteten Verkehrsteilnehmern ebenfalls die nahen Seitenbereiche relevant.

Neben dem Bereich der Sehaufgabe ist zur Auslegung angepasster Lichtverteilungen, wie zuvor genannt, die Lage zu entblendender Verkehrsteilnehmer von Bedeutung. Hier resultiert eine sinnvolle Unterteilung vor allem aus der Fahrbahnbreite sowie der Anzahl der Fahrspuren. Abgesehen von der Entblendung entgegenkommender Fahrzeuge ist auch die Rückspiegelblendung vorausfahrender oder zu überholender Verkehrsteilnehmer zu berücksichtigen.

Entsprechend den genannten Überlegungen ist neben einer Geschwindigkeitsanpassung eine Unterscheidung der Straßen nach den Kriterien „inner- bzw. außerorts" sowie „ein- und mehrstreifig" sinnvoll.

Eine straßentypabhängige Anpassung beinhaltet eine Umverteilung des vom Scheinwerfer emittierten Lichtstroms auf die jeweiligen Bereiche der Sehaufgabe, während Areale, in denen sich mit hoher Wahrscheinlichkeit andere beleuchtete Verkehrsteilnehmer befinden, entblendet werden. Dabei ergeben sich die in einem definierten Raumwinkel erforderlichen Lichtstärken nicht ausschließlich aus den zur Erkennung eines Objektes notwendigen Minimalkontrasten. In weiterer Überlegung könnten deutlich über der Wahrnehmungsschwelle liegende Kontraste die visuelle Attraktivität der geforderten Sehaufgabenbereiche und damit den Anteil der optimalen Blickzuwendung erhöhen.

Als Beispiel für die Auslegung eines an den Straßentyp angepassten Scheinwerfersystems wird auf die Untersuchungen von *Damasky* [Dam95] verwiesen. In seiner Dissertation erarbeitete er Vorschläge für ein Landstraßen-, Autobahn- und Stadtlicht, basierend auf der Lage verkehrsrelevanter

Objekte. Somit beinhalten seine Konzepte auch den geforderten Bereich der Sehaufgaben.

2.1.1.8 HORIZONTALE STRAßENFÜHRUNG

Bedingt durch die asymmetrische Form der Hell-Dunkel-Grenze verringert sich die Erkennbarkeitsentfernung des Fahrzeugführers in Linkskurven, während die Blendung des Gegenverkehrs in Rechtskurven ansteigt.

Bereits am Tag liegt ein erhöhtes Unfallrisiko in Kurven vor, welches in der Dunkelheit ansteigt. Nach Angaben des Statistischen Bundesamtes [SBA10] ereigneten sich im Jahr 2009 etwa 30 % aller Unfälle mit Personenschaden in Kurven[7]. Nach *Gotoh* [Got96] weisen Kurven in der Nacht das höchste Gefahrenpotential auf.

Von Hoffmann [Hof03] beschäftigte sich in seiner Dissertation unter anderem mit der Relevanz einer Anpassung an die horizontale Straßengeometrie aus Sicht des Fahrzeugführers. Er zeigt, dass die zur Orientierung und Abschätzung des weiteren Kurvenverlaufes benötigte Fahrbahnmarkierung insbesondere in Linkskurven mithilfe eines konventionellen Scheinwerfers nicht zufriedenstellend ausgeleuchtet wird. Abbildung 4 verdeutlicht diese Problematik durch den Vergleich der Sehweite[8] in Links- und Rechtskurven. Die absoluten Werte sind dabei von der Qualität der Lichtverteilung sowie der Charakteristik des Fahrbahnuntergrundes abhängig und daher

---

[7]   In [SBA10] wie folgt angegeben: Unfälle mit Personenschaden insgesamt: 79.051, darunter mit Kurve: 23.446 (außerhalb geschlossener Ortschaften, ohne Autobahn)

[8]   In [Hof03] wie folgt definiert: „Die „Sehweite" V von Objekten beschreibt als physiologisches Maß, bis zu welcher Entfernung ein Objekt in seinem Leuchtdichtekontrast zum Umfeld wahrgenommen werden kann."

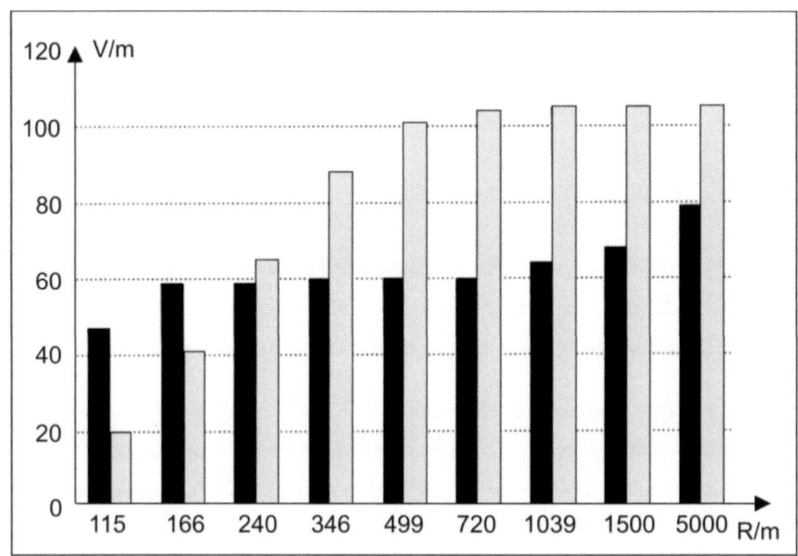

Abbildung 4:
Sehweite *V* in Links (schwarz)- und Rechtskurven (grau) für ausgewählte
Kurvenradien *R* bei Verwendung des Abblendlichtes [Hof03]

von untergeordneter Bedeutung. Anhand der relativen Unterschiede lassen
sich jedoch ab einem Kurvenradius von 346 m deutliche Sichteinschrän-
kungen nachweisen. In Kurven mit geringerem Radius wird die geometrische Sichtweite durch die Randbebauung reduziert.

Die Notwendigkeit einer Anpassung an die horizontale Straßenführung
zeigt auch *Cohen* [Coh89] in einer älteren Veröffentlichung. Durch einen
Vergleich der Unfallzahlen konnte er ebenfalls ein erhöhtes nächtliches
Unfallrisiko in Linkskurven nachweisen.

Darüber hinaus befasste sich *Schwab* [Sch03a] mit dem in Kurven vorliegenden Unfallrisiko. Seinen Recherchen zufolge sind insbesondere Kurvenradien unter 100 m als kritisch anzusehen. In diesem Fall kann das Risiko
auf einen bis zu zehnfachen Wert ansteigen. Er bezieht sich dabei auf die

Arbeiten von *Rompe* [Rom78], *Lamm* [Lam73], *Vossen* [Vos80] und *Spacek* [Spa87]. Ein geringerer, aber dennoch nicht zu vernachlässigender Anstieg des Unfallrisikos kann in Kurven mit Radien unter 500 m nachgewiesen werden.

2.1.1.9 VERTIKALE STRAßENFÜHRUNG

Im Fall einer statischen Scheinwerferausleuchtung verursachen Kuppen eine Blendung des Gegenverkehrs, während beim Durchfahren von Senken die Scheinwerferreichweite reduziert wird.

Kuhl [Kuh06] befasste sich umfassend mit dieser Problematik. In seiner Arbeit stellt er die Häufigkeitsverteilung der in Deutschland vorhanden Kuppen- und Senkenradien dar. Seinen Angaben entsprechend treten im Verkehrsraum Wannenradien von bis zu 1.000 m auf. In diesem Fall reduziert sich die geometrische Reichweite des Abblendlichtes auf unter 30 m. Weiterhin führt das Durchfahren von Wannen zu einer Verkleinerung des ausgeleuchteten Bereiches und der auf der Fahrbahn vorliegenden Leuchtdichte, wodurch nach *Kuhl* das Adaptationsniveau und das Blickverhalten negativ beeinflusst werden.

Kuhl gibt weiterhin an, dass sich während der Begegnung zweier Fahrzeuge auf Kuppen die Hell-Dunkel-Grenze bereits ab einem Radius von 13.000 m nicht mehr auf der Fahrbahn befindet, wodurch hohe Lichtstärken in Richtung des entgegenkommenden Fahrzeuges emittiert werden. Bei einem Beispielradius von 1.000 m können die Blendbeleuchtungsstärken einen 100-fach[9] erhöhten Wert verglichen mit der Fahrt auf ebener Straße anneh-

---

[9]   In *Kuhl* [Kuh06] wie folgt angegeben: 0,1 lx bei Begegnung auf ebener Straße, 10 lx bei Begegnung auf einer Kuppe mit einem Radius von 1.000 m; jeweils bezogen auf eine Entfernung von 50 m.

men. Des Weiteren führen die geringeren Leuchtdichten auf der Fahrbahn trotz größerer geometrischer Reichweite seinen Angaben zufolge zu einem höheren Schwellenkontrast des Fahrzeugführers.

In einer Anpassung an die vertikale Straßengeometrie sieht *Kuhl* die Möglichkeit, die Nachteile für den Fahrzeugführer und entgegenkommende Verkehrsteilnehmer zu minimieren.

2.1.2 PASSIVE SICHERHEIT

Noch bis vor einigen Jahren wurden Sicherheitssysteme im Automobil fast ausschließlich in Hinblick auf den Schutz der Fahrzeuginsassen entwickelt. Ungeschützte Verkehrsteilnehmer wurden nicht berücksichtigt. Zwar sind Kollisionen mit Fußgängern und Radfahrern sehr selten, besitzen aufgrund der hohen Verletzungsgefahr dieser Verkehrsteilnehmer aber eine besondere Relevanz. Entsprechend den Angaben von *Jungblut* [Jun06] bleiben nur 2 % aller Fußgänger nach einer Kollision mit einem Kraftfahrzeug unverletzt. Er bezieht sich dabei auf Angaben von *Unselt* [Uns05]. Bereits Kollisionsgeschwindigkeiten ab 30 km/h gelten als kritisch [Spo03]. So starben beispielsweise im Jahr 2008 nach Angaben des *Statistischen Bundesamtes Deutschland* [Sta09] 653 Fußgänger im Straßenverkehr.

Zur Senkung dieser Zahlen wird seit 2003 im Rahmen der EU Direktive 2003/102/EC die Front von Fahrzeugen hinsichtlich des Fußgängerschutzes verbessert. Statistiken zufolge ereignen sich etwa 70 % aller Kollisionen in diesem Fahrzeugbereich (Abbildung 5) [Hel], [Küh05]. Dies schließt den Scheinwerfer als wahrscheinlichen Kollisionspunkt mit ein. Aus dieser Problematik ergeben sich besondere Anforderungen an die verwendeten Materialien und die Konstruktion.

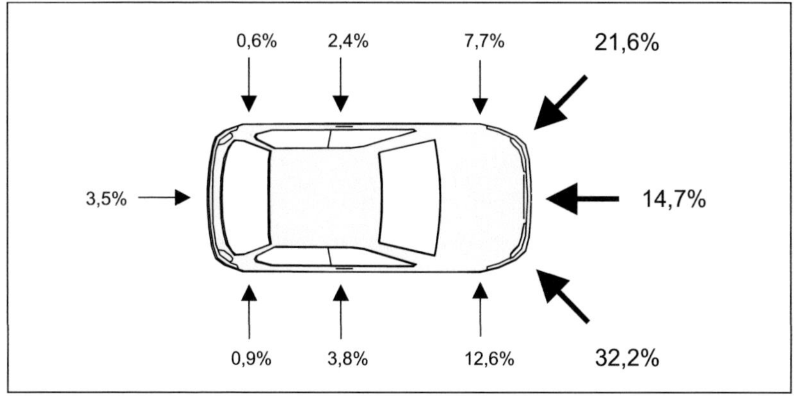

Abbildung 5:
Kontakthäufigkeiten bei Fußgänger-Fahrzeugkollisionen nach [Hel]

Bei einem Unfall mit einem erwachsenen Fußgänger kommt es je nach Scheinwerferanbauhöhe zur Kollision mit der Hüfte bzw. den Oberschenkeln. Bedingt durch den Größenunterschied ist bei Kindern sogar oftmals der Kopf betroffen. Um Verletzungen nach einer Kollision zu minimieren, muss die Aufprallenergie vom Scheinwerfer absorbiert werden. Komponenten, wie beispielsweise das Gehäuse, Halterungen oder innere Bauteile sind so zu gestalten, dass die von der EU vorgegebenen Richtlinien eingehalten werden.

2.1.3 ÖKOLOGIE

Derzeit werden in Deutschland etwa 19 % des gesamten CO_2-Ausstoßes durch den Verkehr verursacht. Davon entfallen über 50 % auf Personenkraftwagen [DAT09]. Zur Senkung dieser Schadstoffemissionen steigt der Druck politischer Maßnahmen. Ein Beispiel stellt die 2009 eingeführte Anpassung der Kfz-Steuer an den CO_2-Ausstoß des jeweiligen Fahrzeuges dar.

Diese und weitere Maßnahmen, wie auch eine langfristige Erhöhung der Kraftstoffpreise, zwingen Automobilhersteller und Zulieferer zur Entwicklung sparsamer und umweltverträglicher Fahrzeuge.

Die ökogische Optimierung von Produkten und deren Produktionsprozessen gewinnt auch in der Fahrzeuglichttechnik zunehmend an Bedeutung. Aufgrund seiner vergleichsweise hohen Leistung nimmt der Scheinwerfer bei dieser Optimierung eine zentrale Rolle ein. Im Vordergrund steht hier die Senkung der elektrischen Leistungsaufnahme durch hohe Wirkungsgrade der Lichtquellen und Optiken. Des Weiteren sind die eingesetzten Materialien, die Nutzungsdauer und das Recycling grundlegende Aspekte der Auslegung zeitgemäßer Scheinwerfersysteme.

2.1.4 DESIGN

Aus Statistiken der *Deutschen Automobil Treuhand GmbH (DAT)* wird ersichtlich, dass das Design eines Automobils eine wachsende Rolle beim Fahrzeugkauf einnimmt. Während das Aussehen im Jahr 2000 noch Platz vier der wichtigsten Kaufkriterien beim Neuwagenkauf belegte [DAT00] ist es mittlerweile das zweitwichtigste Entscheidungskriterium nach der Zuverlässigkeit [DAT11]. Für Gebrauchtfahrzeuge liegt die Relevanz in beiden Jahren jeweils nur eine Bewertungsstufe niedriger.

Im heutigen Fahrzeugdesign spielt vor allem die Individualisierung einer Marke oder eines Modells eine entscheidende Rolle. In Bezug auf diese Anforderung stellt der Scheinwerfer ein wichtiges Element dar. Er beeinflusst maßgeblich den Wiedererkennungswert eines Automobils im Straßenverkehr und ist für den Designer von grundlegender Bedeutung. Dementsprechend bedingt die steigende Relevanz des Fahrzeugdesigns auch einen erhöhten Anspruch an neue Scheinwerfersysteme.

Dieser Anspruch besteht nicht nur für am Tag sichtbare Details, sondern auch in Bezug auf das nächtliche Erscheinungsbild bei eingeschaltetem Scheinwerfer. Man unterscheidet in dieser Hinsicht zwischen dem Tag-, sowie dem Nachtdesign, welche zum Teil miteinander verknüpft sind. Der Freiheitsgrad zur Gestaltung beider Erscheinungsformen wird neben gesetzlichen Einschränkungen in erster Linie durch die Möglichkeiten der technischen Realisierung begrenzt. Neue Technologien ermöglichen nicht nur einen Fortschritt in der Lichttechnik und somit der Sicherheit, sondern auch im Design des Scheinwerfers, um den erhöhten Ansprüchen an ein innovatives Erscheinungsbild des Fahrzeuges gerecht zu werden.

2.2 STAND DER TECHNIK

Derzeit etablierte adaptive Scheinwerfersysteme ermöglichen mit eingeschränktem Freiheitsgrad bereits eine Änderung der Lage und Form der Lichtverteilung. Die technische Umsetzung erfolgt dabei in der Regel auf der Basis von Projektionssystemen. Die Adaption der Lichtverteilung wird über die Kombination zweier grundsätzlicher Methoden erreicht. Zum Einen werden die vergleichsweise kompakten Module parallel, divergent und konvergent horizontal bzw. vertikal mithilfe von Schrittmotoren geschwenkt. Zum Anderen wird das optische Konzept des Projektionssystems ausgenutzt. Wie in Abbildung 6 dargestellt konzentriert ein Freiformreflektor mit ellipsoidähnlicher Geometrie das von der in seinem ersten Brennpunkt befindlichen Lampe abgestrahlte Licht in die Brennebene eines Objektivs, welches eine in dieser Position befindlichen Blende in den Verkehrsraum abbildet. Adaptive Projektionssysteme verwenden in ihrer Kantenform veränderbare Blenden. Je nach Hersteller werden dabei unterschiedliche Konzepte verfolgt.

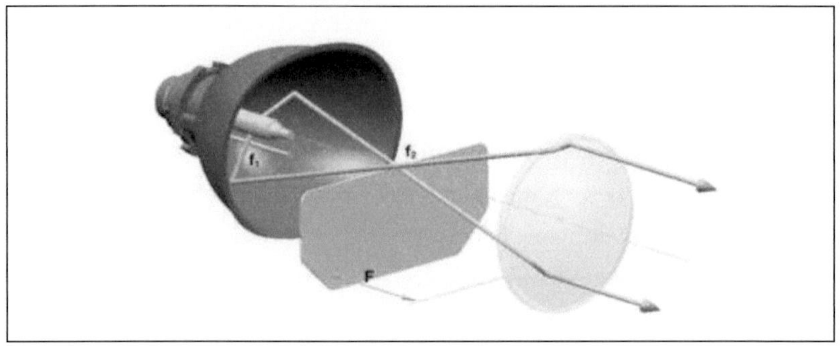

Abbildung 6:
Strahlengang in einem Projektionsscheinwerfer [Hel00]

Ein Design zur Realisierung einer modulierbaren Blende basiert auf der Verwendung einer Walze mit wechselnder Oberflächenstrukur [Kön07]. Die Drehung dieser Walze über einen Schrittmotor variiert sowohl die Lage als auch die Form der Hell-Dunkel-Grenze. Alternativ ist der Einsatz segmentierter Blenden möglich. Abbildung 7 zeigt Beispiele beider Konzepte.

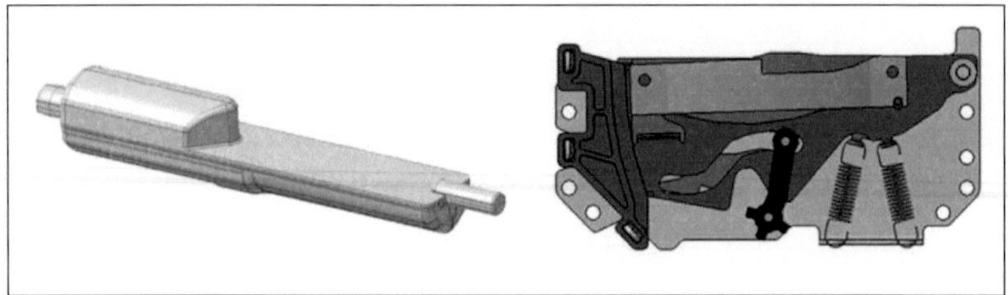

Abbildung 7:
Beispiele für Blenden zur Anpassung der Lichtverteilung; Links: Walzenblende (Modulation durch Drehung) [Sch09a]; Rechts: Segmentierte Blende (Modulation durch Verschieben der Segmente) [Dre09]

Folgend werden bisher etablierte Funktionen im Einzelnen erläutert.

2.2.1 Statische Leuchtweitenregelung

Die statische Leuchtweitenregelung ermöglicht eine Anpassung der beladungsbedingten Neigung der Karosserie um die Querachse des Fahrzeuges durch eine entsprechende Gegenbewegung des Scheinwerfermoduls. Dabei erfolgt die Korrektur vor Fahrtantritt abhängig vom System manuell über einen Sollwertgeber oder elektronisch mithilfe von Höhenstandsensoren. In beiden Fällen wird das Scheinwerfermodul durch einen Stellmotor bewegt. Der Verstellweg beträgt etwa 5 bis 8 mm.

Seit 1998[10] ist ein Ausgleich des beladungsbedingten Fehlers obligatorisch in der *ECE*-Regelung 48 [ECE10] festgelegt. Letztere sieht für Scheinwerfer mit einem Lichtstrom unter 2.000 lm eine manuelle Leuchtweitenregelung vor, wenn zur Lichterzeugung kein LED-Modul eingesetzt wird. Überschreitet der Lichtstrom den genannten Wert, ist der Einsatz eines automatischen Systems erforderlich. So ist bereits heute jedes Scheinwerfersystem in Bezug auf wechselnde Beladungszustände theoretisch anpassungsfähig.

Allerdings wird Umfragen [Jeb08b] zufolge die manuelle Leuchtweitenregelung von der Mehrheit der Fahrzeugführer gar nicht oder nur selten genutzt. Infolgedessen ist insbesondere diese Variante zum Ausgleich der beladungsbedingten Nickwinkel in der Praxis ungeeignet. Derzeit wird im Rahmen der GTB Taskforce *Coordination of Automation Visibility and Glare Studies (CAVGS)* die obligatorische Einführung einer automatischen Leuchtweitenregelung für alle Scheinwerfertypen diskutiert.

---

[10] Einführung in Europa; In Deutschland erfolgte der obligatorische Einsatz bereits 1990

2.2.2 DYNAMISCHE LEUCHTWEITENREGELUNG

Die dynamische Leuchtweitenregelung gleicht wechselnde Karosserieneigungen auch während der Fahrt aus und ermöglicht auf diese Weise neben der Anpassung an beladungsbedingte Neigungswinkel eine Kompensation der Fahr- und Aerodynamik.

Vergleichbar mit der statischen Leuchtweitenregelung wird die Anpassung durch eine, der Fahrzeugneigung entgegengesetzten, Vertikalbewegung des Scheinwerfermoduls umgesetzt. Höhenstandsensoren ermitteln dabei die Neigung der Karosserie. Letztere werden an der Hinterachse bzw. an beiden Achsen eingesetzt, wobei sich je nach gewählter Variante wirtschaftliche oder technische Vorteile ergeben.

An die Genauigkeit der Sensorik werden ebenfalls hohe Anforderungen gestellt. Fehler von beispielsweise 2 % resultieren bereits in einer Änderung der Scheinwerferreichweite von bis zu 6 m [Irl98]. Aufgrund der hohen Anzahl von bis zu 10^6 Regelvorgängen [Huh99] im Verlauf der Fahrzeugnutzungsdauer ist des Weiteren eine langfristige Genauigkeit zu gewährleisten, weshalb kontaktlose Sensoren zu bevorzugen sind.

Die dynamische Leuchtweitenregelung wird derzeit vor allem in Fahrzeugen der oberen Klassen eingesetzt. Ihre technische Umsetzung ist jedoch vergleichsweise einfach und beinhaltet bereits die Funktion der ohnehin obligatorischen statischen Variante.

2.2.3 NEBELSCHEINWERFER

Obwohl der Nebelscheinwerfer im gesetzlichen Sinn nicht dem Bereich adaptiver Scheinwerfersysteme zuzuordnen ist, ermöglicht seine Verwendung bereits eine einfache Anpassung der Gesamtlichtverteilung an die Witterung.

Nebelscheinwerfer dürfen entsprechend § 17 StVO bei erheblicher Sichtbehinderung durch Nebel, Schnee oder Regen eingesetzt werden [Bun10b].

Die Aufgabe des Nebelscheinwerfers besteht in einer verstärkten Ausleuchtung der Seitenbereiche, um die Orientierung des Fahrzeugführers zu verbessern. Die Ausleuchtung ist flach und mit einem Öffnungswinkel von etwa ± 35° vergleichsweise breit. Ferner wird die Hell-Dunkel-Grenze besonders scharf gestaltet, um Streulicht zu minimieren.

Nebelscheinwerfer befinden sich in der Regel im unteren Bereich der Fahrzeugfront. Auf diese Weise wird der Winkel zwischen Anleucht- und Beobachtungsrichtung vergrößert und der Streulichtanteil weiterhin gesenkt. Als Alternative ist auch eine Integration des Nebelscheinwerfers im Hauptscheinwerfer möglich, jedoch aufgrund des höheren Streulichtes nicht empfehlenswert. Die *ECE* [ECE10] definiert die Vorgaben für die Anbauhöhen in der Regelung 48. Dementsprechend sind Nebelscheinwerfer in einer Mindesthöhe von 250 mm, sowie einer Maximalhöhe von 800[11] mm anzubringen.

Trotz ihrer frühen Einführung bietet die Zusatzausleuchtung dieser Scheinwerfer bereits eine relativ gute Anpassung. Verbesserungsbedarf ist im emittierten Lichtstrom zu sehen. Nach *Rosenhahn* [Ros99] ist es zweckmäßig, die Lichtstärke unterhalb der Hell-Dunkel-Grenze zu erhöhen. Auf diese Weise wird, trotz höherer Streuleuchtdichte, eine bessere Erkennbarkeit von Objekten im Verkehrsraum gewährleistet. Weiterhin ist seinen Angaben zufolge eine von der Anbauposition des Scheinwerfers abhängige Ansteuerung zu realisieren.

---

[11]   Bei Fahrzeugen über acht Sitzplätzen und einem zulässigen Gesamtgewicht über 3,5 t beträgt die maximale Anbauhöhe 1200 mm

Trotz des durch die StVO zugelassenen Einsatzes von Nebelscheinwerfern im Regen (sofern erhebliche Sichtbedingungen vorliegen) bieten Systeme entsprechender Art in dieser Witterung keine zufriedenstellende Anpassung. Zwar kann die breitere Seitenausleuchtung die Sicht des Fahrzeugführers verbessern, jedoch steht die hohe Intensität der Vorfeldausleuchtung aufgrund der durch Reflexionen auf der nassen Fahrbahn bedingten Blendung anderer Verkehrsteilnehmer im Konflikt mit den Anforderungen an eine für diese Situation angepassten Lichtverteilung.

2.2.4 STATISCHES KURVENLICHT/ ABBIEGELICHT

Das statische Kurvenlicht ermöglicht die Ausleuchtung enger Kurven und Kreuzungen mit einem Winkel von etwa 60°. Damit gewährleistet diese Funktion vor allem eine Anpassung an den Straßenverlauf in Ortschaften und erhöht überwiegend den Schutz von Fußgängern und Radfahrern. In der *ECE* [ECE10] wird das Kurvenlicht allgemein als Funktion definiert, „[…] bei der das Lichtbündel seitlich bewegt oder verändert wird […]“. Diese Beschreibung gilt sowohl für die statische als auch für die im folgenden Kapitel vorgestellte dynamische Variante.

Die erforderliche Ausleuchtung wird durch das Zuschalten eines weiteren Moduls erzeugt, welches in der Regel im Scheinwerfergehäuse integriert ist. Die Verwendung mechatronischer Komponenten ist nicht erforderlich. Als Alternative wird aufgrund der ähnlichen Lichtverteilung in einigen Fahrzeugtypen auch der jeweilige Nebelscheinwerfer eingesetzt, wodurch die Kosten eines solchen Systems deutlich gesenkt werden können.

Um Irritationen des Fahrzeugführers zu vermeiden, werden die Lichtquellen auf- und abgedimmt. Als Trigger dienen fahrdynamische Daten, wie beispielsweise der Lenkwinkel und die Geschwindigkeit des Fahrzeuges.

In Experimenten verglich *Barton* [Bar03] Gasentladungsscheinwerfer sowohl mit als auch ohne statisches Kurvenlicht. Ihren Angaben zufolge führt das Zuschalten dieser Funktion zu einer Erhöhung der Erkennbarkeitsentfernung in Kreuzungsbereichen von 17 auf 32 m.

2.2.5 DYNAMISCHES KURVENLICHT

Das dynamische Kurvenlicht passt die Ausleuchtung des Scheinwerfers der horizontalen Straßenführung an und optimiert auf diese Weise die Sichtweite des Fahrzeugführers und die Blendung entgegenkommender Verkehrsteilnehmer. Im Gegensatz zum statischen Kurvenlicht ist diese Funktion auch bei höheren Geschwindigkeiten aktiv.

Die Anpassung wird über ein horizontales Schwenken der lichterzeugenden Module realisiert, wobei der Schwenkwinkel üblicherweise 7° nach innen sowie 15° nach außen beträgt. Diese Winkel ermöglichen eine Anpassung an Kurvenradien bis 200 m [Hen02]. Zwar werden im Rahmen der *Richtlinien für die Anlage von Straßen* auch kleinere Radien bis 80 m empfohlen, jedoch ist deren Häufigkeit mit etwa 1 % zu vernachlässigen. Für die Mehrheit der im Verkehrsraum auftretenden Radien sind Schwenkwinkel von etwa 5° bereits ausreichend.

Die Ansteuerung erfolgt auf der Basis von Geschwindigkeits-, Lenkwinkel- und/oder Gierratensensoren, welche in der Regel bereits für andere Assistenzsysteme zur Verfügung stehen. Auf diese Weise wird der jeweils durchfahrene Kurvenradius erfasst. Diese Funktionsweise ist bereits seit mehreren Jahren etabliert und findet in vielen Fahrzeugen aller Klassen Verwendung.

Das Wirkpotential des dynamischen Kurvenlichtes wurde bereits mehrfach nachgewiesen. So können nach *Neumann* [Neu03] bereits Halogenscheinwerfer, welche diese Funktion beinhalten, vergleichsweise hohe Erkennbarkeitsentfernungen erzielen. Seinen Angaben zufolge ist im Vergleich zum statischen Pendant je nach Kurvenradius eine bis zu 56 % höhere Erkennbarkeitsentfernung erreichbar. Er zeigt weiterhin, dass Halogenscheinwerfer mit dynamischem Kurvenlicht im Gegensatz zu statischen Gasentladungsscheinwerfern deutlich höhere Erkennbarkeitsentfernungen in Kurven ermöglichen.

Ein positiver Einfluss kann des Weiteren auch in Bezug auf das Blickverhalten nachgewiesen werden. Nach *Diem* [Die99] führt die Verwendung des dynamischen Kurvenlichtes sowohl für Halogen- als auch für Gasentladungsscheinwerfer zu einer höheren Fixationsentfernung in Kurven und damit zu einer früheren Erkennung potentieller Gefahrenobjekte.

Obwohl diese Systeme, wie gezeigt, im Allgemeinen einen positiven Einfluss auf die Erkennbarkeitsentfernung besitzen, kann nach *Kubitza* [Kub10] in s-förmigen Kurven ein nachteiliger Effekt auftreten. So bedingt die Anpassung des Scheinwerfer an den jeweils durchfahrenen Radius eine Verschlechterung der Ausleuchtung, sobald sich das entgegengesetzt gerichtete Kurvensegment im Sichtfeld des Fahrzeugführers befindet. Eine Lösung stellt der Einsatz eines prädiktiven Kurvenlichtes dar, welches auf der Basis von Kamera- und/oder digitalen Kartendaten ein vorzeitiges Schwenken des Scheinwerfermoduls erlauben. In Testfahrten ermittelt *Faroog* [Far05] eine bis zu drei Sekunden frühere Reaktion eines Systems mit entsprechender Sensorik.

Die Wirkung prädiktiver Kurvenlichtsysteme auf physiologische und psychologische Parameter wurde unter anderem von *Ewerhart* [Ewe04] untersucht. Auf einer Teststrecke im öffentlichen Verkehrsraum quantifizierte er dessen Vorteile mithilfe eines videobasierten Systems. Als Ergebnis wird insbesondere in Linkskurven im Vergleich zum lenkwinkelbasierten Kurvenlicht ein signifikant höherer Sicherheitsgewinn erzielt. Während das konventionelle System mit einer bis zu 0,4 s kürzeren Reaktionszeit bereits Vorteile gegenüber einem statischen Scheinwerfer zeigt, erreicht das prädiktive Pendant eine Verbesserung von bis zu 0,9 s. Eine Befragung der Testpersonen nach Abschluss der Testfahrt zeigt des Weiteren eine hohe Akzeptanz der Fahrzeugführer.

Die Integration einer prädiktiven Sensorik stellt demnach eine Optimierung des klassischen Kurvenlichtes dar. Technische und wirtschaftliche Aspekte verhindert derzeit jedoch einen Serieneinsatz.

Die Zulassung des Kurvenlichtes im Rahmen der *ECE* ist aufgrund der Trennung dieser Funktion von den AFS-Regelungen seit 2002 möglich.

2.2.6   MODULATION DER LICHTVERTEILUNG

In derzeitigen Serienfahrzeugen integrierte Systeme ermöglichen durch eine Modulation der Lichtverteilung bislang eine Anpassung an nasse Fahrbahnoberflächen, sowie an ausgewählte Straßentypen. Abhängig vom System werden neben dem Fernlicht die Lichtverteilungen Landstraßenlicht, Autobahnlicht, Schlechtwetterlicht, Stadtlicht und Lichtverteilungen für verkehrsberuhigte Bereiche unterschieden.

Die Basislichtverteilung wird dabei durch das Landstraßenlicht gebildet, welches sich mit dem konventionellen Abblendlicht vergleichen lässt.

Bei höheren Geschwindigkeiten wird die Forderung nach einer größeren Reichweite des Scheinwerfers durch das Autobahnlicht umgesetzt. Diese in den *ECE*-Regelungen als Abblendlichtklasse *E* bezeichnete Lichtfunktion darf eingesetzt werden, wenn die Geschwindigkeit über 110 km/h beträgt und/oder die Fahrbahnen über eine bauliche Trennung bzw. einen ausreichend großen Abstand zueinander besitzen[12]. In diesem Fall ist eine Veränderung der Scheinwerferneigung von -1,0 auf - 0,5 % zulässig. Im Übrigen dürfen die Beleuchtungsstärken im Hotspot um 20 lx[13] angehoben werden. Letzteres kann beispielsweise über einen auf der Blende befindlichen Spiegel, dem sogenannten *Image Folder*, erzielt werden.

Ist die Fahrbahn nass oder befinden sich die Scheibenwischer seit mindestens zwei Minuten im Dauerbetrieb, wird die Aktivierung des in den *ECE*-Regelungen [ECE10] als Abblendlichtklasse *W* bezeichneten Schlechtwetterlichts ermöglicht. In diesem Fall wird die Intensität der Vorfeldausleuchtung reduziert und die Lichtverteilung gemäß den Forderungen aus Kapitel 2.1.1.5 verbreitert.

Das Stadtlicht wird im Rahmen der *ECE*-Regelwerke als Abblendlichtklasse *V* bezeichnet. Es darf aktiviert werden, wenn die Fahrbahn durch bebautes Gebiet führt bzw. die Straße mit fest installierter Beleuchtung ausgestattet ist und gleichzeitig die Fahrzeuggeschwindigkeit unter 60 km/h liegt. Eine Aktivierung ist weiterhin zulässig, wenn die Fahrzeuggeschwindigkeit unter 50 km/h liegt und keine weiteren Umstände vorliegen[14]. Das Stadtlicht beinhaltet neben einer Verbreiterung der Lichtverteilung eine Reduktion ihrer Reichweite. Die technische Realisierung ist beispielsweise über ein Schwenken der Scheinwerfermodule nach unten und außen möglich.

Für die Aktivierung aller genannten AFS-Funktionen gilt, dass die äußeren Umstände durch eine geeignete Sensorik selbständig detektiert werden, wobei der Fahrzeugführer den neutralen Zustand in jeder Situation selbst herstellen kann. Es werden Geschwindigkeits- und Regensensordaten verarbeitet.

---

[12] *ECE*-R 48, 6.22.7.4.3

[13] Seit dem 09.12.2010 beinhalten die Regelungen der *ECE* eine Angabe in Lichtstärken

[14] *ECE*-R 48, 6.22.7.4.4

2.2.7 ADAPTIVE HELL-DUNKEL-GRENZE

Dieses System passt die Lage der Hell-Dunkel-Grenze der Position entgegenkommender oder vorausfahrender Fahrzeuge an. Dabei befindet sich der Gradient stets auf der Höhe des nächsten Verkehrsteilnehmers, mindestens aber in der Entfernung des konventionellen Abblendlichtes (Abbildung 8). Auf diese Weise entfällt die sofortige Sichtweitenreduzierung bei Umschaltung von Fern- und Abblendlicht.

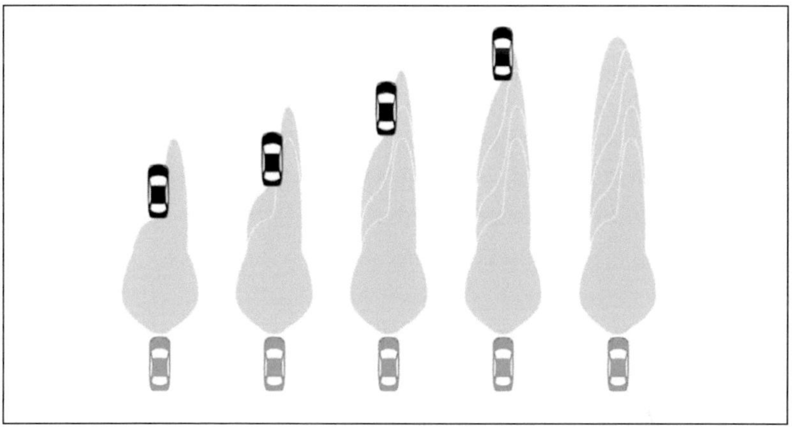

Abbildung 8:
Funktionsweise der adaptiven Hell-Dunkel-Grenze [Moi08]

Die Lageveränderung der Hell-Dunkel-Grenze kann abhängig vom System durch die Anpassung der im Projektionssystem befindlichen Blende oder durch ein vertikales Schwenken des gesamten Moduls erzeugt werden.

Die Ansteuerung erfolgt autonom und setzt den Einsatz einer bildgebenden Sensorik voraus. Ein Kamerasystem detektiert alle im Verkehrsraum vorhandenen Lichtquellen. Durch die Verarbeitung der über einen Zeitraum aufgenommenen Daten lassen sich ortsfeste Lichtquellen von Fahrzeugen unterscheiden. Um ein hohes Wirkpotential zu erreichen, werden Detektionsreichweiten von etwa 800 m gefordert [Kön07].

In einer Probandenstudie ermittelte *Böhm* [Böh10] den Nutzungsgrad einer adaptiven Hell-Dunkel-Grenze. Seinen Untersuchungen zufolge ist das System im Mittel in 37 % der gesamten Fahrzeit aktiv. Da die adaptive Hell-Dunkel-Grenze des Weiteren die Funktion eines Fernlichtassistenten beinhaltet, wird der Anteil der Fernlichtnutzung ebenfalls erhöht. In der Summe wird der Nutzungsgrad des konventionellen Abblendlichtes von etwa 81 % auf etwa 13 % reduziert. In einer früheren Studie konnte *Böhm* [Böh08] ebenfalls den Sicherheitsgewinn quantifizieren. Er ermittelte eine Erhöhung der Erkennbarkeitsentfernung von bis zu 46 m bezogen auf dunkel gekleidete Fußgänger.

Schmidt [Sch09a] konnte im Rahmen eines dynamischen Versuches ebenfalls einen positiven Einfluss einer adaptiven Hell-Dunkel-Grenze nachweisen. Er ermittelte die Erkennbarkeitsentfernung von Sehobjekten, während die Testpersonen einem vorausfahrenden Fahrzeug folgten. Dabei zeigt die Verwendung des Systems unter den vorliegenden Bedingungen eine Erhöhung der Erkennbarkeitsentfernung von über 35 %[15].

2.2.8 MASKIERTES DAUERFERNLICHT/ VERTIKALE HELL-DUNKEL-GRENZE

Das maskierte Dauerfernlicht passt die Lichtverteilung des Scheinwerfers der Position anderer Verkehrsteilnehmer an. Dabei werden entgegenkommende oder vorausfahrende Fahrzeuge durch die Erzeugung eines variab-

---

[15] In [Sch09a] grafisch wie folgt angegeben: Erkennbarkeitsentfernung Abblendlicht: ca. 70 m; Erkennbarkeitsentfernung adaptive Hell-Dunkel-Grenze: ca. 97 m

len Schattenrechtecks entblendet, während der verbleibende Verkehrsraum mit Fernlicht ausgeleuchtet wird. Die Erkennbarkeitsentfernung des Fahrzeugführers wird auf diese Weise auch bei Vermeidung der Blendung im Vergleich zum statischen System erhöht.

Technisch wird das maskierte Dauerfernlicht mithilfe einer vertikalen Blendengeometrie realisiert. Die spiegelverkehrte Anordnung der Blende im rechten und linken Scheinwerfer erzeugt zwei entgegengesetzt asymmetrische Lichtverteilungen (Abbildung 9). Über eine divergente bzw. konvergente Bewegung beider Projektionsscheinwerfer wird ein Schattenrechteck mit variabler Breite erzeugt (vgl. [Gri09], [Dre09]).

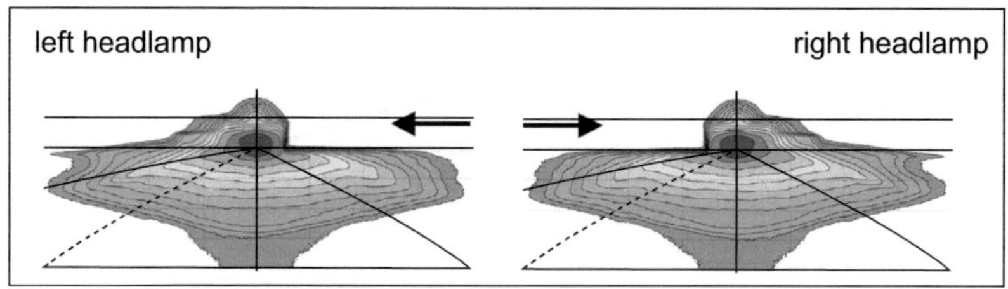

Abbildung 9:
Maskiertes Dauerfernlicht – Lichtverteilungen des linken und rechten Scheinwerfers [Sch09a][16]; Durch eine konvergente bzw. divergente Bewegung beider Scheinwerfermodule wird die Breite des Schattenrechtecks der Position anderer Verkehrsteilnehmer angepasst

Durch das Schwenken beider Module können jedoch Inhomogenitäten auftreten, welche ggf. eine Irritation des Fahrzeugführers verursachen. Eine Lösung stellt die Verwendung einer horizontal verschiebbaren Blende zur Erzeugung des Schattenrechteckes dar.

---

[16]   Die Originalquelle wurde zugunsten der besseren Lesbarkeit geringfügig modifiziert

Zur Detektion anderer Verkehrsteilnehmer ist ebenfalls der Einsatz einer bildgebenden Sensorik erforderlich.

Dreier [Dre09] führte Untersuchungen zum Nutzungsgrad mit einem System dieser Art im realen Straßenverkehr durch. Er ermittelte eine relative Aktivierungsdauer von etwa 32 % auf Landstraßen und Autobahnen. Seinen Angaben zufolge ist dieser Anteil unabhängig von der Verkehrsdichte konstant.

Schmidt [Sch09a] konnte in Versuchen auf einer Teststrecke zeigen, dass der Einsatz einer vertikalen Hell-Dunkel-Grenze zu einer signifikanten Erhöhung der Erkennbarkeitsentfernung führt. Mit einem seriennahen Prototyp erzielte er im Vergleich zum Abblendlicht unter den Rahmenparametern im Mittel eine Erhöhung der Erkennbarkeitsentfernung von über 40 %[17]. Die Blendung des Vorausfahrenden wird dabei nicht erhöht.

2.3   AUSBLICK AUF ZUKÜNFTIGE SYSTEME

Aus der Darstellung der bisher verfügbaren Systeme wird deutlich, dass die technische Realisierung adaptiver Scheinwerfer derzeit vor allem auf der Verknüpfung von lichttechnischen und mechatronischen Komponenten basiert. Dieses Konzept wird voraussichtlich auch in den nächsten Jahren bei der Umsetzung neuer adaptiver Funktionen eine entscheidende Rolle spielen, wodurch die mechanische Aktorik einen steigenden Stellenwert einnimmt. So werden auch zukünftig besonders hohe Anforderungen an die Präzision, Geschwindigkeit und Größe, wie auch an Zuverlässigkeit,

---

[17]   In [Sch09a] grafisch wie folgt angegeben: Erkennbarkeitsentfernung Abblendlicht: ca. 70 m; Erkennbarkeitsentfernung vertikale Hell-Dunkel-Grenze: ca. 102 m

Ökologie, Lebensdauer und Wirtschaftlichkeit der verwendeten Elektromotoren gestellt.

Während die Anpassung der Lichtverteilung derzeit vor allem mithilfe komplexer Blendensysteme sowie der Bewegung des gesamten Projektionsmoduls erfolgt, könnten in zukünftigen Systemen auch weitere Modulkomponenten über mechatronische Bauteile gezielt verändert werden. Denkbar ist beispielsweise die von *Cejnek* [Cej09] vorgestellte Modulation der Reflektorgeometrie zur Variation der Lichtstromverteilung in der Breite. Der in Abbildung 10 links dargestellte Reflektor besitzt einen statischen Teil zur Erzeugung der nicht veränderbaren Vorfeldausleuchtung und zwei um eine vertikale Achse schwenkbare muschelförmige Reflektorsegmente. Die Verstellung könnte dabei je nach Anforderung diskret oder kontinuierlich, einzeln oder kombiniert erfolgen.

Die Umsetzung adaptiver Funktionen ist in einem weiteren Beispiel über eine Modulation der refraktiven Elemente des Projektionssystems möglich. *Cejnek* [Cej09] zeigt im gleichen Rahmen ein Konzept auf der Basis zweier in Richtung der optischen Achse verschiebbarer Linsen vor einem statischen Reflektor (Abbildung 10 rechts). Durch eine Verringerung des Abstandes beider Linsen wird bedingt durch eine kleinere Gesamtbrennweite die Lichtverteilung ebenfalls in ihrer Breite variiert.

Die von *Cejnek* beschriebenen Scheinwerfer veranschaulichen lediglich aktuelle Beispiele für die Realisierung innovativer Konzepte auf der Basis eines optisch-mechatronischen Systems. Weitere Ansätze dieser Art wurden bereits früher beschrieben. Doch trotz der vielseitigen Möglichkeiten stellt das langfristige Ziel die Entwicklung adaptiver Scheinwerfer ohne Verwendung beweglicher Komponenten dar. Diese Systeme zeichnen sich im Vergleich zu einem optisch-mechatronischen Scheinwerfer durch eine besonders zuverlässige Funktionsweise aus. Des Weiteren sind sie potentiell preiswerter herstellbar.

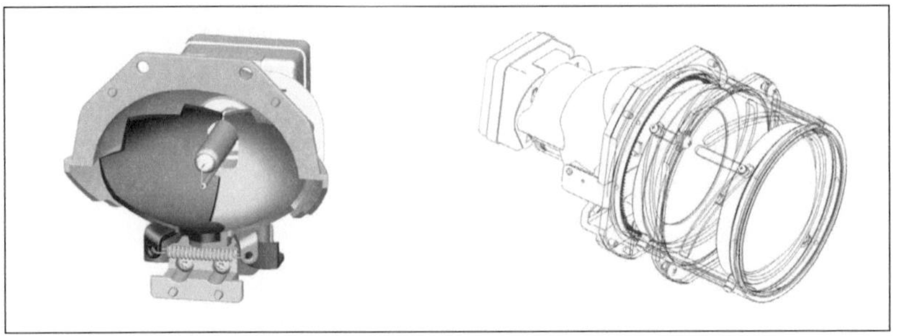

Abbildung 10:
Beispiele für die Realisierung mechatronischer Scheinwerfermodule [Cej09];
Links: Projektionsmodul mit variablem Reflektorsystem;
Rechts: Projektionsmodul mit variablem Linsensystem

Ein praktisch statisches Konzept mit hohem Dynamikumfang wurde 2001 von *Enders* unter der Bezeichnung *Pixellicht* vorgestellt. Dieser Scheinwerfer verteilt den von einer Quelle emittierten Lichtstrom mithilfe eines Digital-Micromirror-Device (DMD). Letzterer besteht aus einer Matrix mikroskopisch kleiner Spiegel, welche jeweils zwei diskrete Positionen annehmen können. Abhängig von der Orientierung des jeweiligen Spiegelsegments wird das von der Quelle abgestrahlte Licht auf einen Absorber bzw. in den Verkehrsraum umgelenkt. Aufgrund der hohen möglichen Auflösung des DMD ist die Variabilität der Ausleuchtung im Vergleich zu allen bisher entwickelten adaptiven Konzepten um ein Vielfaches größer.

Ein Prototyp auf Basis eines DMD-Chips wurde von *Roslak* [Ros05] umgesetzt und mit positiven Ergebnissen getestet. Er zeigt mit seiner Arbeit die Realisierbarkeit der optischen und sensorischen Komponenten.

Trotz der genannten Vorteile konnte bislang kein System dieser Art auf dem Markt eingeführt werden. Neben dem komplexen Thermomanagement ist der Grund vor allem in dem durch das subtraktive Lichtverteilungskonzept und dem geringen Wirkungsgrad des DMD-Chips bedingten hohen Energieverbrauch zu sehen. Der Wirkungsgrad wird in erster Linie durch die jeweils verwendete Funktion bestimmt. Im Fall des Abblendlichtes gibt *Kauschke* [Kau04] einen Wert von nur 8,2 % an[18].

Eine energieeffizientere Lösung zur Erzeugung einer matrixförmigen Ausleuchtung lässt sich durch die Verwendung einer Vielzahl einzeln adressierbarer Lichtquellen erreichen, welche jeweils unterschiedliche Raumwinkelbereiche ausleuchten. Die Modulation der Lichtverteilung wird dabei ausschließlich durch das Zu- und Abschalten bzw. Dimmen der einzelnen Lichtquellen erreicht, wobei der Freiheitsgrad aus der Anzahl der Emitter resultiert. Systeme dieser Art werden als Matrix-Beam bezeichnet (Abbildung 11). Obwohl der Dynamikumfang dieses Konzeptes im Vergleich zum Pixellicht geringer ist, kann bei einer ausreichenden Anzahl von Elementen die Lichtverteilung des Scheinwerfers hinreichend frei variiert und auf diese Weise ein optimaler Anpassungsgrad erreicht werden. Damit bietet ein Matrix-Beam neben einer technischen auch eine wirtschaftlich zufriedenstellende Lösung zur Umsetzung eines adaptiven Scheinwerfers.

In Hinsicht auf eine möglichst hohe Packungsdichte der Lichtquelle besitzt die Leuchtdiode ein hohes Potential zur technischen Realisierung eines Matrix-Beams (vgl. [Gri05]). Derzeit verhindert jedoch der hohe Preis der Hochleistungs-LEDs die Verbreitung dieser Systeme ebenso wie auch die technischen Probleme in Bezug auf das Thermomanagement und die Homogenität der Lichtverteilung. So beschränkt sich die technische Umsetzung der Konzepte bis auf Einzelfälle mit geringem Dynamikumfang zurzeit noch auf Prototypen. In naher Zukunft ist jedoch mit einer Markteinführung erster Systeme zu rechnen.

---

[18] Im Vergleich: Der Wirkungsgrad eines Freiform-Projektionsscheinwerfers beträgt etwa 52 % [Neu10].

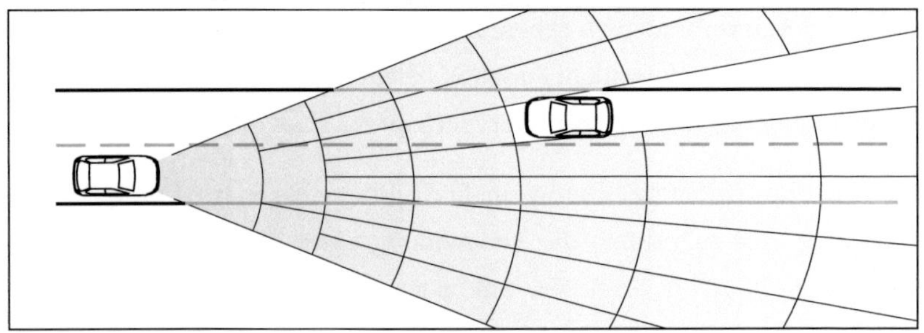

Abbildung 11:
Funktionsweise eines hochadaptiven Matrix-Beams; jedes Element der
Matrix leuchtet einen definierten Raumwinkel im Verkehrsraum aus; im
abgebildeten Beispiel können entgegenkommende Verkehrsteilnehmer
gezielt ausgeblendet werden

Rechentin [Rec06] beschreibt 2006 einen auf der Basis von 128 High-Power-
LEDs bestehenden Forschungsscheinwerfer mit einem Gesamtlichtstrom
von bis zu 3.700 lm. Obwohl dieses System ausschließlich zur Erprobung
neuer Lichtfunktionen dient und daher zugunsten der Vielseitigkeit im
Vergleich zu einem konventionellen Scheinwerfer deutlich größer ist, entspricht seine Funktionsweise dem des Matrix-Beam-Konzeptes.

Zwei funktionsfähige Prototypen werden des Weiteren von *Moisel* [Moi09]
beschrieben. Diese bestehen jeweils aus einem Array mit 80 bzw. 96
Leuchtdioden. In Experimenten konnten bereits positive Erfahrungen ge-
sammelt werden.

Mit der Einführung eines Matrix-Scheinwerfers mit hoher Auflösung wer-
den die Möglichkeiten der Adaption an wechselnde Bedingungen nicht wie
bislang durch die Lichttechnik beschränkt, sondern durch die mit dem
Scheinwerfer verknüpften Schnittstellen zur Erfassung der Umfelddaten.
Da eine Entlastung des Fahrzeugführers nur dann erfolgen kann, wenn die
Steuerung des Scheinwerfers autonom erfolgt, werden zukünftig gänzlich

neue Ansprüche an die Sensorik sowie die Datenverarbeitung gestellt. Auf diese Weise wird sich der Scheinwerfer von einer unabhängigen Einzelkomponente zu einem mit dem Fahrzeug vernetzten komplexen Gesamtsystem entwickeln. Dabei werden insbesondere prädiktive Sensorsysteme Verwendung finden.

Im Folgenden werden drei Funktionen erläutert, welche auf der Basis einer weiterentwickelten Sensorik und Lichttechnik voraussichtlich in den nächsten Jahren in Serienfahrzeugen integriert werden.

2.3.1   ANPASSUNG AN DIE VERTIKALE STRAßENGEOMETRIE

Durch die Anpassung an die vertikale Straßengeometrie wird die Blendung anderer Verkehrsteilnehmer auf Kuppen reduziert und die Erkennbarkeitsentfernung des Fahrzeugführers in Senken erhöht. Eine Adaption wird über ein mithilfe eines Aktors vertikal schwenkbaren Moduls ermöglicht. Die in derzeitigen Systemen für die Leuchtweitenregelung genutzten Schwenkwinkel von bis zu 2,5° sind für die in der Regel auftretenden Wannen- und Senkenradien ausreichend. Alternativ ist die Anpassung durch ein Matrix-Beam mit hoher Auflösung zu erreichen.

Die Herausforderungen einer technischen Umsetzung sind in der Sensorik zu sehen. *Kuhl* [Kuh06] befasste sich ausführlich mit dieser Thematik. Seinen Angaben zufolge werden drei Möglichkeiten unterschieden. Zum Einen kann die Ermittlung der Neigung über die Fahrzeugdynamik erfolgen. In diesem Fall erfasst ein Drehratensensor den Winkel der Karosserie im Raum. Mithilfe weiterer Sensoren werden beschleunigungsbedingte Neigungen identifiziert und gefiltert. Eine weitere Möglichkeit stellt die Verwendung videobasierter Sensorik dar. In diesem Fall detektiert eine Kamera den Verlauf beider Fahrspuren und ermittelt je nach Vorliegen eines linear konvergierenden, degressiven oder progressiven Verlaufs die vertikale Straßengeometrie (Abbildung 12). Fahrbahnverengungen oder -aufweitungen lassen sich durch eine fortwährende Berechnung der geometrischen Eigenschaften filtern. Eine prädiktive Steuerung ist ferner durch die Verarbeitung von dreidimensionalen GPS-Daten möglich, welche sowohl als Alternative als auch in ergänzender Funktion Verwendung finden können. Aufgrund der geringen Genauigkeit der Systeme stellt diese Variante bislang jedoch keine zufriedenstellende Lösung dar.

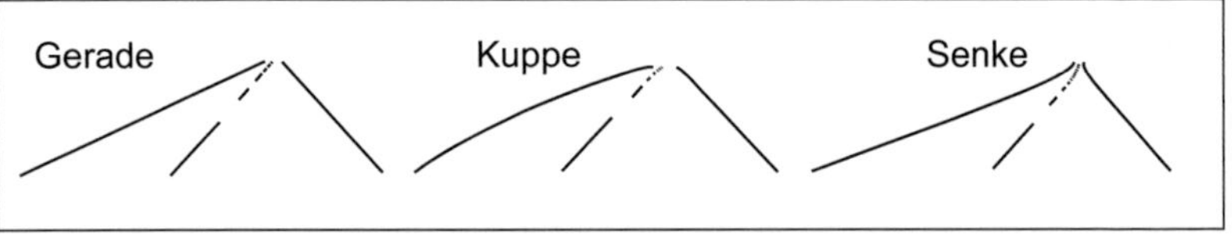

Abbildung 12:
Ermittlung der vertikalen Straßengeometrie mithilfe
des Fahrspurverlaufes nach *Kuhl* [Kuh06]

2.3.2 BLENDFREIES FERNLICHT

Das blendfreie Fernlicht entblendet diskrete Bereiche innerhalb der Fernlichtverteilung, in denen sich andere Verkehrsteilnehmer befinden. Auf diese Weise wird der Anteil der Fernlichtnutzung maximiert. Im Gegensatz zum maskierten Dauerfernlicht ist der entblendete Bereich nicht zwangsweise geschlossen, wodurch nicht ausgeleuchtete Bereiche zwischen zwei Fahrzeugen vermieden werden [Hum10].

Wie mithilfe eines Prototyps im Rahmen des BMBF-Projektes *Nanolux* [Hum09] bereits gezeigt wurde, ist die technische Realisierung mit einem Scheinwerfer möglich, dessen Fernlicht als Matrix-Beam ausgeführt ist (Abbildung 13). Im genannten Beispiel generieren 32 LEDs hinter einer

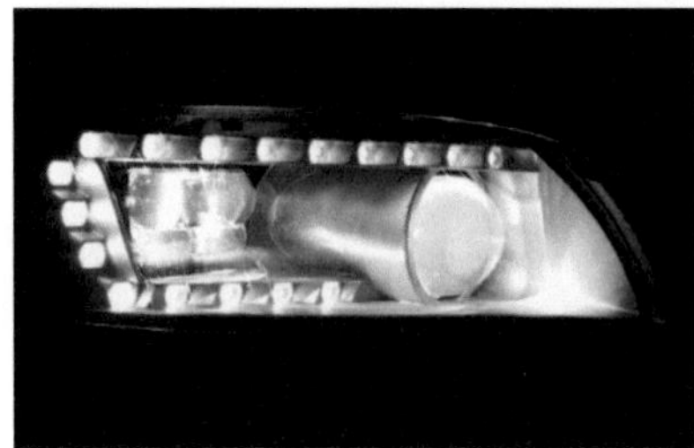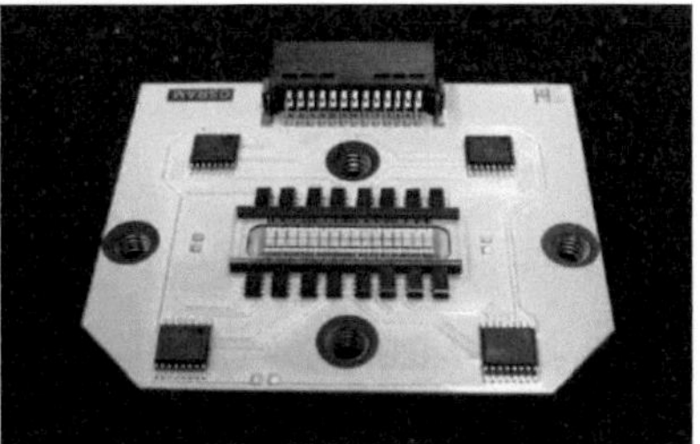

Abbildung 13:
Links: Im Rahmen des *Nanolux*-Projektes entwickelter Scheinwerfer
[Hum10]; Rechts: Multichip-LED-Array zur Realisierung der
Matrix-Beam-Funktion [Hum10]

einzelnen Freiformlinse eine variable Fernlichtverteilung mit einem Lichtstrom von bis zu 4.200 lm. Aufgrund der projektbezogenen Forderung nach einem Komplett-LED-Scheinwerfer werden die verbleibenden Funktionen mit weiteren 47 LEDs erzeugt. Zugunsten des Thermomanagements und der Wirtschaftlichkeit ist im Serieneinsatz jedoch auch eine vorübergehende Hybridlösung in Kombination mit bereits etablierten Lichtquellen und Optiken denkbar.

Zur Detektion anderer Verkehrsteilnehmer ist eine kamerabasierte Sensorik erforderlich. Abhängig vom Anforderungsprofil des Scheinwerfers kann diese als Mono- oder Stereosystem ausgeführt sein.

2.3.3 WARNSICHTSYSTEME

Mithilfe eines Warnsichtsystems wird die Aufmerksamkeit des Fahrzeugführers in potentiellen Gefahrensituationen erhöht. Dabei wird der Scheinwerfer als Aktor zur Umsetzung der Warnfunktion eingesetzt, indem Gefahrenobjekte additiv zur Grundlichtverteilung für eine definierte Zeitspanne angeleuchtet werden. Es erfolgt entweder die selektive Ausleuchtung des Objektes, auch Markierungslicht (Abbildung 14) genannt, oder des gesamten vor dem Fahrzeug liegenden Verkehrsraumes.

Abbildung 14:
Warnsichtfunktion, Selektive Beleuchtung eines Fußgängers
durch das Markierungslicht

Je nach Art der Zusatzausleuchtung ist die lichttechnische Realisierung bereits mit konventionellen Scheinwerfern möglich. So kann eine Warnsichtfunktion im einfachsten Fall durch das kurzzeitige Zuschalten des vorhandenen Fernlichtmoduls erzeugt werden.

Soll dem Fahrzeugführer zusätzlich eine Information über die Richtung der vorhandenen Gefahrenquelle vermittelt werden, ist jedoch die Erzeugung eines Spots erforderlich. Letzterer kann, wie beispielsweise von *Hörter* [Hör09] als Prototyp entwickelt, durch ein in zwei Achsen bewegliches Zusatzmodul (Abbildung 15) erzeugt werden. Alternativ ist diese Funktion mithilfe eines Matrix-Beams umsetzbar. In beiden Fällen stellt die Leuchtdiode die bevorzugte Wahl der Lichtquelle dar. Die Herausforderung liegt dabei in den vergleichsweise hohen geforderten Lichtstärken, welche die schnelle Erkennung des Spots auch im peripheren Gesichtsfeld sicherstellen sollen. So sind die Leistungsfähigkeit der Leuchtdioden, das damit verbundene Problem der Wärmeabfuhr sowie die Erzeugung eines extrem kleinen Öffnungswinkels von nur etwa 1° zentrale Fragestellungen der Entwicklung.

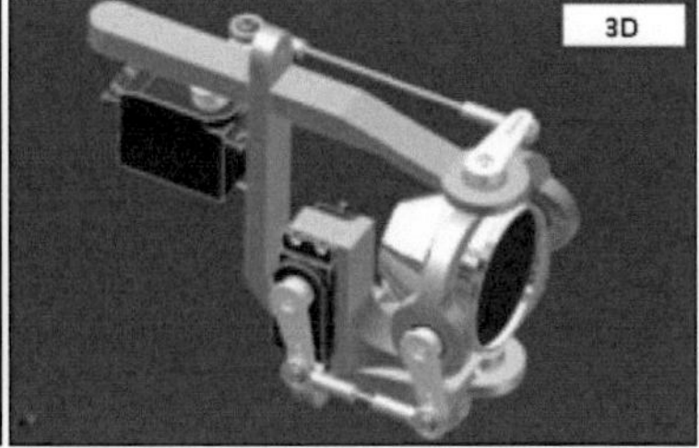

Abbildung 15:
Links: prototypischer Scheinwerfer bestehend aus konventionellem
Bi-Projektionssystem und Markierungslicht *Spotlight* [Hör09];
Rechts: Aktorik des LED-Markierungslichtmoduls [Hör09]

Eine Warnung des Fahrzeugführers ist insbesondere dann erforderlich, wenn sich Tiere bzw. unbeleuchtete Verkehrsteilnehmer auf oder neben der Fahrbahn befinden. Sowohl die Detektion als auch die Klassifikation dieser Objekte stellt besonders hohe Anforderungen an die kamerabasierte Sensorik sowie die Verarbeitung der Daten. Gute Voraussetzungen bieten insbesondere aktive oder passive Infrarot-Kameras, welche derzeit bereits für Nachtsichtsysteme Anwendung finden. Die Komplexität der Aufgabenstellung wird vor allem durch das große Spektrum der verschiedenen Formenausprägungen der zu beleuchtenden Objekte erschwert.

Das Konzept des Markierungslichtes bedingt aufgrund der hohen Lichtstärken ein Blendrisiko für andere Fahrzeugführer, wodurch eine exakt ausgerichtete Ausleuchtung unbedingt einzuhalten ist. Vor allem bei der Markierung eines auf der linken Fahrbahnseite befindlichen Objektes ist dies zu berücksichtigen. Daraus folgend ist die Toleranz der Spotausrichtung gering. Abhängig von den Eigenschaften des Spots können Richtwerte der Winkeltoleranzen von etwa 0,1° bis 0,3° angenommen werden.

KAPITEL 3

WARNSICHTSYSTEME

3.1 EINFÜHRUNG IN DIE THEMATIK

3.1.1 RELEVANZ VON WARNSICHTSYSTEMEN

Grundsätzlich ist mithilfe von Warnsichtsystemen die Beleuchtung einer Vielzahl verschiedener Objektarten im Verkehrsraum denkbar. Hier seien beispielhaft Fußgänger, Radfahrer, Tiere oder auch Gegenstände auf der Fahrbahn genannt. Dabei wird das Aktionsfeld vor allem durch die technischen Möglichkeiten der Sensorik und der Objektklassifikation begrenzt.

In Hinsicht auf die wachsende Bedeutung des Fußgängerschutzes wird die Bewertung von Warnsichtsystemen in der vorliegenden Arbeit auf die Beleuchtung von Fußgängern begrenzt. Zwar sind Fußgängerunfälle seltener als Fahrzeugkollisionen, jedoch besitzt dieser Unfalltyp aufgrund der hohen Verletzungsgefahr der ungeschützten Verkehrsteilnehmer eine besondere Relevanz. Abbildung 16 vergleicht die Verletzungsschwere von Pkw- und Fußgängerunfällen. Es zeigt sich, dass praktisch kein Fußgänger nach einer Kollision mit einem Fahrzeug unverletzt bleibt [Uns05] (zitiert in [Jun06]).

Unfälle mit schwerem oder tödlichem Ausgang ereignen sich besonders häufig in der Nacht. So finden nach *Sporner* [Spo03] über zwei Drittel aller Kollisionen, bei denen die am Unfall beteiligten Fußgänger eine Verlet-

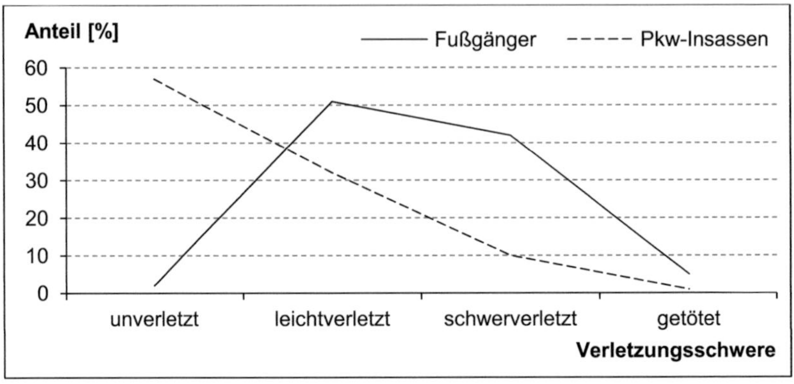

Abbildung 16:
Vergleich der Verletzungsschwere bei Pkw- und
Fußgängerunfällen nach [Jun06]

zungsschwere von MAIS[19] 4 oder schlimmer erleiden, in der Dunkelheit
statt. Nach *Bäumler* [Bäu07] kommen 80%[20] aller getöteten Fußgänger bei
Unfällen in der Dunkelheit oder Dämmerung ums Leben. *Heinrich* [Hei10]
präsentiert ähnliche Unfallzahlen aus dem Jahr 2007, geltend für nächtliche
Landstraßen. Weiterhin bestätigt *Lerner* [Ler03] das gesteigerte Unfallrisiko.
Während tagsüber 25 Personen je 1.000 Kollisionen getötet werden, steigt
dieser Anteil in der Nacht auf 70 Personen je 1.000 Unfälle. In Bezugnahme
auf Untersuchungen von *Hautzinger* und *Tassaux* gibt er ein dreifach höheres Unfallrisiko in der Dunkelheit an. *Sullivan* [Sul01] quantifiziert die Erhöhung des Unfallrisikos sogar mit dem Faktor 4,1.

Als Ursache für das erhöhte Unfall- und Verletzungsrisiko bei Nacht kann
vor allem die schlechte Sichtbarkeit von Fußgängern angeführt werden.
Dies haben unter anderem Recherchen von *Flannagan* [Fla03] ergeben. Nach

---

[19] MAIS: Maximum Abbreviated Injury Scale; beschreibt den Grad der
     Verletzung auf einer Skala von 1 bis 6
[20] Bezogen auf Außerortskollisionen

Bäumler [Bäu03] und *Hartmann* [Har70] (zitiert in [Bäu03]) sind neben weiteren Kriterien die Größe und der Kontrast für die Erkennbarkeit von Objekten entscheidend. Beide Parameter unterscheiden sich im Vergleich zum Kraftfahrzeug erheblich.

Die Größe der Silhouette eines Fußgängers ist von der Bewegungsrichtung abhängig und in horizontaler Richtung deutlich geringer als bei Kraftfahrzeugen. Dieser Wert lässt sich nicht beeinflussen und nur über eine Erhöhung des Objektkontrastes kompensieren.

Für den Kontrast eines Fußgängers im nächtlichen Straßenverkehr ist der Leuchtdichteunterschied zwischen dem Objekt und dem Umfeld entscheidend. Während Kraftfahrzeuge durch obligatorische Scheinwerfer und Leuchten hohe Objektleuchtdichten und somit große Kontraste erzeugen, sind die Leuchtdichteunterschiede von Fußgängern aufgrund der fehlenden Beleuchtung sowie durch den geringen Reflexionsgrad der Kleidung deutlich geringer.

Letztere wird nahezu ausschließlich nach modischen Gesichtspunkten gewählt. Bereits am Tage sind 68 % aller Fußgänger dunkel gekleidet. Nachts steigt dieser Anteil sogar auf 83 % [Bäu03]. Der Reflexionsgrad beträgt den Angaben von *Bhise* [Bhi77] (zitiert in [Kos03]) zufolge im Jahresmittel 10 %. *Jebas* [Jeb06] bestätigt diese Angaben. Retroreflektierende Materialien würden zwar den Reflexionsgrad und somit auch den Kontrast von Fußgängern signifikant erhöhen, jedoch ist eine obligatorische Einführung politisch schwer umsetzbar [Jeb08b], obwohl Erfahrungen aus norddeutschen Ländern bereits eine Verringerung der Unfallzahlen nachweisen konnten [Deu03]. Erfreulicherweise wurden im Jahr 2010 von der Stiftung *Gelber Engel* über 700.000 Warnwesten an Schulanfänger vergeben, um die Erkennbarkeit von Kindern im Straßenverkehr zu erhöhen [ADA10].

Bei Annäherung des Fahrzeuges wird ein Fußgänger am Straßenrand aufgrund der Neigung des Scheinwerfers von unten nach oben beleuchtet. Für eine frühe Erkennbarkeit ist demnach vor allem der Reflexionsgrad der unteren Bekleidungsstücke entscheidend.

Durch den niedrigen Kontrast werden Fußgänger im nächtlichen Straßenverkehr häufig gar nicht oder zu spät wahrgenommen. Nach *Bäumler* [Bäu07] steigt der Anteil der Unfälle, bei denen vor der Kollision keine Bremsung eingeleitet wird, von 26 % am Tag auf 68 % bei Nacht an, bezogen auf Außerortsunfälle. Dies spiegeln auch die Kollisionsgeschwindigkeiten wieder, welche nach *Sporner* [Spo03] in der Dunkelheit deutlich ansteigen. Während letztere seinen Angaben entsprechend am Tag nur in 29 % aller Fälle über 30 km/h beträgt, erhöht sich dieser Anteil in der Nacht bereits auf 59 %. Unfälle unterhalb dieser Grenze gehen selten mit schweren oder tödlichen Verletzungen einher. Als besonders kritisch gelten Kollisionen mit einer Geschwindigkeit von über 50 km/h. Am Tag ereignen sich lediglich 5 % aller Fälle über dieser Geschwindigkeit. In der Nacht steigt der Anteil auf 20 % an.

Experimenten zufolge können Fußgänger unter Verwendung des konventionellen Abblendlichtes in einer Entfernung von etwa 60 m erkannt werden [Völ06]. Bei der auf Landstraßen üblichen Geschwindigkeit von 100 km/h beträgt der Anhalteweg jedoch 91 m [Lac95]. Zur Erhöhung der Erkennbarkeitsentfernung ist der Kontrast die einzige beeinflussbare Größe. Da wie bereits beschrieben eine Erhöhung des Reflexionsgrades der Kleidung aus politischen Gründen nicht realisierbar ist, ist eine Steigerung des Kontrastes nur über eine Optimierung des Scheinwerfers zu erreichen.

Der Einsatz von Warnsichtsystemen stellt eine Möglichkeit zur Optimierung dar. Das Wirkpotential dieser Funktion wird als besonders hoch eingeschätzt. *Schneider* [Sch09b] schätzte die Erhöhung der Verkehrssicherheit bei Verwendung eines Warnsichtsystems auf Basis des Markierungslichtes.

Seinen Angaben zufolge könnte durch den Einsatz dieses Systems der Anteil der getöteten Fußgänger um 18 % gesenkt werden.

Einen alternativen Ansatz bietet die Verwendung aktiver und passiver Nachtsichtsysteme, welche bereits seit mehreren Jahren etabliert sind. Diese bieten dem Fahrzeugführer ein Kamerabild der vor dem Fahrzeug liegenden Verkehrsszene im Kombiinstrument, der Mittelkonsole oder auch auf der Windschutzscheibe (Head-up-Display) dar [Kno10]. Allerdings haben Studien bereits gezeigt, dass ihr Potential zur Steigerung der Verkehrssicherheit geringer ist als zunächst angenommen. So quantifiziert eine Untersuchung der *Unfallforschung der Versicherer (UDV)* [UDV08] das Wirkpotential der Systeme auf unter 8 %. Eine weitere Studie von *Mahlke* [Mah07] zeigt ebenfalls keine signifikante Erhöhung der Erkennbarkeitsrate und -entfernung bei der Verwendung von Nachtsichtsystemen.

3.1.2   ZU BEWERTENDE KONZEPTE

In der vorliegenden Arbeit werden zwei Warnsichtsysteme mit den folgenden lichttechnischen Konzepten bewertet. Teile der Studie wurden in [Jeb12], [Jeb11a] sowie [Jeb11b] veröffentlicht.

3.1.2.1   WARNSICHTSYSTEM *ADAPTIVE LICHTHUPE*

In diesem Fall wird, wie in Abbildung 17 dargestellt, nach der Detektion eines Fußgängers der gesamte, vor dem Fahrzeug liegende, Verkehrsraum durch ein kurzzeitiges Zuschalten des Fernlichtes ausgeleuchtet. Im Folgenden wird dieses System als Warnsichtsystem *Adaptive Lichthupe* bzw. *ALH* bezeichnet.

Abbildung 17:
Erkennbarkeit eines Fußgängers am rechten Fahrbahnrand mit konventionellem Abblendlicht (links) und zugeschaltetem Fernlicht (rechts)

3.1.2.2 WARNSICHTSYSTEM *MARKIERUNGSLICHT*

Die Ausleuchtung des Verkehrsraumes erfolgt, wie in Abbildung 18 gezeigt, selektiv. Ein Fußgänger im Gefahrenbereich wird additiv zur Grundlichtverteilung gezielt angeleuchtet. Auf diese Weise soll die Aufmerksamkeit des Fahrzeugführers nicht nur erhöht, sondern auch in die entsprechende Richtung gelenkt werden.

Abbildung 18:
Erkennbarkeit eines Fußgängers am rechten Fahrbahnrand mit konventionellem Abblendlicht (links) und zugeschaltetem Markierungslicht (rechts)

Es werden zwei unterschiedliche Varianten der Ausleuchtung untersucht (Abbildung 19). Zum einen wird der Bereich des Fußgängers unterhalb des Kopfes beleuchtet. Dieses im Folgenden als *Markierungslicht 1* bzw. *ML 1* bezeichnete Konzept ist in Hinsicht auf eine reduzierte Blendung des detektierten Fußgängers für die Umsetzung eines Serieneinsatzes von hohem Interesse. Allerdings wird dem Fahrzeugführer in diesem Fall eine veränderte Objektform dargeboten, welche sich möglicherweise problematischer klassifizieren lässt. In diesem Fall würde das Wirkpotential eines derartigen Systems möglicherweise nicht vollständig genutzt werden.

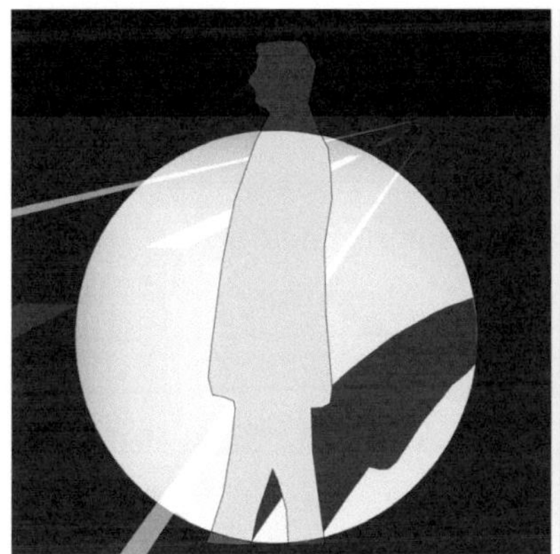 

Abbildung 19:
Untersuchte Ausleuchtungen des *Markierungslichtes*;
Links: *Markierungslicht 1* (unterer Sehobjektbereich);
Rechts: *Markierungslicht 2* (oberer Sehobjektbereich)

Zur Ermittlung des Einflusses der Spotlage wird zum anderen der obere Teil des Fußgängers inklusive des Kopfes beleuchtet. Dabei wird die Größe des Spots nicht verändert, um potentielle, durch die veränderte Objektgröße bedingte, Einflüsse auf die Erkennbarkeit zu vermeiden. Dieses Ausleuchtungskonzept wird im Folgenden als *Markierungslicht 2* bzw. *ML 2* bezeichnet.

3.2 THESEN

Im Rahmen der Bewertung der beschriebenen Warnsichtsysteme werden die folgenden Thesen untersucht.

1) Der Einsatz von Warnsichtsystemen führt zu einer Erhöhung der Erkennbarkeitsentfernung von Fußgängern im nächtlichen Verkehrsraum.

2) Der Einsatz von Warnsichtsystemen steigert die Aufmerksamkeit des Fahrzeugführers und kann somit den Anteil kritischer Situationen reduzieren.

3) Das Warnsichtsystem auf Basis des *Markierungslichtes* besitzt im Vergleich zum Warnsichtsystem auf Basis der *Adaptiven Lichthupe* aufgrund der höheren Objektkontraste und der Richtungsvorgabe der Objektlage ein größeres Wirkpotential.

4) Die Ausleuchtung des oberen Bereiches der Fußgänger ermöglicht höhere Erkennbarkeitsentfernungen, als die Ausleuchtung des unteren Bereiches mit gleicher Spotgröße.

5) Warnsichtsysteme verbessern die Erkennbarkeit von Fußgängern im nächtlichen Verkehrsraum aus subjektiver Sicht und vermitteln dem Fahrzeugführer auf diese Weise ein erhöhtes Sicherheits- und Komfortgefühl.

3.3 VERSUCHSDESIGN

Zum besseren Verständnis des Versuchsaufbaus beinhaltet dieses Kapitel zunächst eine Darstellung des zugrunde liegenden Versuchsdesigns. Technische Details, welche im darauffolgenden Kapitel erläutert werden, lassen sich auf diese Weise leichter zuordnen.

Als abhängige Variable und objektives Maß zur Quantifizierung des Einflusses der zu untersuchenden Warnsichtsysteme wird die Erkennbarkeitsentfernung e bestimmt. Diese stellt den Abstand zwischen dem Fahrzeugführer und dem Sehobjekt zum Zeitpunkt des Erkennens dar und lässt sich auf den Sicherheitsgewinn bzw. -verlust im Straßenverkehr übertragen. Weiterhin erfolgt eine subjektive Bewertung mithilfe von Fragebögen.

Die Aufnahme der Daten erfolgt über eine Probandenstudie in einem Feldexperiment. Ein mit Sehobjekten präparierter Rundkurs im realen, nächtlichen Verkehrsraum wird von den Versuchspersonen mehrmalig abgefahren. Der Proband wird angewiesen, jede Erkennung eines Sehzeichens über einen am Lenkrad befindlichen Taster zu bestätigen. Dabei wird in zwei Runden jeweils der Einsatz eines Warnsichtsystems simuliert, während die Abblendlichtverteilung in einer weiteren Runde als Referenz dient. Die Fragebögen werden unmittelbar nach Abschluss der Versuchsfahrt ausgefüllt.

Um einen möglichen, durch das mehrmalige Abfahren des Rundkurses bedingten, Lerneffekt der Probanden zu ermitteln, wird im Rahmen einer Voruntersuchung die Erkennbarkeitsentfernung von drei Runden unter Verwendung der Referenzlichtverteilung aufgenommen und miteinander verglichen.

Des Weiteren ist die Auswertung eventuell auftretender falschpositiver Antworten auszuschließen. Letztere beinhalten eine Erkennungsbestätigung des Probanden als Reaktion auf das alleinige Auslösen der Warnfunktion. In diesen Fällen würde der Test die Erfüllung des Kriteriums *Erkennung* anzeigen, ohne dass dieses vorliegt. Zur Identifikation dieser Antworten, sowie zur Einschätzung der Zuverlässigkeit der Probanden werden die folgenden Methoden eingesetzt.

Zum einen werden die Sehobjekte sowohl am rechten, als auch am linken Fahrbahnrand positioniert. Unmittelbar nach dem Bestätigen gibt der Proband die Richtung an. Bereits ab einer falsch angegebenen Position werden die Messdaten des Probanden nicht verwertet. Die Ratewahrscheinlichkeit $P_{korrekt}$ für die korrekte Angabe aller Sehobjekte ergibt sich gemäß Formel (1) aus der Anzahl n der Sehobjekte.

$$P_{korrekt} = \frac{1}{2^n} \tag{1}$$

Zum anderen wird an einer weiteren Position, an der sich kein Sehobjekt befindet, eine Fehlauslösung des jeweiligen Warnsichtsystems simuliert. Probanden, welche auf diese Fehlauslösung mit einem Tastendruck reagieren, werden ebenfalls aus der Auswertung ausgeschlossen.

3.4 DURCHFÜHRUNG

3.4.1 SIMULATION DER WARNSICHTSYSTEME

Die Realisierung der Warnsichtsysteme in Form von Prototypen stellt keinen Bestandteil dieser Untersuchung dar. Im Versuch wird ihre Funktionsweise simuliert. Als Vorteil dieser Methode lässt sich die Detektionsreichweite exakt reproduzieren, wodurch die Vergleichbarkeit der Messwerte gesichert wird.

Die Detektionsreichweite sowie die Genauigkeit richten sich nach der Auflösung und Art des verwendeten Kamerasystems. Für diese Untersuchung wird entsprechend den Angaben von *Bosch* [Bos09] eine derzeit realisierbare Detektionsreichweite von 90 m festgelegt. Dies entspricht näherungsweise dem bei einer Geschwindigkeit von 100 km/h erforderlichen Anhalteweg[21] nach *Lachenmeyer* [Lac95].

3.4.1.1 WARNSICHTSYSTEM *ADAPTIVE LICHTHUPE*

Zur Umsetzung des Warnsichtsystems *Adaptive Lichthupe* wird vergleichbar mit einer Serienrealisierung das fahrzeugeigene Fernlichtmodul zur Ausleuchtung des Verkehrsraumes genutzt. Das verwendete Versuchsfahrzeug verfügt über ein Halogen-Reflexionssystem in Kombination mit einer Streuscheibe.

Die mithilfe des Goniophotometers *LMT*, Typ *GO-H 1300* bestimmte Lichtverteilung ist in Abbildung 20 in der Vogelperspektive grafisch dargestellt. Bei Aktivierung des Fernlichtmoduls beträgt die vertikale Beleuchtungsstärke in der Sehobjektebene je nach lateraler Fahrzeugposition etwa $E_{SO} = 12$ lx bzw. die in diese Richtung abgestrahlte Lichtstärke $I = 100.000$ cd.

Die Simulation von Funktionen bezieht sich in diesem Fall ausschließlich auf die sensorische Detektion der Sehobjekte. Letztere erfolgt mithilfe von Reflexions-Lichtschranken, welche als Trigger dienen. Dabei befindet sich der Sender der Lichtschranke am Fahrzeug, während der Reflektor nicht sichtbar für den Probanden am Fahrbahnrand aufgestellt wird. Um für den Probanden sichtbare Reflexionen des vom Scheinwerfer abgestrahlten Lichtes am Reflektor zu vermeiden, werden letztere mit einem Shutter ausgestattet.

---

[21] Summe aus Bremsweg und Reaktionsweg

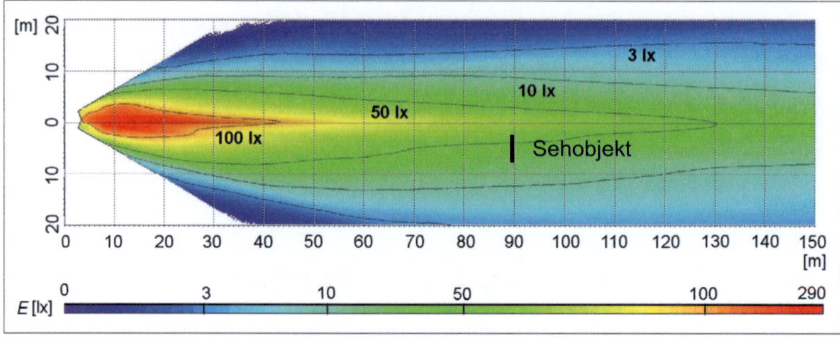

Abbildung 20:
Goniophotometrisch bestimmte Lichtverteilung mit Isoluxlinien des
für das Warnsichtsystem *Adaptive Lichthupe* eingesetzten Fernlichtes
(Vogelperspektive)

Bezüglich der zuvor genannten realisierbaren Detektionsreichweite von
90 m und unter Berücksichtigung eines Korrekturwertes (vgl. Kapitel
3.4.1.3) werden die Reflektoren 96 m vor jedem Sehobjekt positioniert. Beim
Passieren des Fahrzeuges am Reflektor schließt die Lichtschranke und das
Fernlicht wird über eine Steuerelektronik für eine Dauer von zwei Sekunden aktiviert (Abbildung 21).

3.4.1.2 WARNSICHTSYSTEM *MARKIERUNGSLICHT*

Das Warnsichtsystem *Markierungslicht* erfordert neben der Simulation der
Objekterkennung auch eine Simulation des lichterzeugenden Moduls.

Analog zur möglichen Serienrealisierung besteht das Ziel in der separaten
Ausleuchtung des Sehobjektes. Dies wird durch die Verwendung statischer,
autonomer Beleuchtungsmodule (Abbildung 22 links) ermöglicht, welche in
einer Entfernung von 10 m vor jedem Sehobjekt am Straßenrand po-

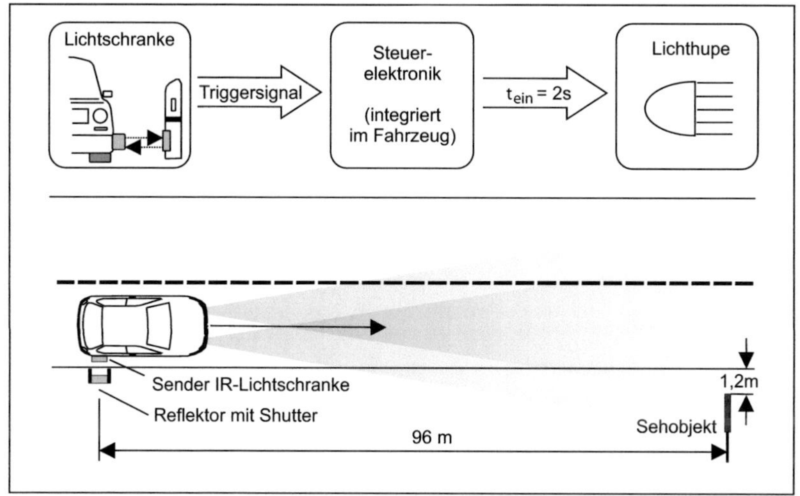

Abbildung 21:
Simulation des Warnsichtsystems *Adaptive Lichthupe*

sitioniert werden. Zur Vermeidung eventuell auftretender Reflexionen an den Modulen werden diese mithilfe von Shuttern abgedeckt.

Als Kernstück der 30 x 20 x 12 cm großen Module wird ein modifiziertes Projektionssystem der Fa. *Hella*, Modell *1 BL 008 193-00* eingesetzt (Abbildung 22 rechts). Dieses verfügt im Serienzustand über eine in der Zwischenbildebene befindliche z-förmige Blende, welche die Hell-Dunkel-Grenze erzeugt. Durch einen Austausch dieser Blende durch eine Lochblende mit einem Lochdurchmesser von 4,5 mm wird die Ausleuchtung der Module den Anforderungen angepasst.

Um die Vergleichbarkeit der zu bewertenden Warnsichtsysteme zu gewähr-leisten, ist die von der *Adaptiven Lichthupe* in Richtung des Sehobjektes ab-gestrahlte Lichtstärke von I = 100.000 cd für die Simulation des *Markierungs-lichtes* zu übernehmen. Es ist jedoch zunächst zu prüfen, ob die genannte Lichtstärke in einer möglichen Serienumsetzung mit kompakten Abmes-

Abbildung 22:
Links: Beleuchtungsmodul zur Simulation des Warnsichtsystems
Markierungslicht; Rechts: Aufbau des modifizierten Projektionssystems

sungen und dem zu erwartenden Einsatz von Leuchtdioden technisch realisierbar ist.

Die Forderung nach einer kompakten Optik mit schmalem Öffnungswinkel bedingt den Einsatz einer oder mehrerer Single-Chip-LEDs. Als leistungsfähiges Beispiel für den Einsatz im Automobil kann die *Luxeon Rebel Automotive* von *Philips Lumileds* angeführt werden, welche bei einer Bestromung von I = 700 mA und optimalem Thermomanagement einen Lichtstrom von Φ = 180 lm generiert [Phi09]. Bei einem idealen Öffnungswinkel von 1° (= 9,56 · 10^{-4} sr), sowie einem Wirkungsgrad von η = 80 % beim Einsatz einer TIR[22]-Optik ist eine Lichtstärke von etwa I = 150.000 cd theoretisch zu erreichen.

Werden Faktoren, wie beispielsweise eine niedrigere Bestromung mit dem Ziel einer verlängerten Lebensdauer oder das Absinken des Lichtstromes bei höheren Temperaturen einbezogen, verringert sich der theoretisch ermittelte Wert. Die geforderte Lichtstärke von I = 100.000 cd wird jedoch, in Bezug auf die kurze Aktivierungsdauer des Markierungslichtes, als realisierbar eingestuft.

---

[22] Total Internal Reflection

Für die realitätsgetreue Simulation eines am Fahrzeug befindlichen Schein-werfers mithilfe eines statischen Aufbaus ist eine Steuerung des Modul-Lichtstromes erforderlich. Wäre der Scheinwerfer im Fahrzeug integriert, käme es bei Annäherung an das beleuchtete Objekt zum Anstieg der Be-leuchtungsstärke gemäß des photometrischen Entfernungsgesetztes aus Formel (2). Dabei bezeichnet E_{SO} die am Sehobjekt anliegende Beleuch-tungsstärke, I_{ML} die Lichtstärke des Markierungslichtmoduls und d den Abstand zwischen der Lichtquelle und dem Objekt.

$$E_{SO} = \frac{I_{ML}}{d^2} \tag{2}$$

Bei der im Versuch gefahrenen Geschwindigkeit von 60 km/h entspräche dies einem Anstieg der Beleuchtungsstärke auf den Sehobjekten innerhalb der Aktivierungsdauer von t_{ein} = 2 s von E_{SO} = 12 lx auf E_{SO} = 31 lx. Die Simulation der Annäherung wird über einen im Modulgehäuse integrierten Microcontroller realisiert.

Die Energieversorgung der Beleuchtungsmodule wird über 12 V-Akkus mit einer Nennladung von 17 Ah sichergestellt. Zwar besitzt bereits ein gerin-ger Abfall der Versorgungsspannung eine große Reduktion des Lampen-lichtstromes[23], jedoch kann diese Abhängigkeit in Hinsicht auf die sehr kurze Gesamteinschaltdauer von sechs Sekunden im Versuch und 20 Sekunden für die Kalibrierung als unkritisch betrachtet werden. Nach jedem Versuchsdurchlauf werden die Module geladen.

Die Simulation der Objekterkennung basiert ebenfalls auf der Verwendung von Reflexionslichtschranken als Trigger. Dabei wird der Sender am Stra-ßenrand positioniert, während die Reflexionsfolie am Heck des Fahrzeuges befestigt wird. Die Entfernung zum Sehobjekt beträgt 96 m (Abbildung 23).

---

[23] $\Phi \propto U^{3,8}$

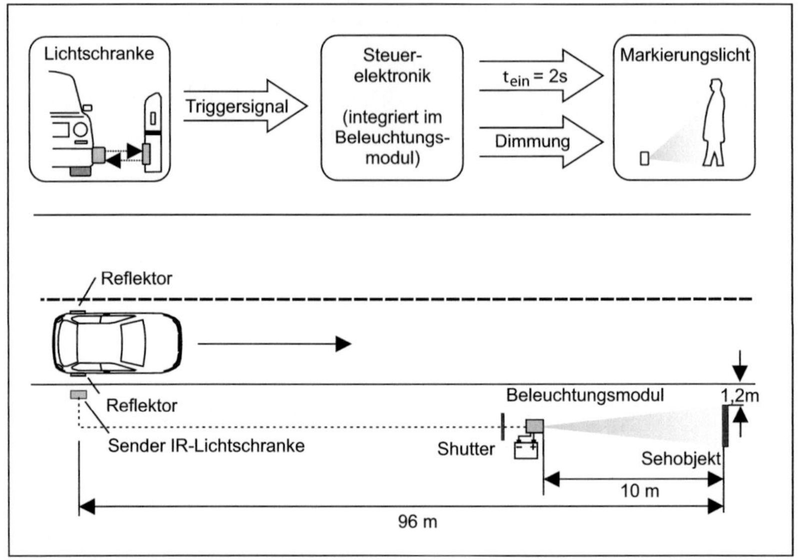

Abbildung 23:
Simulation des Warnsichtsystems *Markierungslicht*

Zur lichttechnischen Charakterisierung werden die Module mithilfe eines Goniophotometers des Herstellers *LMT*, Typ *GO-H 1300* vermessen. In Abbildung 24 und Abbildung 25 sind die einer Messentfernung von 10 m bestimmte Lichtverteilung sowie der Horizontalschnitt am Beispiel eines Moduls in der Grundeinstellung dargestellt. Gemäß des *Weber-Fechner*[24] Gesetztes erfolgt die Darstellung logarithmisch. Den Ergebnissen entsprechend erzeugt die Lochblende wie gefordert einen Spot mit besonders scharfer Hell-Dunkel-Grenze. Der halbe Öffnungswinkel[25] beträgt etwa 3°. Somit resultiert eine auf den Sehzeichen vorliegende Spotgröße von etwa

---

[24] Gemäß des *Weber-Fechner* Gesetzes steigt die subjektiv wahrgenommene Reizstärke mit dem Logarithmus des Reizes

[25] Der Öffnungswinkel definiert sich als der Winkel, unter dem 50 % der maximalen Intensität vorliegt

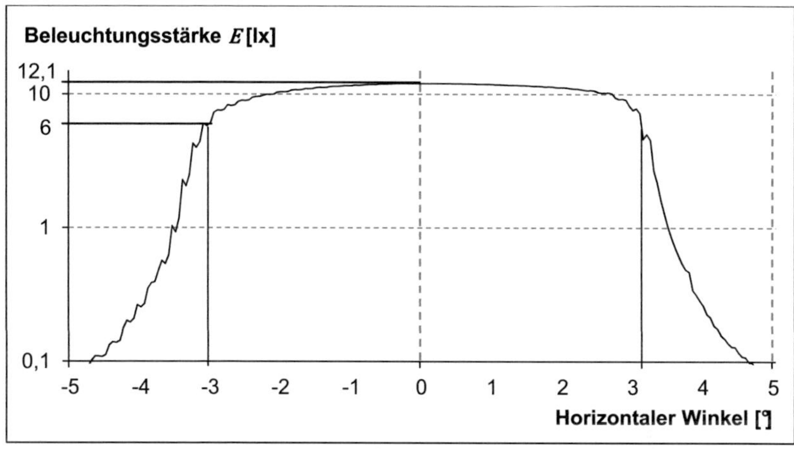

Abbildung 24:
Beleuchtungsstärke im horizontalen Schnitt durch 0° der in Abbildung 26 dargestellten Lichtverteilung des Warnsichtsystems *Markierungslicht*

1 m. Die Intensitätsverteilung zeigt weiterhin, dass keine vollständige Rotationssymmetrie vorliegt. Die Abweichungen sind auf die mehrachsige Reflektorform des modifizierten Projektionsmoduls zurückzuführen, welche auf die Erzeugung des Abblendlichtes optimiert ist. Sie werden jedoch als vertretbar eingeschätzt. Alle weiteren verwendeten Module zeigen mit Ausnahme geringer Streuungen vergleichbare Lichtverteilungen.

3.4.1.3 SYNCHRONISATION DER EINSCHALTVERZÖGERUNG

Die Methoden zur Simulation beider Warnsichtsysteme beinhalten je eine Elektronik, welche den Einschaltzeitpunkt, die Einschaltdauer, die Dimmung und die Einschaltverzögerung steuert. Dabei weist jede Steuerelektronik eine unterschiedliche Verarbeitungszeit auf, welche bei Nichtkompensation aufgrund der Fahrzeugbewegung in einer kürzeren, je nach System unterschiedlichen simulierten Detektionsreichweite, resultieren würde.

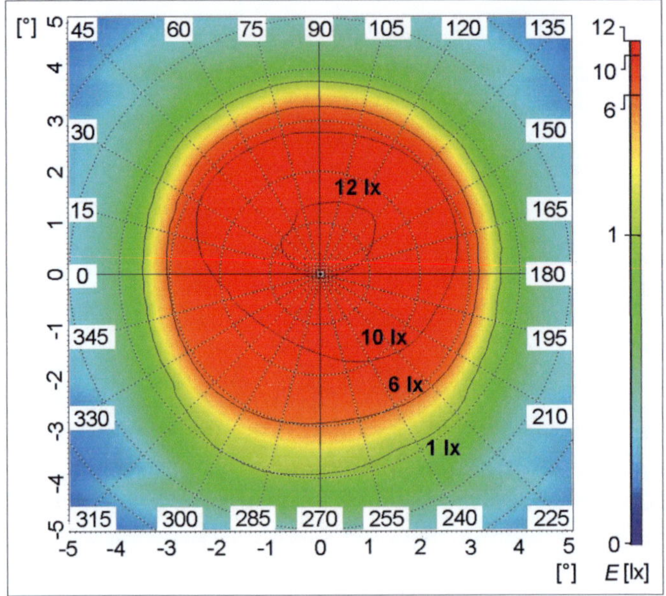

Abbildung 25:
Goniophotometrisch bestimmte Lichtverteilung mit Isoluxlinien des,
für das *Markierungslicht* eingesetzten, Beleuchtungsmoduls
(Grundeinstellung, vertikale Ebene, Messentfernung 10 m)

Zur Gewährleistung eines identischen Einschaltzeitpunktes beider Warnsichtsysteme werden die Verarbeitungszeiten der Steuerelektronik ermittelt.
Dabei wird die Zeit zwischen dem Vorliegen des Triggersignals der Lichtschranke und dem jeweiligen Ansprechen der Lichtquelle aufgenommen.

Als Ergebnis weist die Elektronik der Beleuchtungsmodule des Markierungslichtes mit 360 ms die größere Einschaltverzögerung auf. Dieser Wert
wird mithilfe des integrierten Controllers auf das Warnsichtsystem *Adaptive
Lichthupe* übertragen. Weiterhin werden in Bezug auf die im Versuch gefahrene Geschwindigkeit von 60 km/h die Abstände der Sehobjekte zu den
Reflektoren bzw. Lichtschranken um 6 m auf 96 m vergrößert.

3.4.2 REFERENZLICHTVERTEILUNG

Eine aktuelle Studie von *Böhm* [Böh10] zeigt, dass der Fahrzeugführer ohne Vorhandensein eines lichttechnischen Assistenten in über 80 % der Fahrzeit das Abblendlicht nutzt. Damit werden ältere, U.S.-amerikanische Studien [Sul03], [Mef06] gestützt, welche ähnliche Ergebnisse erzielten.

Mit diesem Hintergrund wird die Abblendlichtverteilung des Versuchsfahrzeuges als Referenz eingesetzt. Dieses verfügt über Gasentladungsscheinwerfer auf der Basis von Reflexionssystemen mit Streuscheibe. Die goniophotometrisch ermittelte Lichtverteilung ist in Abbildung 26 dargestellt.

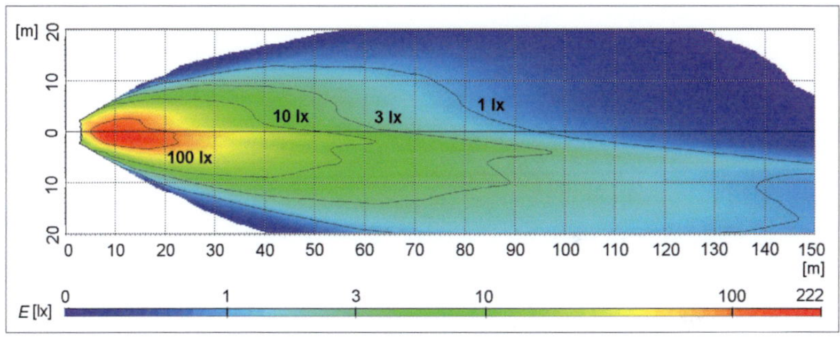

Abbildung 26:
Goniophotometrisch bestimmte Lichtverteilung mit Isoluxlinien der Referenzlichtverteilung (Vogelperspektive)

3.4.3 VERSUCHSFAHRZEUG

Als Versuchsfahrzeug wird ein *Mercedes Benz*, Modell *S-Klasse* (Baureihe *140)* eingesetzt. Im Folgenden werden die für die Studie relevanten Umbauten bzw. Ausstattungen des Fahrzeuges erläutert.

3.4.3.1   ENTFERNUNGSMESSSYSTEM

Der Einsatz eines GPS-gestützten Entfernungsmesssystems zeigte in einer Testfahrt aufgrund von Abschattungen durch den vorliegenden Baumbestand keine zufriedenstellende Genauigkeit (vgl. [Jeb06]). Aus diesem Grund wird die jeweilige Erkennbarkeitsentfernung über ein inkrementales Messsystem ermittelt, dessen Funktionsweise in Abbildung 27 dargestellt ist.

Zu diesem Zweck werden ein Hall-Sensor an einem Bremssattel des Fahrzeuges sowie zwei Magnete an der umlaufenden Bremsscheibe befestigt. Eine Elektronik summiert nach Beginn der durch den Probanden gestarteten Messung die halben Radumdrehungen und exportiert diese an einen Datenlogger. Die Messung wird am jeweiligen Sehobjekt durch eine Infrarot-Lichtschranke beendet, deren Sender am Fahrzeug installiert ist. Das Gegenstück befindet sich nicht sichtbar für die Probanden auf der Rückseite der Sehobjekte.

3.4.3.2   MIKROFONE

Zur Aufnahme der vom Probanden angegebenen Richtung der Sehobjekte werden zugunsten der Redundanz zwei Mikrofone eingesetzt. Ein Mikrofon wird an der oberen Bekleidung des jeweiligen Probanden befestigt, während das zweite fest im Dachhimmel integriert ist.

3.4.3.3   KAMERA

Die Dokumentation der Versuchsfahrten erfolgt über zwei Kamerasysteme, welche auf den vor dem Fahrzeug liegenden Verkehrsraum ausgerichtet

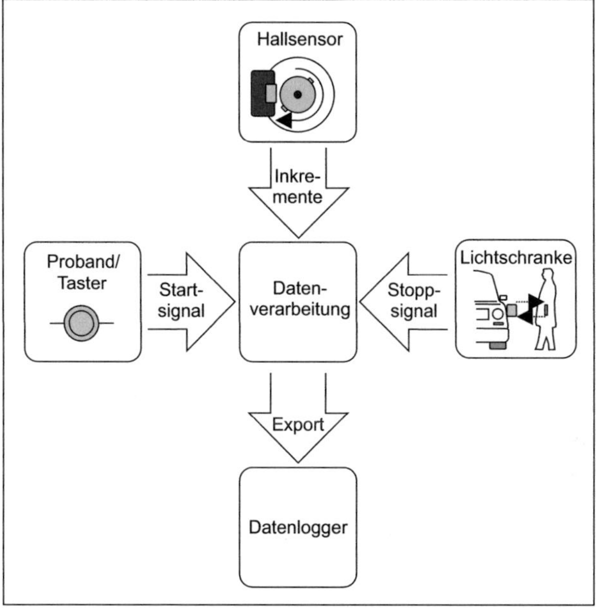

Abbildung 27:
Funktionsweise des zur Bestimmung der Erkennbarkeitsentfernung e
eingesetzten inkrementalen Messsystems

sind. Hierbei befindet sich eine Kamera auf dem Dach des Versuchsfahrzeuges[26] und eine weitere im Innenraum.

---

[26] Szenenkamera eines Eye Tracking Systems, welches die Blickbewegungen der Probanden aufzeichnet. Diese Daten erleichtern grundsätzlich
die Identifikation falschpositiver Antworten, da eine Reaktion des Fahrzeugführers nach *Bäumler* [Bäu03] erst dann erfolgt, wenn das Objekt
von der Fovea Centralis fixiert wird. Aufgrund der nicht zufriedenstel-
lenden Genauigkeit werden die aufgenommenen Blickbewegungsdaten
jedoch nicht ausgewertet. Die Szenenkamera wird zur Dokumentation
der Fahrten genutzt.

3.4.3.4 DATENLOGGER

Zur Synchronisation der vorliegenden Daten wird der Datenlogger *DEWE-510* des Herstellers *Dewetron* eingesetzt. Analoge und digitale Schnittstellen ermöglichen die Verknüpfung der folgend aufgeführten Einzelsysteme bzw. Daten.

- Erkennbarkeitsentfernung e

- Tastersignal für die Bestätigung der Erkennung

- Triggersignal Lichtschranke

- Kamerabild Verkehrsszene

- Mikrofon Kragen

- Mikrofon Dachhimmel

Pro Versuchsfahrt wird eine kompakte Datei ausgegeben, welche alle für die Auswertung relevanten Informationen enthält.

3.4.4 PROBANDENKOLLEKTIV

Das Probandenkollektiv besteht aus 37 Personen. Diese werden in zwei Gruppen unterteilt.

Gruppe A beinhaltet die an den Hauptversuchen teilnehmenden Probanden. Dieses Kollektiv besteht aus 21 männlichen und 10 weiblichen Personen, welche sich wiederum auf die Untergruppen A1 und A2 aufteilen. Die Trennung in die genannten Untergruppen dient der Ermittlung des Einflusses der Spotlage des Markierungslichtes. Das Alter der Testpersonen beträgt 41 bis 60 Jahre. Für die Wahl der Altersgrenzen wurde die Verringerung der visuellen Leistungsfähigkeit bei steigendem Alter einbezogen (z.B. [Kok03]). In dieser Hinsicht wird ein größeres Wirkpotential der Warnsichtsysteme für ältere Verkehrsteilnehmer erwartet. Weiterhin deckt sich dieser Altersbereich aufgrund des zu erwartenden hohen Kaufpreises mit einer potentiellen Käuferschicht dieser Systeme im Fall einer Realisierung im Serienfahrzeug.

Die verbleibenden zwei männlichen und vier weiblichen Teilnehmer bilden die Gruppe B, welche zur Quantifizierung des Lerneffektes eingesetzt werden. Der Altersbereich liegt zwischen 24 und 28 Jahren.

In Abbildung 28 ist die Verteilung der Probanden auf die Versuchsfahrten grafisch dargestellt.

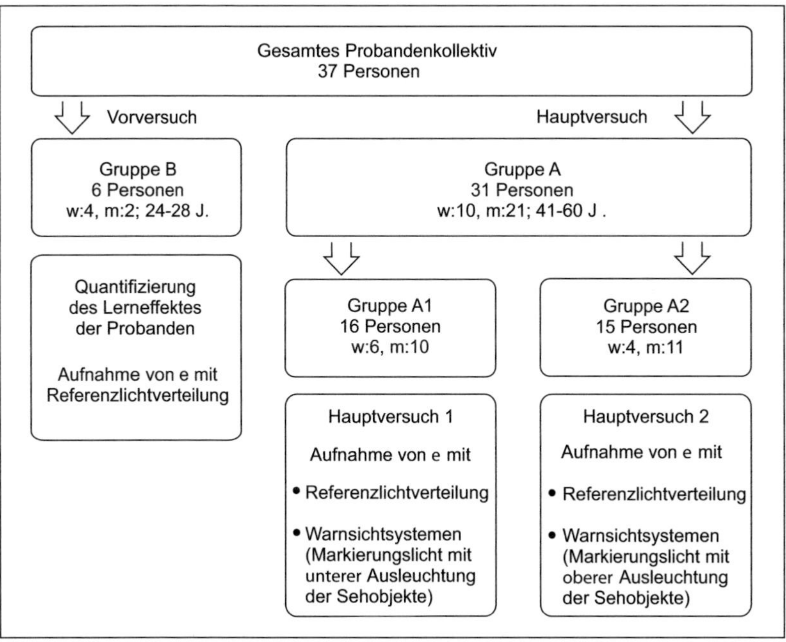

Abbildung 28:
Einteilung der Probanden auf die einzelnen Versuchsabschnitte

Um die Streubreite der Messwerte zu minimieren, werden alle Probanden einem optometrischen Screeningtest unterzogen. Zu diesem Zweck wird das System *Rodatest* des Herstellers *Vistec* eingesetzt. Es werden ausschließlich Personen zugelassen, welche die folgend aufgeführten Minimalvoraussetzungen erfüllen. Die Einzelergebnisse der Messungen sind dem Anhang B zu entnehmen.

- Sehschärfe binokular $\geq 1{,}0$

- Stereosehen vorhanden

- Kontrastsehvermögen ohne Blendung $\leq 10\,\%$

- Kontrastsehvermögen mit Blendung $\leq 10\,\%$

Des Weiteren werden ausschließlich Fahrzeugführer akquiriert, welche über eine mehrjährige Fahrerfahrung verfügen. *Lachenmayr* [Lac95] und *Cohen* [Coh76] bewiesen mit ihren Untersuchungen eine Abhängigkeit der Fixation im Straßenverkehr von der Fahrerfahrung. Während Fahranfänger zu ungeordneten Suchbewegungen neigen, verlagert sich der Fixationsbereich erfahrener Personen in den Fernbereich. *Mourant* und *Rockwell* [Mou72] konnten ferner nachweisen, dass das periphere Sehen mit steigender Fahrerfahrung an Relevanz gewinnt.

Die Einweisungen der Probanden erfolgen mündlich durch den Versuchsleiter vor Beginn der jeweiligen Testfahrt. Dabei werden ausschließlich das Versuchsfahrzeug sowie die Aufgabenstellung erläutert. Es erfolgt weder eine Benennung der Studienziele, noch der Bezeichnungen und der Funktionsweise der zu bewertenden Systeme. Auf diese Weise wird eine, durch die Erwartungshaltung bedingte, Antizipation der Testpersonen vermieden.

3.4.5 VERSUCHSSTRECKE

Auf der Landstraße ist das Unfallrisiko für einen Fußgänger bei Nacht besonders hoch. *Bäumler* [Bäu03] und *Lerner* [Ler03] geben an, dass trotz des nur 10 %-igen Anteils aller Unfälle etwa 30 % aller Todesfälle außerorts zu verzeichnen sind. *Hülsen* [Hül03] bestätigt dies. Seinen Angaben entsprechend entfallen 79 % aller auf der Landstraße getöteten Fußgänger auf die Dunkelheit. Mit diesem Hintergrund wird das größte Wirkpotential für Warnsichtsysteme auf der nächtlichen Landstraße erwartet. Dementsprechend wird eine Bewertung dieser Systeme auf einem Landstraßenabschnitt durchgeführt.

Zur Vermeidung äußerer Lichteinflüsse, welche beispielsweise durch wechselnde Mondphasen bedingt sind, führt die Versuchsstrecke durch ein Waldgebiet. Auf diese Weise bietet jede Nacht praktisch identische Versuchsbedingungen. Ebenfalls werden Einflüsse durch andere Verkehrsteilnehmer mithilfe einer Sperrung der Strecke für den regulären Verkehr weitestgehend vermieden[27].

Die Gesamtlänge der Versuchsstrecke beträgt 24 km. Sie unterteilt sich in drei Abschnitte. Der erste Teil beinhaltet eine 3 km lange Zuführung zur Messstrecke. Auf diesem Abschnitt erfolgt die Einstellung des Tempomaten auf 60 km/h, sowie gegebenenfalls mehrere Tests zur Betätigung des Lenkradtasters. Anschließend wird die Messstrecke mit einer Länge von 8,5 km durchfahren. Auf der folgenden 12,5 km langen Rückführung erreichen die Probanden den Ausgangspunkt der Messstrecke. Die Fahrzeit beträgt je nach Proband etwa 20 Minuten pro Runde, folglich circa eine Stunde für den gesamten praktischen Versuchsteil. Eine kartografische Abbildung ist dem Anhang D zu entnehmen.

---

[27] Ortsansässigen Fahrzeugen wird die Durchfahrt gewährt

3.4.6 SEHOBJEKTE

Zugunsten der Übertragbarkeit der in dieser Untersuchung gewonnenen Ergebnisse auf reale Fahrsituationen werden Fußgängerattrappen als Sehobjekte eingesetzt. Mit einer Größe von 1,77 m entsprechen sie nach Angaben des *Sozio-ökonomischen Panels* der Mehrheit der deutschen, männlichen Bundesbürger.

Den Aussagen von *Bäumler* [Bäu03] zufolge sind 83 % aller Fußgänger im nächtlichen Straßenverkehr dunkel gekleidet. Der Reflexionsgrad der Sehobjekte wird nach Angaben von *Kosmatka* [Kos03] und *Jebas* [Jeb06] auf $\rho = 0,1$ festgelegt. Hautfarbene Flächen werden nicht gesondert hervorgehoben. Zwar begünstigt der höhere Reflexionsgrad von Gesicht und Händen grundsätzlich die Erkennbarkeit von Fußgängern im nächtlichen Verkehrsraum, insbesondere wenn diese durch ein Markierungslicht direkt angeleuchtet werden, allerdings ist die Sichtbarkeit dieser Körperteile von unkalkulierbaren Faktoren, wie beispielsweise der Bewegungsrichtung abhängig und somit für eine allgemeine Begegnungssituation nicht repräsentativ.

Die Oberfläche wird zugunsten der Reproduzierbarkeit mit einem *RAL*-Farbton lackiert, wobei sich in Bezug auf den Reflexionsgrad *RAL 7043* als geeignet erweist. Um eine lambertsche Abstrahlcharakteristik zu erhalten und somit eine gleichbleibende Erkennbarkeit der Sehobjekte auch bei Vorliegen kleiner Winkelfehler zu gewährleisten, wird ein Mattlack verwendet.

Die Charakterisierung der Sehobjekte erfolgt zum Einen durch eine Messung des diffusen Reflexionsgrades in einer Ulbricht-Kugel unter Beleuchtung mit Normlichtart A. Mit einem gemessenen Wert von $\rho_{SO} = 11,7\,\%$ wird die Anforderung mit akzeptabler Abweichung erfüllt. Zur Überprüfung der winkelabhängigen Reflexionscharakteristik wird ein Reflexionsspektrometer des Herstellers *Perkin Elmer*, Typ *Lambda 1050* eingesetzt. Die

Messergebnisse zeigen, dass die Sehobjekte im untersuchten Winkelbereich von 0° bis 30° eine annähernd lambertförmige Abstrahlcharakteristik aufweisen.

Abbildung 29 stellt den Leuchtdichteverlauf eines mit dem Markierungslicht in der Grundeinstellung beleuchteten Sehobjektes am Beispiel der unteren Ausleuchtung dar. Zur Aufnahme dient die Leuchtdichtemesskamera *Techno-Team LMK98-3*.

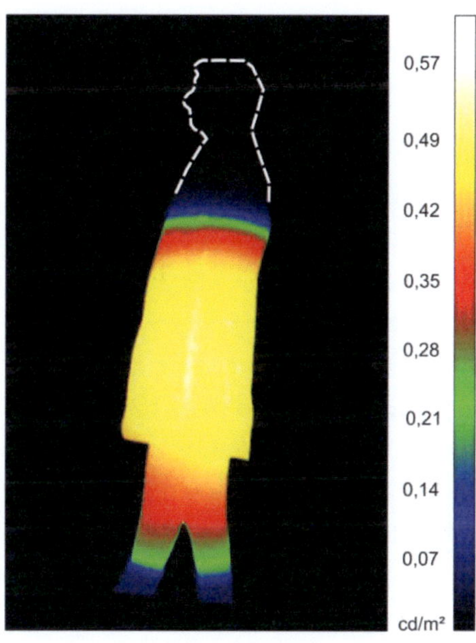

Abbildung 29:
Leuchtdichteverlauf eines, mit dem *Markierungslicht 1* in der Grundeinstellung beleuchteten, Sehobjektes; der blendfreie Bereich ist weiß markiert (lineare Skalierung)

Insgesamt werden auf der 8,5 km langen Versuchsstrecke sechs Sehobjekte am linken und rechten Fahrbahnrand aufgestellt. Bei dieser Anzahl ergibt sich in Bezug auf die in Kapitel 3.3 diskutierte Problematik falschpositiver Antworten eine zufriedenstellende Ratewahrscheinlichkeit von 1,6 % für die korrekte Richtungsangabe aller Sehobjekte. Die Abstände wie auch die Richtungen (links bzw. rechts) weisen dabei keine Regelmäßigkeiten auf. Letztere sind Tabelle 1 zu entnehmen. Der Abstand der Sehobjekte zur Fahrbahn beträgt 1,2 m. Für die Auswahl der Positionen wurde die Vergleichbarkeit der Einzelsituationen untereinander berücksichtigt.

Tabelle 1:

Position und Orientierung der Sehobjekte

Sehobjekt Nr.	1	2	3	4	5	6
Position[28] [km]	1,6	3,7	4,5	6,1	7,0	7,5
Orientierung	rechts	links	links	rechts	links	rechts

3.4.7 VERSUCHSZEITRAUM

Die Versuche finden im Zeitraum vom 08.06. bis zum 13.07.2009, sowie vom 10.08. bis zum 26.08.2009 jeweils zwischen 22:30 Uhr und 02:00 Uhr statt. Dabei werden die Fahrten ausschließlich unter trockenen Witterungsbedingen durchgeführt. Um die Vergleichbarkeit der Versuchsfahrten zu gewährleisten, werden die Sehobjekte stets an den gleichen Positionen aufgestellt.

3.4.8 FRAGEBOGEN

Der, dem Anhang C zu entnehmende, Fragebogen wird unmittelbar im Anschluss an die Versuchsfahrt von den Probanden ausgefüllt.

---

[28] Bezogen auf den Beginn der Messstrecke an der Gabelung *L 454 – K 23*

Nach *Moosbrugger* [Moo08] ist mit zunehmender Anzahl der Fragen auch eine höhere Präzision des Ergebnisses zu erwarten, jedoch ist besonders in Hinsicht auf die Länge der vorausgehenden Versuchsfahrt mit einer geringen Motivation der Testpersonen und einer damit verbundenen hohen Fehlerquote bei steigender Fragenanzahl zu rechnen. Als Kompromiss aus Aussagefähigkeit und Zumutbarkeit wird die Länge des Fragebogens auf 20 Fragen begrenzt. Die Bearbeitungszeit beträgt damit je nach Testperson etwa zehn Minuten.

Die Fragen beinhalten sowohl freie Antwortformate, bestehend aus Textfeldern, als auch gebundene Antwortformate auf der Basis unipolarer bzw. bipolarer numerischer Skalen. Um eine potentielle Beeinflussung der Testpersonen zu vermeiden, werden weder die Bezeichnungen, noch die Funktionsweise der Ausleuchtungskonzepte genannt.

3.5 ANALYSE DER OBJEKTIVEN DATEN

3.5.1 DATENMENGE UND -STRUKTUR

In 14 Nächten werden insgesamt 666 Begegnungssituationen zwischen Fußgänger und Fahrzeug simuliert. Die Datenfilterung beinhaltet zunächst einen Ausschluss der durch unkontrollierbare Variablen beeinflussten Werte. Als nicht kontrollierbar gelten in diesem Zusammenhang neben anderen Verkehrsteilnehmern und Tieren auch technische Ausfälle der verwendeten Warnsicht- bzw. Messsysteme. Die Datenmenge wird durch diese erste Filterung auf 590 Situationen reduziert, von denen 489 Messwerte auf den Hauptversuch sowie 101 Messwerte auf den Vorversuch zur Quantifizierung des Lerneffektes entfallen. Von den insgesamt 37 Probanden gehen 35 Personen in die weitere Auswertung ein. Zwei Testpersonen aus der Probandengruppe A werden ausgeschlossen.

Des Weiteren erfolgt ein Test auf Ausreißer. Dieser selektiert fünf Messwerte, welche von der weiteren Auswertung ausgeschlossen werden.

Die auf diese Weise gefilterten Messwerte werden in Datenmatrizen mit folgend dargestellter Struktur zusammengefasst.

$$E^{LF} = \begin{bmatrix} e^{LF}_{A1-1,SO1} & \cdots & e^{LF}_{A1-1,SOn} \\ \vdots & \ddots & \vdots \\ e^{LF}_{A1-m,SO1} & \cdots & e^{LF}_{A1-m,SOn} \end{bmatrix} \tag{3}$$

In einem beliebigen Matrixelement $e^{LF}_{A1-i,SOj}$ kennzeichnet der Index $A1 - i$ den jeweiligen Probanden während SOj die Sehobjektposition und LF die Lichtfunktion deklariert. Bedingt durch die Anzahl der untersuchten Lichtfunktionen ergeben sich vier Einzelmatrizen mit jeweils $m = 29$ und $n = 6$ Komponenten.

3.5.2 VERGLEICHBARKEIT DER SEHOBJEKTPOSITIONEN

Im weiteren Verlauf der Datenvorbereitung wird die Vergleichbarkeit der sechs simulierten Gefahrensituationen überprüft. Zu diesem Zweck werden die auf Ausreißer gefilterten Daten des Hauptversuches für jede Sehobjektposition und Lichtverteilung über alle Probanden zusammengefasst. Die, den einzelnen Lichtfunktionen zugehörigen, Datenmatrizen (3) unterteilen sich damit in jeweils sechs Spaltenmatrizen mit folgender Struktur. Für alle vier Lichtverteilungen liegen demnach 24 einzelne Datenreihen vor.

$$E^{LF,SO1} = \begin{bmatrix} e^{LF}_{A1-1/SO1} \\ \vdots \\ e^{LF}_{A1-m/SO1} \end{bmatrix}, E^{LF,SO2} = \begin{bmatrix} e^{LF}_{A1-1/SO2} \\ \vdots \\ e^{LF}_{A1-m/SO2} \end{bmatrix}, E^{LF,SOn} = \begin{bmatrix} e^{LF}_{A1-1/SOn} \\ \vdots \\ e^{LF}_{A1-m/SOn} \end{bmatrix} \tag{4}$$

Die Verteilung der auf diese Weise gebildeten Datenreihen ist grafisch und tabellarisch dem Anhang E zu entnehmen. Die Überprüfung auf Vergleichbarkeit der simulierten Gefahrensituationen erfolgt für jede Lichtverteilung durch einen statistischen Vergleich der in den zugehörigen Spaltenmatrizen enthaltenen Messwerte, welcher jeweils mithilfe der Varianzanalyse (*ANOVA*) durchgeführt wird. Letztere prüft, ob die Varianzen zwischen den Datenreihen größer sind als die Varianzen innerhalb der Datenreihe. Die Nullhypothese beinhaltet die Gleichheit der Mittelwerte.

Die für dieses parametrische Verfahren notwendige Bedingung der Normalverteilung wird mithilfe des *Kolmogorov-Smirnov*-Tests geprüft, welcher den größten Abstand zwischen der aufgenommenen Verteilung der Messwerte und der Normalverteilung bestimmt. Die Nullhypothese geht von der Normalverteilung der Daten aus.

Für alle durchgeführten Tests wird das Signifikanzniveau auf $\alpha = 0{,}05$ festgelegt. Beim Unterschreiten dieser Grenze wird die Nullhypothese abgelehnt. In diesem Fall wird von signifikanten Unterschieden im Vergleich zur Normalverteilung bzw. zwischen den untersuchten Datenreihen ausgegangen. Beim Überschreiten des Signifikanzniveaus wird ein signifikanter Unterschied abgelehnt, wobei ein Wert zwischen $0{,}05 < \alpha \leq 0{,}1$ eine Tendenz anzeigt.

Entsprechend den aus dem *Kolmogorov-Smirnov*-Test berechneten und in Tabelle 2 dargestellten Überschreitungswahrscheinlichkeiten ist die Normalverteilung für alle Lichtfunktionen erfüllt. Die aus der *Varianzanalyse* resultierenden p-Werte sind in Tabelle 3 in Abhängigkeit der verwendeten Lichtfunktion aufgeführt.

Tabelle 2:

Prüfung der in den Datenmatrizen (4) enthaltenen Messwerte auf Normalverteilung mit dem *Kolmogorov-Smirnov* Test; Überschreitungswahrscheinlichkeiten p

Datenmatrix	p	Datenmatrix	p
$E^{Referenz,SO1}$	0,834	$E^{ALH,SO1}$	0,848
$E^{Referenz,SO2}$	0,860	$E^{ALH,SO2}$	0,631
$E^{Referenz,SO3}$	0,150	$E^{ALH,SO3}$	0,649
$E^{Referenz,SO4}$	0,200	$E^{ALH,SO4}$	0,462
$E^{Referenz,SO5}$	0,496	$E^{ALH,SO5}$	0,210
$E^{Referenz,SO6}$	0,872	$E^{ALH,SO6}$	0,790
$E^{ML1,SO1}$	0,893	$E^{ML2,SO1}$	0,898
$E^{ML1,SO2}$	0,505	$E^{ML2,SO2}$	0,664
$E^{ML1,SO3}$	0,763	$E^{ML2,SO3}$	0,979
$E^{ML1,SO4}$	1,000	$E^{ML2,SO4}$	0,977
$E^{ML1,SO5}$	0,743	$E^{ML2,SO5}$	0,760
$E^{ML1,SO6}$	0,997	$E^{ML12SO6}$	0,817

Tabelle 3:

Prüfung auf Vergleichbarkeit der Sehobjektpositionen mit der *Varianzanalyse*; Überschreitungswahrscheinlichkeiten p

Datenmatrizen	p
$E^{Referenz,SO1}, E^{Referenz,SO2} \dots E^{Referenz,SOn}$	< 0,001
$E^{ALH,SO1}, E^{ALH,SO2} \dots E^{ALH,SOn}$	< 0,001
$E^{ML1,SO1}, E^{ML1,SO2} \dots E^{ML1,SOn}$	0,004
$E^{ML2,SO1}, E^{ML2,SO2} \dots E^{ML2,SOn}$	0,016

Die Analyse zeigt, dass die Vergleichbarkeit der Einzelsituationen für keine Lichtverteilung gegeben ist. Da dies jedoch eine notwendige Voraussetzung für ein sinnvolles Zusammenfassen der aufgenommenen Erkennbarkeits-entfernungen über alle Probanden und Situationen darstellt, sind die Identifikation der abweichenden Situation bzw. Situationen sowie die anschließende Extraktion der dazugehörigen Messwerte erforderlich.

Besonderes Augenmerk gilt den für alle Lichtfunktionen erhöhten Messwerten im Fall des Sehobjektes Nr. 4[29]. Eine Begehung der Versuchsstrecke identifiziert eine Bodenwelle auf der Fahrbahn, welche eine kurzzeitige Erhöhung der Scheinwerferreichweite hervorruft, als wahrscheinliche Ursache für diesen Anstieg. Aus diesem Grund werden zunächst die dem Sehobjekt Nr. 4 zugehörigen Messwerte extrahiert. Ein erneuter Vergleich der verbleibenden Situationen mithilfe der *Varianzanalyse* ergibt die in Tabelle 4 aufgeführten Signifikanzwerte. Die Ergebnisse zeigen, dass bereits durch diese Filterung die Erkennbarkeitsentfernungen der verbleibenden Sehobjekte innerhalb der einzelnen Lichtfunktionen statistisch nicht signifikant voneinander abweichen. Folglich werden die dem Sehobjekt Nr. 4 zugehörigen Messwerte aus der folgenden Auswertung ausgeschlossen. Eine weitere Filterung ist nicht erforderlich.

Tabelle 4:

Prüfung auf Vergleichbarkeit der Sehobjektpositionen 1 bis 3, 5 und 6 in Abhängigkeit der Lichtfunktion mit der *Varianzanalyse*; Überschreitungswahrscheinlichkeiten p

Datenmatrizen	p
$E^{Referenz,SO1} \dots E^{Referenz,SO3}, E^{Referenz,SO5}, E^{Referenz,SO6}$	0,077
$E^{ALH,SO1} \dots E^{ALH,SO3}, E^{ALH,SO5}, E^{ALH,SO6}$	0,477
$E^{ML1,SO1} \dots E^{ML1,SO3}, E^{ML1,SO5}, E^{ML1,SO6}$	0,199
$E^{ML2,SO1} \dots E^{ML2,SO3}, E^{ML2,SO5}, E^{ML2,SO6}$	0,179

---

[29] Siehe Abbildung E.1 im Anhang E

Erwartungsgemäß resultiert aus dem Vergleich der Sehobjektpositionen bei Verwendung der Referenzlichtverteilung aufgrund der Asymmetrie der Ausleuchtung der kleinste p-Wert. In diesem Fall sind tendenzielle Unterschiede zwischen den einzelnen Fußgängerattrappen erkennbar. Eine Gruppierung der Sehobjekte nach den Kriterien *rechter* und *linker Fahrbahnrand* würde mit hoher Wahrscheinlichkeit signifikante Unterschiede zwischen den, unter diesen Bedingungen ermittelten, Erkennbarkeitsentfernungen identifizieren. Dennoch wird eine derartige Trennung in der weiteren Auswertung nicht durchgeführt. Zwar bedingt dieses Vorgehen eine höhere Streubreite der, der Referenzlichtverteilung zugehörigen, Messwerte, jedoch soll im Fazit eine allgemeingültige und kompakte Aussage ohne Fallunterscheidung getroffen werden.

3.5.3 VORVERSUCH

3.5.3.1 DESKRIPTIVE STATISTIK

Zur Auswertung des Vorversuches werden die statistisch zu vergleichenden Messreihen aus den Mittelwerten der zum jeweiligen Probanden zugehörigen Erkennbarkeitsentfernungen gebildet. Aus der Datenmatrix (5) ergeben sich, wie nachfolgend gezeigt, drei Untermatrizen mit der Struktur (6). Dabei kennzeichnet k die jeweilige Fahrt.

$$E^{Fahrt\ k} = \begin{bmatrix} e^{Fahrt\ k}_{A1-1/SO1} & \cdots & e^{Fahrt\ k}_{A1-1/SOn} \\ \vdots & \ddots & \vdots \\ e^{Fahrt\ k}_{A1-m/SO1} & \cdots & e^{Fahrt\ k}_{A1-i/SOn} \end{bmatrix} \tag{5}$$

$$E^{Fahrt\ k} = \begin{bmatrix} \bar{e}^{Fahrt\ k}_{A1-1} \\ \vdots \\ \bar{e}^{Fahrt\ k}_{A1-m} \end{bmatrix} \tag{6}$$

Die Verteilungen der in den Matrizen enthaltenen Erkennbarkeitsentfernungen sind in Form von Boxplots[30] der Abbildung 30, sowie numerisch der Tabelle 5 zu entnehmen.

Tabelle 5:

Aus dem Vorversuch resultierende Erkennbarkeitsentfernungen e mit Streumaßen in Abhängigkeit der Fahrt k;

Daten-matrix	$\bar{e}$ [m]	σ_e [m]	e_{min} [m]	$Q_{0,25}$ [m]	$\tilde{e}$ [m]	$Q_{0,75}$ [m]	e_{max} [m]
E^{Fahrt1}	50,1	17,4	29,0	38,6	47,9	59,4	81,5
E^{Fahrt3}	59,6	12,2	41,2	50,4	59,2	64,4	78,8
E^{Fahrt3}	57,8	11,1	40,1	47,7	61,0	65,7	70,6

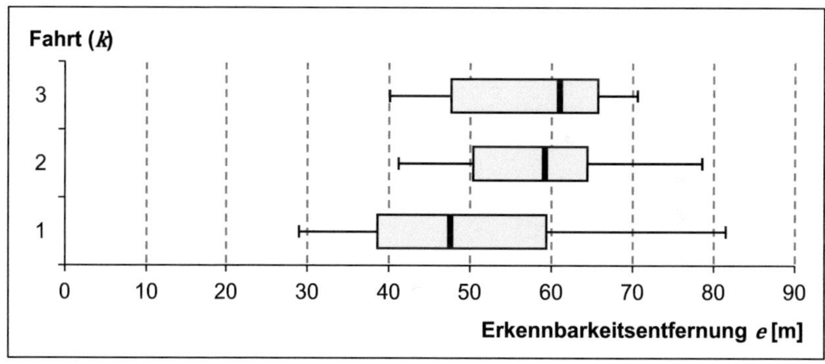

Abbildung 30:
Boxplots der aus dem Vorversuch resultierenden
Erkennbarkeitsentfernungen e in Abhängigkeit der Fahrt;

---

[30] bestehend aus den Quartilen, dem Median sowie dem Minimum und Maximum der Messdaten

3.5.3.2 PRÜFUNG AUF SIGNIFIKANZ

Zur Prüfung auf Signifikanz werden die in den Matrizen (6) enthaltenen Datenreihen miteinander verglichen. Entsprechend den, der Tabelle 6 zu entnehmenden, Ergebnissen des *Kolmogorov-Smirnov*-Tests sind die Stichproben normalverteilt. Zur Prüfung auf Signifikanz ist demnach die *Varianzanalyse mit Messwiederholung* zulässig. Die aus dieser Methode resultierende Überschreitungswahrscheinlichkeit beträgt $p = 0{,}12$.

Tabelle 6:

Prüfung der aus dem Vorversuch resultierenden Erkennbarkeitsentfernungen e auf Normalverteilung mit dem *Kolmogorov-Smirnov*-Test; Überschreitungswahrscheinlichkeiten p

Datenmatrix	p
E^{Fahrt1}	0,706
E^{Fahrt3}	0,658
E^{Fahrt3}	0,951

3.5.4 HAUPTVERSUCH 1

3.5.4.1 DESKRIPTIVE STATISTIK

Die Aggregation der Daten erfolgt analog zur, in Kapitel 3.5.3 erläuterten, Auswertung des Vorversuches. Dabei werden die Mittelwerte der probandenbezogenen Erkennbarkeitsentfernungen respektive Reaktionszeiten zu Gruppen zusammengefasst, welche im weiteren Schritt statistisch miteinander verglichen werden. Es ergeben sich die Folgend dargestellten Datenreihen.

$$E^{LF} = \begin{bmatrix} \bar{e}^{LF}_{A1-1} \\ \vdots \\ \bar{e}^{LF}_{A1-m} \end{bmatrix}, \qquad T^{LF} = \begin{bmatrix} \bar{t}^{LF}_{A1-1} \\ \vdots \\ \bar{t}^{LF}_{A1-m} \end{bmatrix} \qquad (7)$$

Die Boxplots der Erkennbarkeitsentfernungen, sowie der Reaktionszeiten auf das Auslösen der Warnsichtfunktionen sind in Abbildung 31 und Abbildung 32 aufgeführt. Die zugehörigen Messwerte sind der Tabelle 7 und der Tabelle 8 zu entnehmen.

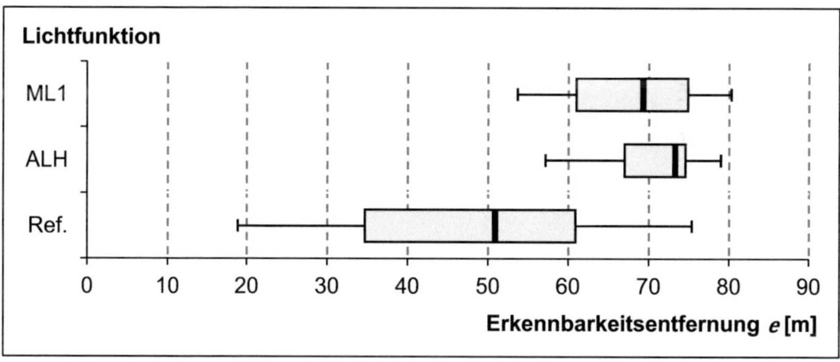

Abbildung 31:
Boxplots der aus dem Hauptversuch 1 resultierenden Erkennbarkeitsentfernungen e in Abhängigkeit der Lichtfunktion (LF)

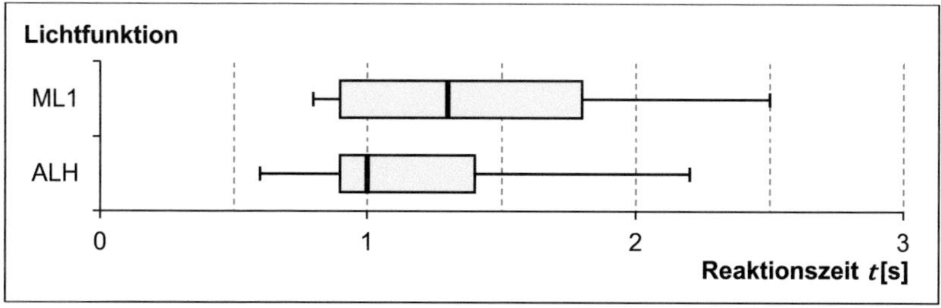

Abbildung 32:
Boxplots der aus dem Hauptversuch 1 resultierenden Reaktionszeiten t in Abhängigkeit der Lichtfunktion

Tabelle 7:

Aus dem Hauptversuch 1 resultierende Erkennbarkeitsentfernungen e mit Streumaßen in Abhängigkeit der Lichtfunktion

Daten-matrix	$\bar{e}$ [m]	σ_e [m]	e_{min} [m]	$Q_{0,25}$ [m]	$\tilde{e}$ [m]	$Q_{0,75}$ [m]	e_{max} [m]
E^{Ref}	49,7	17,2	18,9	34,7	50,9	60,9	75,4
E^{ALH}	70,9	6,1	57,2	67,0	73,3	74,6	79,0
E^{ML1}	67,8	7,9	53,7	61,0	69,3	74,9	80,3

Tabelle 8:

Aus dem Hauptversuch 1 resultierende Reaktionszeiten t mit Streumaßen in Abhängigkeit der Lichtfunktion

Daten-matrix	$\bar{t}$ [s]	σ_t [s]	t_{min} [s]	$Q_{0,25}$ [s]	$\tilde{t}$ [s]	$Q_{0,75}$ [s]	t_{max} [s]
T^{ALH}	1,1	0,5	0,6	0,9	1,0	1,4	2,2
T^{ML1}	1,4	0,6	0,8	0,9	1,3	1,8	2,5

3.5.4.2 PRÜFUNG AUF SIGNIFIKANZ

Zur Ermittlung des Wirkpotentials werden die, den Warnsichtsystemen zugehörigen, Datenmatrizen mit der Referenzlichtverteilung sowie untereinander verglichen. Die Signifikanz wird mithilfe des parametrischen T-Tests für verbundene Stichproben überprüft, welcher als Sonderform der *Varianzanalyse* für den Vergleich von zwei Messreihen geeignet ist. Innerhalb dieser statistischen Methode werden die Differenzen der den jeweiligen Probanden zugehörigen Messwertpaare untersucht. Besitzen die Abweichungen den Erwartungswert Null, ist die Nullhypothese anzunehmen und von der Gleichheit beider Stichproben auszugehen.

Die für die Anwendung des Tests notwendige Bedingung der Normalverteilung ist entsprechend den in Tabelle 9 aufgeführten Ergebnissen des *Kolmogorov-Smirnov*-Tests erfüllt.

Tabelle 9:

Prüfung der aus dem Hauptversuch 1 resultierenden Erkennbarkeitsentfernungen *e* auf Normalverteilung mit dem *Kolmogorov-Smirnov*-Test; Überschreitungswahrscheinlichkeiten *p*

Datenmatrix	p
E^{Ref}	0,571
E^{ALH}	0,228
E^{ML1}	0,974

Um die bei multiplen Paarvergleichen entstehende Alpha-Fehlerkumulierung zu korrigieren, wird das *Bonferroni*-Verfahren eingesetzt. Hierbei wird jeder berechnete *p*-Wert mit der Anzahl der durchgeführten Tests multipliziert, wobei sinnvollerweise der Wert eins nicht überschritten wird.

Neben der Überschreitungswahrscheinlichkeit wird zur Abschätzung der Praxisrelevanz die standardisierte Differenz *d* bestimmt. Letztere stellt die Basis für das Ableiten der Effektstärke dar und errechnet sich gemäß Formel (8) aus dem Quotienten von Mittelwertsdifferenz und mittlerer Standardabweichung. Damit steigt die Effektstärke mit größerer Differenz sowie kleinerer Streuung der Mittelwerte. Der Zusammenhang zwischen standardisierter Differenz *d* und Effektstärke ergibt sich nach *Cohen* [Coh69] entsprechend Tabelle 10.

$$d = \frac{2|\bar{x}_1 - \bar{x}_2|}{\sigma_1 + \sigma_2} \tag{8}$$

Tabelle 10:

Effektstärke in Abhängigkeit von der, nach Formel (8) berechneten, standardisierten Differenz d

d	Effektstärke
$\geq 0,2$	kleiner Effekt
$\geq 0,5$	mittlerer Effekt
$\geq 0,8$	großer Effekt

In Tabelle 11 sind die den entsprechenden Paarvergleichen zugeordneten p-Werte sowie die standardisierte Differenz d aufgeführt.

Tabelle 11:

Vergleich der Lichtfunktionen auf Basis der aus dem Hauptversuch 1 resultierenden Erkennbarkeitsentfernungen e mit dem T-Test für verbundene Stichproben; Mediandifferenzen $|\Delta\tilde{e}|$, Überschreitungswahrscheinlichkeiten $p/p_{korr.}$ und standardisierte Differenzen d

Datenmatrizen		$|\Delta\tilde{e}|$[m]	p	$p_{korr.}$	d
E^{Ref}	E^{ALH}	22,4	< 0,001	< 0,001	1,8
E^{Ref}	E^{ML1}	18,4	< 0,001	< 0,001	1,4
E^{ALH}	E^{ML1}	4,0	0,074	0,222	0,4

3.5.5 HAUPTVERSUCH 2

3.5.5.1 DESKRIPTIVE STATISTIK

Die Zusammenfassung der Daten erfolgt äquivalent zu Kapitel 3.5.3 und 3.5.4.1. Die grafisch und numerisch dargestellten Boxplots der in den Spaltenmatrizen enthaltenen Erkennbarkeitsentfernungen und Reaktionszeiten auf das Auslösen der Warnsichtfunktionen sind Abbildung 33 und Abbildung 34 sowie Tabelle 12 und Tabelle 13 zu entnehmen.

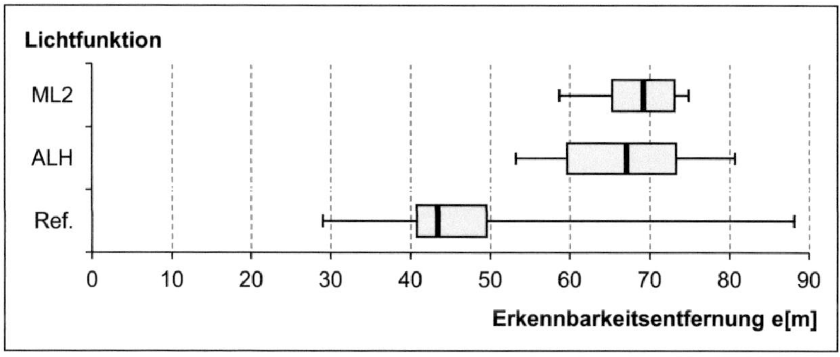

Abbildung 33:
Boxplots der aus dem Hauptversuch 2 resultierenden Erkennbarkeitsentfernungen *e* in Abhängigkeit der Lichtfunktion

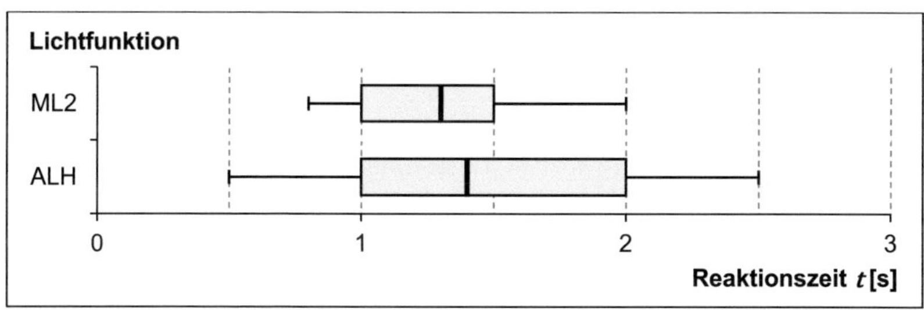

Abbildung 34:
Boxplots der aus dem Hauptversuch 2 resultierenden Reaktionszeiten *t* in Abhängigkeit der Lichtfunktion

3.5.5.2 PRÜFUNG AUF SIGNIFIKANZ

Die Normalverteilung der Daten ist entsprechend den, der Tabelle 14 zu entnehmenden, Ergebnissen des *Kolmogorov-Smirnov*-Tests gegeben.

Tabelle 12:

Aus dem Hauptversuch 2 resultierende Erkennbarkeitsentfernungen e mit Streumaßen in Abhängigkeit der Lichtfunktion

Daten-matrix	$\bar{e}$ [m]	σ_e [m]	e_{min} [m]	$Q_{0,25}$ [m]	$\tilde{e}$ [m]	$Q_{0,75}$ [m]	e_{max} [m]
E^{Ref}	46,0	14,5	29,0	40,8	43,4	49,5	88,1
E^{ALH}	66,7	8,5	53,2	59,7	67,1	73,3	80,7
E^{ML2}	68,5	5,4	58,7	65,3	69,2	73,1	74,9

Tabelle 13:

Aus dem Hauptversuch 2 resultierende Reaktionszeiten t mit Streumaßen in Abhängigkeit der Lichtfunktion

Daten-matrix	$\bar{t}$ [s]	σ_t [s]	t_{min} [s]	$Q_{0,25}$ [s]	$\tilde{t}$ [s]	$Q_{0,75}$ [s]	t_{max} [s]
T^{ALH}	1,5	0,6	0,5	1,0	1,4	2,0	2,5
T^{ML2}	1,3	0,4	0,8	1,0	1,3	1,5	2,0

Tabelle 14:

Prüfung der aus dem Hauptversuch 2 resultierenden Erkennbarkeitsentfernungen e auf Normalverteilung mit dem *Kolmogorov-Smirnov*-Test; Überschreitungswahrscheinlichkeiten p

Datenmatrix	p
E^{Refz}	0,515
E^{WLH}	0,987
E^{ML2}	0,785

Die durchgeführten Paarvergleiche werden ebenfalls mit dem T-Test durchgeführt. Weiterhin erfolgt vergleichbar mit dem Hauptversuch 1 eine Korrektur der p-Werte durch das *Bonferroni*-Verfahren. In Tabelle 15 sind die berechneten p-Werte aufgeführt.

Tabelle 15:

Vergleich der Lichtfunktionen auf Basis der im Hauptversuch 2 resultierenden Erkennbarkeitsentfernungen e; Mediandifferenzen $|\Delta\tilde{e}|$, Überschreitungswahrscheinlichkeiten $p/p_{korr.}$ und standardisierte Differenz

Datenmatrizen		$|\Delta\tilde{e}|$[m]	p	$p_{korr.}$	d
E^{Ref}	E^{ALH}	23,7	< 0,01	< 0,01	1,8
E^{Ref}	E^{ML2}	25,8	< 0,01	< 0,01	2,3
E^{ALH}	E^{ML2}	2,1	0,269	0,807	0,3

3.6   ANALYSE DER SUBJEKTIVEN DATEN

3.6.1   DESKRIPTIVE STATISTIK

Dieses Kapitel beinhaltet ausschließlich Fragen, welche sich direkt auf die Bewertung der Lichtverteilungen beziehen, also zur Klärung der primären Fragestellung dieser Studie geeignet sind (Fragen 8, 10-1/2/3). Die Ergebnisse der verbleibenden sekundären Fragen sind dem Anhang C.1 zu entnehmen.

Auf eine tabellarische Darstellung der numerischen Daten wird aufgrund der genauen Ablesbarkeit der diskreten Werte verzichtet.

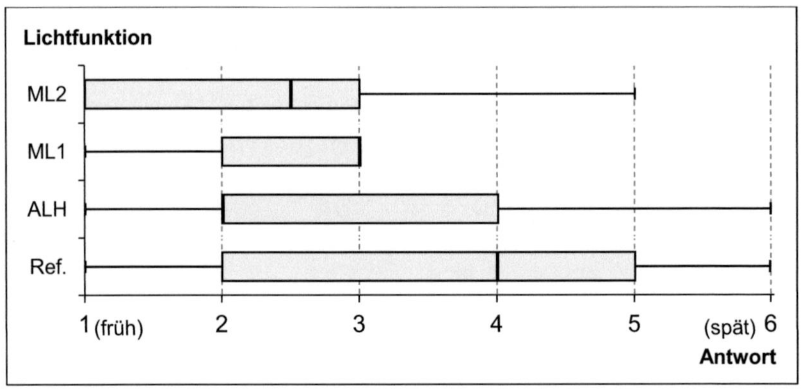

Abbildung 35:
Boxplots der Antworten auf die Frage 8:
„Bitte beurteilen Sie […], wann Sie die Fußgängerattrappen erkennen
konnten. Vergeben Sie hierfür die Noten 1 bis 6. […]"

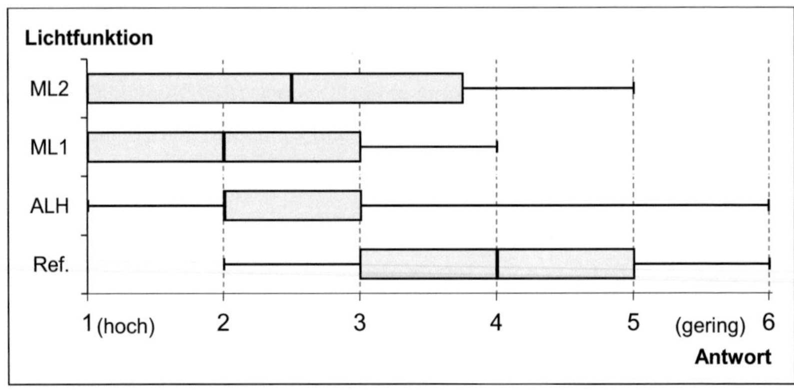

Abbildung 36:
Boxplots der Antworten auf Frage 10-1/2/3:
„Bitte beurteilen Sie die Ausleuchtung […] hinsichtlich der
nachfolgenden Merkmale: (hier:) Sichtbarkeit der Fußgänger"

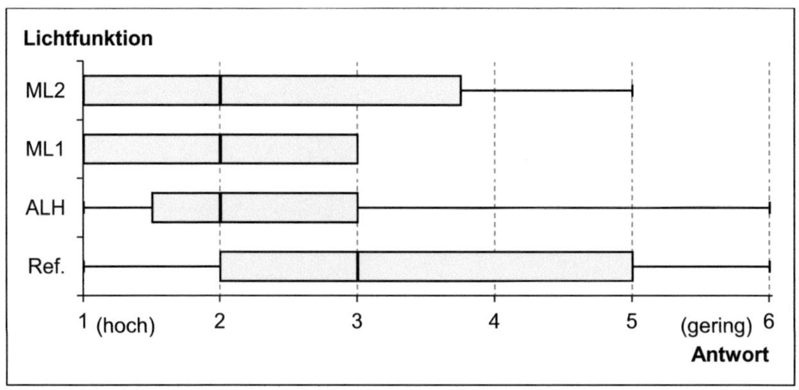

Abbildung 37:
Boxplots der Antworten auf Frage 10-1/2/3:
„Bitte beurteilen Sie die Ausleuchtung […] hinsichtlich der
nachfolgenden Merkmale: (hier:) Komfortgefühl beim Fahren"

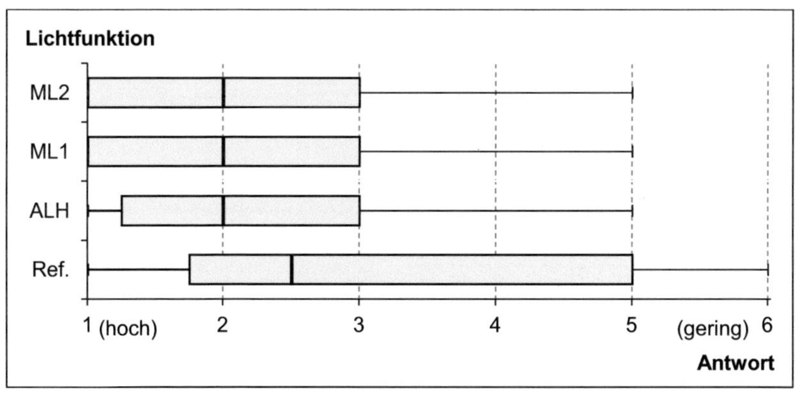

Abbildung 38:
Boxplots der Antworten auf Frage10-1/2/3:
„Bitte beurteilen Sie die Ausleuchtung […] hinsichtlich der nachfolgenden
Merkmale: (hier:) Sicherheitsgefühl beim Fahren"

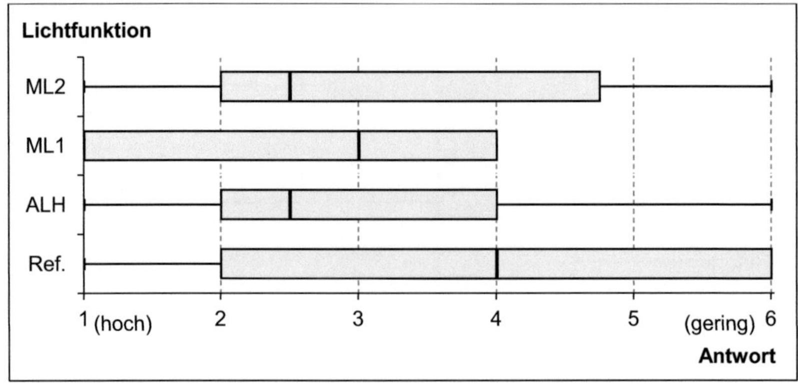

Abbildung 39:
Boxplots der Antworten auf Frage 10-1/2/3:
„Bitte beurteilen Sie die Ausleuchtung […] hinsichtlich der
nachfolgenden Merkmale: (hier:) Praxisnutzen"

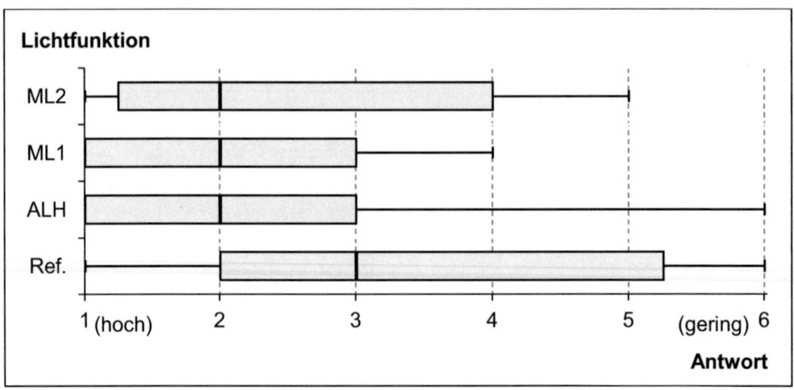

Abbildung 40:
Boxplots der Antworten auf Frage 10-1/2/3:
„Bitte beurteilen Sie die Ausleuchtung […] hinsichtlich der
nachfolgenden Merkmale: (hier:) Unterstützung bei der Fahraufgabe"

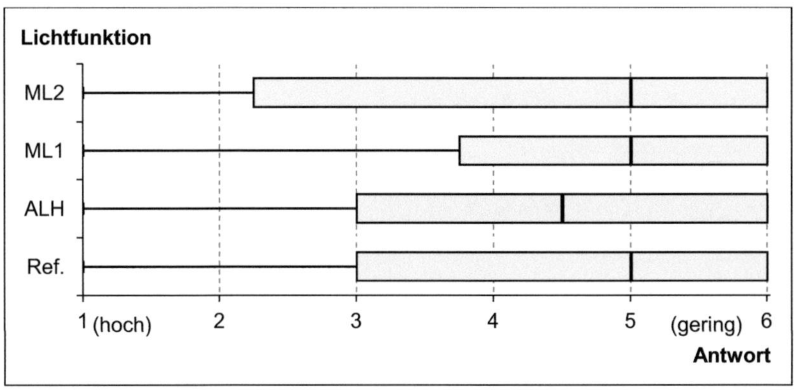

Abbildung 41:
Boxplots der Antworten auf Frage 10-1/2/3:
„Bitte beurteilen Sie die Ausleuchtung […] hinsichtlich der
nachfolgenden Merkmale: (hier:) Irritation bei der Fahraufgabe"

3.6.2 PRÜFUNG AUF SIGNIFIKANZ

Für den statistischen Vergleich werden die Antworten auf die in 3.6.1 aufgeführten Fragen auf Normalverteilung überprüft. Anhand der in Tabelle 16 aufgeführten Überschreitungswahrscheinlichkeiten wird ersichtlich, dass die Stichproben mit Ausnahme zweier Bewertungen dieser Eigenschaft entsprechen. In den Ausnahmefällen erfolgt der statistische Vergleich mit dem nichtparametrischen *Wilcoxon*-Test. Alle weiteren Paarvergleiche werden mit der Methode der *Varianzanalyse* durchgeführt. Die Korrektur nach *Bonferroni* wird zur Kompensation des Alphafehlers verwendet.

Tabelle 17 zeigt die berechneten *p*-Werte für den Vergleich der aktiven Lichtfunktionen mit der Referenzlichtverteilung.

Tabelle 16:

Prüfung der aus den Hauptversuchen resultierenden subjektiven Angaben auf Normalverteilung mit dem *Kolmogorov-Smirnov*-Test; Überschreitungswahrscheinlichkeiten p

Frage			p
Frage 8		Ref	0,425
		ALH	0,024
		ML1	0,367
		ML2	0,761
Frage 10-1/2/3	Sichtbarkeit der Fußgänger	Ref	0,249
		ALH	0,173
		ML1	0,299
		ML2	0,754
	Komfortgefühl beim Fahren	Ref	0,236
		ALH	0,177
		ML1	0,430
		ML2	0,379
	Sicherheitsgefühl beim Fahren	Ref	0,142
		ALH	0,029
		ML1	0,617
		ML2	0,577
	Praxisnutzen	Ref	0,416
		ALH	0,180
		ML1	0,499
		ML2	0,489
	Unterstützung bei der Fahraufgabe	Ref	0,229
		ALH	0,280
		ML1	0,475
		ML2	0,205
	Irritation bei der Fahraufgabe	Ref	0,086
		ALH	0,268
		ML1	0,449
		ML2	0,382

Tabelle 17:

Vergleich der Lichtfunktionen auf Basis der aus den Hauptversuchen resultierenden subjektiven Daten; Statistische Verfahren und Überschreitungswahrscheinlichkeiten p/p_{korr}.

Frage		Ver-fahren	Datenreihen		p	p_{korr}
Frage 8		Wilcox.-Test	Ref.	ALH	< 0,001	< 0,001
			Ref.	ML1	0,179	0,537
			Ref.	ML2	0,554	1,000
Frage 10-1/2/3	Sichtbarkeit der Fußgänger	T-Test	Ref.	ALH	< 0,001	< 0,001
			Ref.	ML1	< 0,001	< 0,001
			Ref.	ML2	0,723	1,000
	Komfort-gefühl beim Fahren	T-Test	Ref.	ALH	0,003	0,009
			Ref.	ML1	0,018	0,054
			Ref.	ML2	0,032	0,096
	Sicherheits-gefühl beim Fahren	Wilcox.-Test	Ref.	ALH	0,005	0,015
			Ref.	ML1	0,018	0,054
			Ref.	ML2	0,043	0,129
	Praxisnutzen	T-Test	Ref.	ALH	< 0,001	< 0,001
			Ref.	ML1	0,433	1,000
			Ref.	ML2	0,034	0,102
	Unterstüt-zung bei der Fahraufgabe	T-Test	Ref.	ALH	< 0,001	< 0,001
			Ref.	ML1	0,670	1,000
			Ref.	ML2	0,111	0,333
	Irritation bei der Fahraufgabe	T-Test	Ref.	ALH	0,022	0,066
			Ref.	ML1	< 0,001	< 0,001
			Ref.	ML2	0,001	0,003

3.7 DISKUSSION

3.7.1 DISKUSSION DES VORVERSUCHES

Die Ergebnisse der *Varianzanalyse* weisen keine signifikanten Unterschiede zwischen den einzelnen Fahrten des Vorversuches nach. Infolgedessen ist ein, durch das mehrmalige Abfahren der Versuchsstrecke bedingter, Lerneffekt statistisch nicht nachweisbar. Jedoch befindet sich die Überschreitungswahrscheinlichkeit aufgrund der Mediandifferenz zwischen der ersten und zweiten Fahrt nahe an der statistischen Tendenzgrenze. Aus diesem Grund wird die Reihenfolge der Fahrten in den Hauptversuchen randomisiert. Auf diese Weise wird ein potentiell auftretender Lerneffekt auf alle Messwerte verteilt und führt nicht zu einer Erhöhung der Erkennbarkeitsentfernung für eine bestimmte Ausleuchtung.

3.7.2 DISKUSSION DER OBJEKTIVEN DATEN

Auf der Basis der berechneten Überschreitungswahrscheinlichkeiten wird eine hochsignifikante Verbesserung der Erkennbarkeitsentfernung bei Verwendung der analysierten Warnsichtsysteme nachgewiesen. So kann durch den Einsatz der *Adaptiven Lichthupe* eine Erhöhung von mindestens $\Delta\tilde{e} = +22{,}4$ m sowie durch das *Markierungslicht* eine Erhöhung von $\Delta\tilde{e} = +18{,}4$ m bei unterer Beleuchtung der Sehobjekte bzw. $\Delta\tilde{e} = +25{,}8$ m bei oberer Beleuchtung der Sehobjekte erzielt werden. Bei der unter Verwendung der Referenzlichtverteilung ermittelten Erkennbarkeitsentfernung von $\tilde{e} = 50{,}9$ m bzw. $\tilde{e} = 43{,}4$ m entspricht dies einem Gewinn von $\Delta\tilde{e}_{rel} \sim 36\,\%$ bis $\Delta\tilde{e}_{rel} \sim 59\,\%$. Erwartungsgemäß bedingen die großen Mittelwertsdifferenzen eine hohe standardisierte Differenz und damit eine hohe Effektstärke.

Die These 1), die Verwendung von Warnsichtsystemen führt zu einer Erhöhung der Erkennbarkeitsentfernung von Fußgängern im nächtlichen Verkehrsraum, kann infolgedessen für die untersuchten Situationen bestätigt werden. Dabei ist das Ergebnis nicht allein statistisch signifikant, sondern besitzt ebenfalls eine hohe Relevanz für die nächtliche Verkehrssicherheit.

Weiterhin sind die deutliche Verringerung der Messwertstreubreite, sowie die Verschiebung des Minimums positiv hervorzuheben. So sind durch den Einsatz von Warnsichtsystemen unabhängig vom Fahrzeugführer die Erkennbarkeitsentfernung und somit auch der Reaktionszeitpunkt im Fall einer drohenden Kollision wesentlich exakter vorhersagbar. Während beim Einsatz der Referenzlichtverteilung insbesondere die persönliche Unaufmerksamkeit besonders geringe Erkennbarkeitsentfernungen bedingt, können durch den Einsatz von Warnsichtsystemen kritische Situationen reduziert bzw. vermieden werden. Die im Versuch bei Verwendung der Referenzlichtverteilung ermittelte minimale Erkennbarkeitsentfernung beträgt e_{min} = 18,9 m. Unter Verwendung der Warnsichtfunktionen beläuft sich der kleinste ermittelte Wert auf e_{min} = 53,2 m.

Die These 2) ist aus diesem Grund ebenfalls zu bestätigen. Der Einsatz von Warnsichtsystemen steigert die Aufmerksamkeit des Fahrzeugführers und reduziert die Anzahl extrem kritischer Situationen, in denen bedingt durch die späte Erkennung des Gefahrenobjektes keine erfolgreiche Reaktion zur Unfallvermeidung bzw. zur Verringerung von Unfallfolgen der Verkehrsteilnehmer erfolgen kann.

Ein Vergleich der unteren mit der oberen Ausleuchtung der Sehobjekte bei Verwendung des Warnsichtsystems *Markierungslicht* zeigt keine signifikanten Unterschiede zwischen den Absolutwerten der Erkennbarkeitsentfernungen. Werden die Werte jedoch relativ zu den Messwerten der Referenzlichtverteilung im jeweiligen Versuchsteil betrachtet, lässt sich ein Einfluss der Spotlage dennoch vermuten. So ermöglicht die Verwendung der unteren Beleuchtung der Sehobjekte im Hauptversuch 1 im Vergleich zur Referenzlichtverteilung eine Verbesserung von $\Delta\tilde{e}_{rel} \sim 36\,\%$, während die Erhöhung der Erkennbarkeitsentfernung im Hauptversuch 2 bei oberer Beleuchtung der Sehobjekte $\Delta\tilde{e}_{rel} \sim 59\,\%$ beträgt.

In Bezug auf diese Betrachtung ist der individuelle Unterschied in der Leistungsfähigkeit der Probanden unbedingt zu nennen. Durch die Spaltung der Probandengruppe A in die Untergruppen A1 und A2 werden vergleichsweise kleine Teilnehmerzahlen pro Hauptversuch gebildet. Infolgedessen ist der Einfluss einzelner optometrisch und kognitiv leistungsstarker bzw. -schwacher Versuchspersonen auf das Ergebnis besonders groß. So können bereits einzelne Probanden den Median aller Fahrten innerhalb eines Hauptversuches soweit anheben oder senken, dass geringe Unterschiede durch einen Vergleich zwischen den Gruppen nicht mehr erkennbar sind. Ein relativer Vergleich ist insofern sinnvoll.

Zusammenfassend ist festzustellen, dass ein Einfluss der Spotlage zwar wahrscheinlich ist, aber, falls vorhanden, sehr gering ausfällt. Eine endgültige und zweifelsfreie Klärung der These 3) ist aufgrund dieser geringen Differenzen und der bei Probandenstudien unvermeidbar großen Streubreite der Messwerte nur durch die Wiederholung des Versuches mit einem deutlich größeren Testpersonenkollektiv zu erreichen. Gegebenenfalls ist auch eine weitere Eingrenzung der Aufnahmekriterien zur Verringerung der Streubreite erforderlich. Jedoch wäre auch bei Vorliegen einer statistisch nachweisbaren Signifikanz ein niedriges Effektmaß zu erwarten. In diesem Fall wäre die Relevanz für den Fahrzeugführer im Vergleich zu anderen Faktoren in der Praxis zu vernachlässigen. Zur Festlegung der Spotlage stellt die Betrachtung der Blendbelastung für den beleuchteten Fußgänger eine sinnvollere Entscheidungsbasis dar.

Ein Vergleich der selektiven mit den nichtselektiven Warnsichtsystemen zeigt keine statistisch signifikanten Differenzen bezüglich der Erkennbarkeitsentfernungen. Die These 4), das *Markierungslicht* besäße aufgrund der höheren Objektkontraste, sowie der durch die Markierung des Objektes vorgegebenen Richtung ein größeres Wirkpotential, wird für die analysierten Situationen widerlegt. Dabei ist allerdings zu beachten, dass der aus dem Vergleich des *Markierungslichtes 1* mit der *Adaptiven Lichthupe* resultierende *p*-Wert bereits das Tendenzniveau überschreitet. So führt die Verwendung der unteren Beleuchtung der Sehobjekte im Vergleich zum Pendant *Adaptive Lichthupe* zu einem $\Delta\tilde{e} = -4{,}0$ m kleineren Median. Auch in diesem Fall könnte eine Folgeuntersuchung mit einem deutlich größeren Probandenkollektiv mutmaßlich einen signifikanten Unterschied nachweisen. Allerdings wären potentiell ermittelte Unterschiede aufgrund des zu erwartenden niedrigen Effektmaßes in der Praxis von untergeordneter Bedeutung.

Die durchgeführten Vergleiche zeigen, dass die *Adaptive Lichthupe* trotz geringerer Objektkontraste und nichtselektiver Ausleuchtung ein mit selektiven Warnsichtsystemen vergleichbares Wirkpotential besitzt. Damit ist die erzielte Verbesserung der Erkennbarkeitsentfernung mit hoher Wahrscheinlichkeit primär auf die Warnfunktion zurückzuführen.

Aufgrund des sowohl einfachen als auch kostengünstigen Aufbaus wäre eine schnelle Marktdurchdringung des Warnsichtsystems *Adaptive Lichthupe* denkbar. Dennoch ist letzteres auf der Basis der bislang gewonnenen Erkenntnisse auch ohne Einbeziehung der Blendung des Gegenverkehrs noch nicht vorbehaltlos zu empfehlen. Mit der Verwendung der Abblendlichtverteilung als Referenz lässt sich das Wirkpotential zwar auf den Großteil der Situationen im nächtlichen Straßenverkehr übertragen, jedoch nicht auf alle. Wird das Fernlicht des Fahrzeuges verwendet, sind die Ergebnisse nicht übertragbar. In diesem Fall weisen die Sehzeichen zwar identische Kontraste auf, jedoch bedingt die fehlende Warnfunktion potentiell eine verringerte Erkennbarkeitsentfernung. In diesem Fall ist aufgrund der erwartungsgemäß noch vorhandenen Aufmerksamkeitssteigerung die Wirkung der Warnsichtfunktion *Markierungslicht* voraussichtlich größer. Derzeit ist der Anteil der Fernlichtfahrten zwar noch verhältnismäßig gering, jedoch stellt der beschriebene Aspekt in Bezug auf die steigende Marktdurchdringung von Fernlichtassistenzsystemen eine wichtige offene Fragestellung dar.

3.6.3 DISKUSSION DER SUBJEKTIVEN DATEN

Die Mehrheit der Testpersonen empfinden sowohl die Aufgabenstellung, als auch die Bedienung des Versuchsfahrzeuges als leicht bis sehr leicht. Die Einweisungen des Versuchsleiters werden als verständlich eingeschätzt. Eine Ablenkung durch die Versuchsaufbauten liegt nicht vor. Die Belastung der Probanden durch den Versuch kann entsprechend den Angaben als gering eingeschätzt werden.

Etwa 70 % der teilnehmenden Personen nehmen Unterschiede zwischen den verwendeten Lichtfunktionen war. Der verbleibende Anteil erkennt lediglich Differenzen zwischen zwei simulierten Scheinwerfersystemen. Im letzteren Fall sind jedoch keine Muster erkennbar.

Die Erkennbarkeit der Sehobjekte wird bei Verwendung der aktiven Warnsichtfunktionen gegenüber der passiven Referenzlichtverteilung in zwei redundanten Fragen besser beurteilt. So erreichen die Warnsichtsysteme je nach Frage und zu bewertendem System eine Durchschnittsnote[31] von 2,2 bis 2,6, während die Abblendlichtverteilung lediglich mit 3,8 bzw. 3,9 bewertet wird. Allerdings wird nicht für alle durchgeführten Paarvergleiche eine statistische Signifikanz nachgewiesen. Während der Vergleich zwischen der Referenzlichtverteilung und des Warnsichtsystems *Adaptive*

---

[31]   Skala von 1 (hoch) bis 6 (gering)

Lichthupe in beiden Fragen eine geringe Überschreitungswahrscheinlichkeit zeigt, übersteigt letztere in den Vergleichen zwischen Referenzlichtverteilung und den Warnsichtsystemen *Markierungslicht 1* und *2* zum Teil das Signifikanzniveau.

In Bezug auf die Einschätzung des Komfortgefühls werden ebenfalls bessere Durchschnittsnoten bei Verwendung der Warnsichtsysteme erzielt. Die statistische Signifikanz ist jedoch nur im Fall des Vergleichs zwischen Referenzlichtverteilung und der *Adaptiven Lichthupe* nachweisbar. In den verbleibenden Vergleichen sind lediglich statistische Tendenzen zu erkennen.

Ähnliche Mittelwertsdifferenzen werden in Bezug auf das Sicherheitsgefühl, den Praxisnutzen wie auch die Unterstützung während der Fahraufgabe erreicht. Jedoch resultiert auch aus diesen Tests nur zum Teil eine statistische Signifikanz. So liefert lediglich der Vergleich zwischen der Referenzlichtverteilung und der *Adaptiven Lichthupe* eine Überschreitungswahrscheinlichkeit unterhalb des festgelegten Signifikanzniveaus.

Trotz der allgemein positiven Bewertung ist mit der Nutzung von Warnsichtsystemen im Übrigen eine Irritation des Fahrzeugführers verbunden. Statistisch signifikante Unterschiede können zwischen der Referenzlichtverteilung und beiden Markierungslichtfunktionen nachgewiesen werden. Bei Verwendung der *Adaptiven Lichthupe* sind Tendenzen erkennbar. Eine Bewertung dieser Art ist bei neuartigen Konzepten jedoch zu erwarten. Es ist davon auszugehen, dass Warnsichtsysteme bereits nach einer kurzen Eingewöhnungsphase keine Irritationen des Fahrzeugführers verursachen.

Obwohl die subjektiv besseren Beurteilungen ausschließlich bei Verwendung der *Adaptiven Lichthupe* konsistent für alle Bewertungskriterien eine statistische Signifikanz aufweisen, wird allgemein von einer positiven Kritik der Testpersonen ausgegangen. Die über dem Signifikanzniveau liegenden Überschreitungswahrscheinlichkeiten sind mit hoher Wahrscheinlichkeit auf die geringe Stichprobengröße, wie auch die vergleichsweise konservative Korrektur nach *Bonferroni* zurückzuführen. Auf der Basis der erzielten Ergebnisse wird die These 5) angenommen, nach welcher die Verwendung von Warnsichtsystemen die Erkennbarkeit von Fußgängern auch subjektiv verbessert und damit ein erhöhtes Sicherheits- und Komfortgefühl vermittelt.

3.8   RECHTLICHE EINORDNUNG

Neben der Beantwortung physiologischer, psychologischer und technischer Fragestellungen ist zur Realisierung eines Serieneinsatzes auch die Klärung der rechtlichen Einordnung in die bestehenden gesetzlichen Regelwerke von grundlegender Bedeutung.

Das Wirkpotential der untersuchten Warnsichtsysteme ist erwartungsgemäß am größten, wenn sich die zu beleuchtenden Objekte außerhalb der Hell-Dunkel-Grenze typischer Abblendlichtverteilungen befinden. Damit ergibt sich für die rechtliche Einordnung ein Konflikt mit den bestehenden *ECE*-Regelungen für Scheinwerfer, welche aufgrund der Blendungsminimierung geringe Beleuchtungsstärken für diese Bereiche fordern. Somit ist eine Einordnung in die Regelung 98, 112, sowie 123 nicht möglich, obwohl letztere die Anforderungen für adaptive Scheinwerfersysteme definieren [ECE10] und Warnsichtkonzepte grundsätzlich dieser Kategorie zuzuordnen sind.

Konventionelle Scheinwerferfunktionen befinden sich stets für die Dauer der jeweiligen Fahrsituation im aktiven Zustand. Im Gegensatz hierzu werden Warnsichtsysteme lediglich für eine definierte Zeitspanne, welche zur Detektion des jeweiligen Hindernisses notwendig ist, eingeschaltet. Somit ist diese Funktion am ehesten dem Signal *Lichthupe* zuzuordnen. Diese darf entsprechend § 16 *StVO* Abs. 1 jeder einsetzen, der sich oder andere gefährdet sieht. Eine Vorschrift für das Vorhandensein einer Lichthupe existiert entsprechend Anmerkung 49 zum § 49 a nicht [Bun10b]. Seitens der *ECE* werden innerhalb der Regelung 48 Lichtsignale erwähnt, eindeutige Definitionen für die Lichthupe existieren jedoch nicht [ECE10].

Nach der derzeitigen Gesetzgebung sind beide in dieser Arbeit vorgestellten lichttechnischen Konzepte zur Umsetzung eines Warnsichtsystems als Abblendlichtfunktion mit automatisch aktivierter Lichthupe bzw. selektiver Form derselben einzuordnen und somit zulässig.

3.9 FAZIT

Bei der Konzeptionierung neuer Scheinwerferlichttechnologien nimmt der Fußgängerschutz eine essentielle Rolle ein. Aus dem geringen Reflexionsgrad und der kleinen Silhouette dieser Verkehrsteilnehmer sowie des größeren möglichen Lagewinkels zum Fahrzeug resultieren vergleichsweise hohe Anforderungen an die Lichttechnik und die Sensorik. Eine Möglichkeit zur Erhöhung des Fußgängerschutzes stellt der Einsatz von Warnsichtsystemen dar.

Die durchgeführten Untersuchungen beweisen, dass Systeme dieser Art die Erkennbarkeit von Fußgängern im nächtlichen Straßenverkehr signifikant verbessern können. Des Weiteren wird die Aufmerksamkeit des Fahrers erhöht, wodurch kritische Situationen reduziert werden. Dabei zeigen die unterschiedlichen, in dieser Studie untersuchten, Ausleuchtungskonzepte nur geringe Unterschiede untereinander.

Auch aus subjektiver Sicht erzielt die Verwendung derartiger Systeme positive Ergebnisse, wobei anfänglich mit einer Irritation des Fahrzeugführers zu rechnen ist.

Die Fahrzeugführer sind sich der Vorteile bewusst und beurteilen sowohl die Erkennbarkeit der Fußgänger als auch die Unterstützung bei der Fahraufgabe und den Praxisnutzen als signifikant besser. Es ergeben sich keine Differenzen zwischen den unterschiedlichen Ausleuchtungen.

KAPITEL 4

ADAPTIVE AMBIENTE INNENRAUMBELEUCHTUNG

4.1 EINFÜHRUNG IN DIE THEMATIK

4.1.1 BLENDUNG DURCH DEN GEGENVERKEHR

Die Vorgaben der *ECE* reduzieren die Blendung entgegenkommender Verkehrsteilnehmer durch die Vorgabe maximaler Beleuchtungsstärken im Punkt *B50L*. Letzterer stellt die Position eines entgegenkommenden Verkehrsteilnehmers in einer Entfernung von 50 m dar. Die Grenzwerte betragen auf einem 25 m entfernten Messschirm für Scheinwerfer mit Halogen-Glühlampen 0,4 lx, sowie für Systeme mit Gasentladungslampen 0,5 lx [ECE10]. Dabei ist zu beachten, dass zur Prüfung von Gasentladungslampen gemäß *ECE*-Regelung 98 eine Spannung von 13,2 V ± 0,1 V zu verwenden ist, während die Prüfspannung von Glühlampenscheinwerfer nach *ECE*-Regelung 112 auf den Bezugslichtstrom der jeweils verwendeten Lampe, also etwa 12 V, angepasst wird.

Allerdings kann selbst bei Einhaltung dieser Vorgaben eine negative Beeinträchtigung der Sehleistung nicht vollständig vermieden werden. Bereits Lichtquellen mit geringen Lichtstärken in Beobachtungsrichtung erzeugen aufgrund von Inhomogenitäten in den brechenden Medien Streulicht im

Bulbus, welches sich flächig auf die Netzhaut legt und die Kontraste des Netzhautbildes reduziert. Infolgedessen steigt der zur Erkennung eines Objektes erforderliche Leuchtdichteunterschied an. Die durch die Blendlichtquelle erzeugte Leuchtdichte wird als Schleierleuchtdichte bezeichnet und kann die Sehfunktion bereits beeinflussen, wenn sie ein bis zwei Prozent der Leuchtdichte erreicht, welche für die Information wichtig ist.

Die beschriebene Problematik wird als physiologische Blendung bezeichnet und lässt sich mathematisch wie folgt ausdrücken. Während sich der Kontrast K_W zwischen Objekt und Umfeld im blendfreien Raum nach *Weber* entsprechend Formel (9) aus der Umfeldleuchtdichte L_{Umfeld} und der Objektleuchtdichte L_{Objekt} berechnet, überlagert sich bei Vorhandensein einer Blendlichtquelle die Schleierleuchtdichte L_S beiden Feldern und reduziert den Kontrast nach Formel (10).

$$K_{W\ ohne\ Blendung} = \frac{L_{Objekt} - L_{Umfeld}}{L_{Umfeld}} \tag{9}$$

$$K_{W\ mit\ Blendung} = \frac{L_{Objekt} + L_S - (L_{Umfeld} + L_S)}{L_{Umfeld} + L_S}$$

$$= \frac{L_{Objekt} - L_{Umfeld}}{L_{Umfeld} + L_S} \tag{10}$$

Dabei ist der Betrag der Schleierleuchtdichte L_S nach *Holladay* gemäß Formel (11) von drei Parametern abhängig – vom Winkel θ der Blendlichtquelle zur Beobachtungsrichtung, der Lichtstärke in Richtung des Betrachters, welche die Beleuchtungsstärke E_B am Auge bestimmt und vom altersabhängigen Faktor k.

$$L_S = k \cdot \frac{E_B}{\theta^2} \tag{11}$$

Während die altersabhängige Konstante wie auch der Winkel zur Blend-lichtquelle praktisch nicht beeinflussbar ist, wird die Blendbeleuch-tungsstärke E_B direkt durch die Lichtverteilung des Blendscheinwerfers bestimmt und somit theoretisch durch die gesetzlichen Vorgaben in Bezug auf den Punkt *B50L* in einem gewissen Rahmen kontrolliert. Jedoch ist gerade die Einhaltung der maximalen Beleuchtungsstärken im genannten Messpunkt in der Praxis oftmals nicht gegeben. Ein Überschreiten der Grenzwerte ist auf eine Vielzahl unterschiedlicher Faktoren zurückzufüh-ren und kann zu einem weiteren Anstieg der Schleierleuchtdichte im Auge führen.

So können erhöhte Blendbeleuchtungsstärken unabhängig von der vorlie-genden Situation bereits aus geringfügigen Veränderungen des Scheinwer-fers resultieren. Ein nicht zu vermeidendes Problem stellt die Verschmut-zung der Abschlussscheibe dar. Dieser scheinbar triviale Sachverhalt streut das vom optischen System des Scheinwerfers emittierte Licht und erhöht die Lichtstärken in Richtung des Gegenverkehrs. Bereits 1978 zeigte *Schmidt-Clausen* [Sch78], dass Verunreinigungen bis zu 50 %[32] neben der Reduktion des Lichtstroms zu einem signifikanten Anstieg der Blendbe-leuchtungsstärke führen. Als Beispiel führt er die Reichweite der 0,1 lx-Linie an, welche in der Mitte der Gegenfahrbahn im Fall verschmutzter Scheinwerfer (Verschmutzungsgrad 40 %) im Vergleich zu gereinigten Scheinwerfern von 69 m auf 86 m ansteigt. Dies entspricht nach Formel (11) einem Anstieg der Schleierleuchtdichte um etwa 50 %. Bei größeren Ver-schmutzungen nimmt die Blendbeleuchtungsstärke zwar wieder ab, jedoch werden nach *Schmidt-Clausen* Verschmutzungen von über 50 % in der Regel aufgrund der Verringerung des Lichtstroms vom Fahrzeugführer bemerkt, wodurch dieser zur Reinigung veranlasst wird. Demnach ist im Allgemei-nen die Aussage gültig, dass ein verschmutzter Scheinwerfer die Blendung

---

[32] Reduzierung der axialen Lichtstärke bezogen auf das Fernlicht

des Gegenverkehrs begünstigt. Zwar könnte das beschriebene Problem durch den Einsatz von Scheinwerferreinigungsanlagen weitestgehend vermieden werden, jedoch ist mit einer obligatorischen Einführung in allen Fahrzeugen vorerst nicht zu rechnen. Bislang sind diese Systeme entsprechend der *ECE*-Regelung 48 erst ab einem Lichtstrom von 2.000 lm und somit in der Praxis lediglich für Gasentladungsscheinwerfer gesetzlich vorgeschrieben.

Während die Problematik der Verschmutzung praktisch bei allen Fahrzeugen vorliegt, sind andere Veränderungen des Scheinwerfers nur bei älteren Automobilen zu finden. Derzeit beträgt das Durchschnittsalter der in Deutschland zugelassenen Fahrzeuge nach Angaben der *Deutschen Automobil Treuhandgesellschaft (DAT)* [DAT10] etwa acht Jahre. Innerhalb dieser Nutzungsdauer bedingen sowohl notwendige Reparatur- und Wartungsarbeiten als auch äußere Umstände (z.B. Kollisionen) häufig eine Dejustage des gesamten Scheinwerfers bzw. einzelner Komponenten. In Hinsicht auf die geringen Neigungswinkel der Scheinwerfer von üblicherweise 0,57° können bereits sehr kleine Winkeländerungen die Beleuchtungsstärke im Messpunkt *B50L* signifikant erhöhen. Der *Automobilclub Europa (ACE)* [ACE09] beziffert die Zahl der zu hoch eingestellten Scheinwerfer im Straßenverkehr auf zehn Prozent.

Neben einer Dejustage weisen Scheinwerfer nach einigen Jahren häufig auch irreversible Gebrauchserscheinungen auf. Hier seien insbesondere zerkratzte Abschlussscheiben genannt, welche vergleichbar mit einer Verschmutzung das vom optischen System des Scheinwerfers emittierte Licht streuen[33].

---

[33] aufgrund der aus gestalterischen Gründen bei derzeitigen Fahrzeugmodellen verwendeten Kunststoffabschlussscheibe ist dieses Problem präsenter, als noch vor einigen Jahren

Im Übrigen können erhöhte Blendbeleuchtungsstärken auch aus einer bewussten Manipulation der Scheinwerfer resultieren. Insbesondere der Einsatz von nachrüstbaren Gasentladungslampen in konventionellen Halogenscheinwerfern oder das Aufbringen blauer Folien zur Filterung des von der Halogenlampe abgestrahlten Lichtes führen den Untersuchungen von *Locher* [Loc08] zufolge zu einem deutlichen Anstieg der Blendbeleuchtungsstärke, welche eine signifikante Erhöhung des Schwellenkontrastes beinhaltet. Mit den von ihm auf diese Weise manipulierten Scheinwerfern konnte er eine Reduktion der Sehleistung auf etwa 40 % nachweisen, während letztere im Fall korrekt justierter Gasentladungsscheinwerfer lediglich auf 79 % sank.

Neben den bisher diskutierten Veränderungen des Scheinwerfers kommt es ferner auch bei Verwendung eines fehlerfreien, gereinigten Systems situationsbedingt häufig zu einer erhöhten Blendbelastung. Vor allem die Witterungsbedingungen können die am Auge vorliegenden Beleuchtungsstärken in entscheidendem Maß beeinflussen. So führt beispielsweise auf der Fahrbahn befindliches Wasser zu einer Erhöhung des Leuchtdichtekoeffizienten für die Vorwärtsreflexion, wodurch die Blendbeleuchtungsstärke ansteigt (vgl. Kapitel 2.1.1.5). Neben äußeren Faktoren, wie die genannten Witterungsbedingungen oder die Streckengeometrie, seien an dieser Stelle auch fahrzeugbezogene Einflüsse, also Beschleunigung und Beladungszustände, genannt (vgl. Kapitel 2.1.1.2 und 2.1.1.3). Es ist in diesem Zusammenhang ebenfalls zu nennen, dass die derzeitige Gesetzgebung keine obligatorische Regelung für den Einbau einer dynamischen Leuchtweitenregelung vorsieht.

Die aufgeführten Einflussfaktoren stellen lediglich die wichtigsten Beispiele für die Ursachen einer erhöhten Blendbelastung dar. Sie sollen das Thema nicht vollständig erörtern, sondern vielmehr auf seine Relevanz für zukünftige Entwicklungen im Bereich der Fahrzeuglichttechnik hinweisen. Einer

Umfrage [Jeb08a] zufolge fühlen sich derzeit zwei Drittel aller Befragten durch den Gegenverkehr geblendet. Klassische Ansätze zur Minimierung der Blendung verfolgen eine Verbesserung des Scheinwerfersystems sowie der Sekundärkomponenten. So wird vor allem die wachsende Verbreitung adaptiver Systeme voraussichtlich zu einer Verringerung der Blendbelastung führen.

Diese Maßnahme stellt unumstritten den entscheidenden Schritt zur Lösung des anfänglich beschriebenen Zielkonfliktes aus guter Sicht und geringer Blendung dar, jedoch nicht den einzigen. Ein alternatives Konzept sieht die Verwendung einer ambienten Innenraumbeleuchtung vor, welche die Blendung in unterstützendem Maße verringern könnte.

4.1.2 AMBIENTE INNENRAUMBELEUCHTUNG

Innenraumbeleuchtungen lassen sich in Bezug auf *Grimm* [Gri03] nach den folgend aufgeführten Gruppen und Funktionen differenzieren:

- **Zentrale Innenleuchtenfunktion**
  Diese Funktion dient der Beleuchtung des Fahrzeuges im Stand. Durch die lichttechnische Auslegung bedingt ein Betrieb während der Fahrt in der Regel eine negative Beeinflussung des Fahrzeugführers.

- **Leselicht**
  Diese Leuchteneinheit ermöglicht bei korrekter Auslegung das Lesen des Beifahrers unter Ausschluss einer Beeinflussung des Fahrzeugführers.

- **Orientierungsbeleuchtung**

  Gegebenenfalls wird eine Orientierungsbeleuchtung im Fahrzeug eingesetzt, welche sicherheitsrelevante Elemente gezielt hervorhebt. Als Beispiel ist die Beleuchtung von Gurtschlössern zu nennen.

- **Funktionsbeleuchtung**

  Die Funktionsbeleuchtung dient der Kenntlichmachung von Bedienelementen. Neben Schaltern ist die Armaturenbeleuchtung dieser Gruppe zuzuordnen.

- **Ambiente Innenraumbeleuchtung**

  Die seit vergleichsweise kurzer Zeit auf dem Markt befindliche ambiente Innenraumbeleuchtung wird während der Fahrt betrieben. Sie verursacht bei korrekter Auslegung keine negative Beeinträchtigung der visuellen Leistungsfähigkeit.

Das lichttechnische Design ambienter Innenraumbeleuchtungen besitzt vielfältige Ausprägungen. So kann sie beispielsweise den Innenraum großflächig homogen beleuchten oder bedienungsrelevante bzw. markenspezifische Elemente gezielt hervorheben. Neben den zahlreichen Möglichkeiten zur Individualisierung des Fahrzeuges bieten ambiente Innenraumbeleuchtungen ebenfalls psychologische und physiologische Vorteile. So erleichtern sie nach *Caberletti* [Cab09a], [Cab09b] unter anderem die Orientierung im Fahrzeug und erzeugen ein angenehmes Raum- und Sicherheitsgefühl. Seine Ergebnisse basieren auf der subjektiven Einschätzung von 31 Testpersonen, welche insgesamt zwölf Ausleuchtungskonzepte bewerteten. Die ambiente Beleuchtung wurde dabei in verschiedenen Bereichen der Fahrzeugtüren, des Fußraumes sowie der Mittelkonsole integriert.

Des Weiteren können ambiente Innenraumbeleuchtungen die Readaptationszeit des Fahrzeugführers beim Blickwechsel zwischen Fahrzeuginnenraum und Fahrbahn, bedingt durch den geringeren Leuchtdichteunterschied, verkürzen. Diese Thematik wurde von *Löbig* [Löb00] unter Laborbedingungen untersucht. Er ermittelte die Readaptationszeit von Testpersonen unter Einfluss wechselnder Leuchtdichten im Bereich der Mittelkonsole. Letztere entsprachen mit 0,01 cd/m², 0,1 cd/m² und 1cd/m² seinen Angaben entsprechend den auf nasser, trockener und bei ortsfester Beleuchtung vorliegenden Fahrbahnleuchtdichten. Als Ergebnis konnte *Löbig* positive Einflüsse auf den Umadaptationsvorgang beim Blickwechsel von der Fahrbahn auf den Innenraum und umgekehrt identifizieren.

Ferner kann eine ambiente Innenraumbeleuchtung auch ohne Blickwechsel zwischen Fahrzeuginnenraum und Fahrbahn den Schwellenkontrast von Fahrzeugführern positiv beeinflussen. Untersuchungen von *Klinger* [Kli08] und *Franzke* [Fra06] zufolge verbessert sich durch den Einsatz von Systemen dieser Art bei geeigneter Auslegung die visuelle Leistungsfähigkeit von jungen Fahrzeugführern. In einem statischen Versuchsaufbau wurde der Schwellenkontrast in Abhängigkeit diverser Ausleuchtungsvarianten bestimmt und untereinander verglichen. Dabei erfolgte eine Beleuchtung des Fußraum, des Kobiinstrumentes, der Türen sowie des Dachhimmels in wechselnden Kombinationen. Neben einer weißen Beleuchtung wurde der Einfluss der Farben rot, blau und grün analysiert. Mit Ausnahme der Ausleuchtung des Kombiinstrumentes erzielte die Verwendung der ambienten Beleuchtung einen positiven Einfluss auf den Schwellenkontrast von Fahrzeugführern im Alter von 30 bis 39 Jahren.

Kasper [Kas07] und *Riedl* [Rie07] erzielten in einem vergleichbaren Laborversuch ähnliche Ergebnisse.

Bei der Konzeption eines Systems dieser Art ist jedoch zu berücksichtigen, dass die beschriebenen Vorteile ausschließlich durch eine für die jeweilige Situation angepasste Auslegung zu erzielen sind. Eine falsche Parametrisierung der eingesetzten Beleuchtung kann nicht nur zu einem wirkungslosen

System führen, sondern im schlimmsten Fall auch eine negative Beeinträchtigung der Sehleistung verursachen.

So zeigten die Untersuchungen von *Klinger* [Kli08] und *Franzke* [Fra06] ebenfalls, dass sich bestimmte Farben und Anbaupositionen als ungeeignet erweisen. Weiterhin konnten sie eine Abhängigkeit der Wirkung vom Alter nachweisen. Während sich bei jüngeren Fahrzeugführern ein positiver bzw. kein Einfluss nachweisen lässt, sinkt die visuelle Leistungsfähigkeit von Personen im Alter von 40 bis 71 Jahren aufgrund der erhöhten Streulichtempfindlichkeit.

Einen negativen Einfluss konnte auch *Wambsganß* [Wam05] beweisen. In einem Laborexperiment mit 30 Probanden ermittelte er eine Erhöhung des Schwellenkontrastes beim Überschreiten einer Leuchtdichteschwelle. Er quantifizierte den tolerierbaren Grenzwert auf 0,1 cd/m². *Wamsganß* zeigte ebenfalls, dass hohe Leuchtdichten bereits als unangenehm empfunden werden, bevor ein objektiv messbarer Effekt eintritt. Im Gegensatz zur objektiven Bewertung konnte er darüber hinaus einen Einfluss der Farbe auf den subjektiven Eindruck des Fahrzeugführers nachweisen. Vergleichbar mit der zuvor genannten Studie von *Klinger* [Kli08] und *Franske* [Fra06] wurde eine Beleuchtung in der Farbe Blau als besonders unangenehm bewertet.

Grimm [Gri03] untersuchte ebenfalls den Einfluss ambienter Innenraumbeleuchtungen mit vielfältigen lichttechnischen Charakteristika hinsichtlich subjektiv und objektiv messbarer Auswirkungen auf Testpersonen. Seinen Angaben zufolge können ambiente Lichtfunktionen den Fahrzeugführer von der Fahraufgabe ablenken, wenn eine von der der Position, Größe und Farbe der Lichtaustrittsfläche abhängige Leuchtdichteschwelle überschritten wird. Er zeigt im Übrigen, dass die zu einer objektiv messbaren Beeinflussung führende Schwelle oberhalb der Leuchtdichte liegt, welche als subjektiv unangenehm empfunden wird. Letzteres entspricht den von *Wamsganß* [Wam05] erzielten Ergebnissen.

In den letzten Jahren konnte sich eine Vielzahl ambienter Innenraumbeleuchtungen in Kraftfahrzeugen unterschiedlicher Klassen etablieren. Ob und inwieweit bei diesen Entwicklungen physiologische oder psychologische Grundlagen eine Rolle spielen, ist unklar. Es lässt sich jedoch vermuten, dass die Mehrzahl der bisher auf dem Markt befindlichen Systeme primär als Design-orientierte Konzepte anzusehen ist. Allerdings könnte die Marktdurchdringung von Systemen mit physiologischem und psychologischem Wirkpotential aufgrund der bisher mit Prototypen erzielten positiven Ergebnisse zukünftig ansteigen. Es ist denkbar, dass diese Systeme unter anderem zur Blendungsminimierung eingesetzt werden.

4.2   ZU BEWERTENDES SYSTEM

4.2.1   ALLGEMEINER AUFBAU UND FUNKTIONSWEISE

In der vorliegenden Arbeit wird eine in dieser Variante seit 2006 erhältliche situativ-adaptive Innenraumbeleuchtung analysiert und aus physiologischen und psychologischen Aspekten bewertet. Ziel des, in dieser Arbeit zugunsten der Anonymität und Objektivität als *Adaptive Ambiente Beleuchtung* bzw. *AAB* bezeichneten, Systems besteht nach Herstellerangaben in der Verringerung der Blendung durch entgegenkommende oder nachfolgende Fahrzeuge [Bra11a], [Bra11b].

Die *Adaptive Ambiente Beleuchtung* besteht aus einem 110 x 275 mm großen Kunststoffpanel, welches an der Sonnenblende des Fahrzeuges befestigt wird (Abbildung 42). Die Unterseite des Panels beinhaltet eine 80 x 240 mm große Lichtaustrittsfläche in Form einer Streuscheibe, welche von 20 seitlich

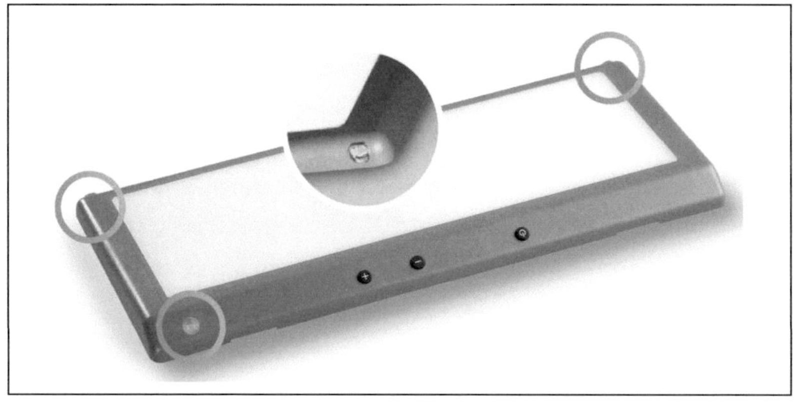

Abbildung 42:
Analysierte adaptive Innenraumbeleuchtung *AAB*; hervorgehoben sind die
an der Vorder- und Rückseite befindlichen Photosensoren [Bra10a]

angeordneten Leuchtdioden gespeist wird. Durch eine Anpassung der
Leuchtdichte dieser Streuscheibe an die Blendung entgegenkommender
oder nachfolgender Fahrzeuge soll die Adaptation des visuellen Systems
positiv beeinflusst werden.

Die Bewertung der Blendung erfolgt über drei photosensitive Elemente.
Zwei an der Vorderfläche des Gerätes befindliche Sensoren detektieren das
vom Gegenverkehr abgestrahlte Licht, während ein weiterer, in der Rück-
fläche integrierter, Sensor die Rückspiegelblendung erfasst. Steigt die Bestrahlungsstärke an den Positionen der Photosensoren an, wird die Leuchtdichte der Lichtaustrittsfläche erhöht. Das Grund- wie auch das Endniveau
der Leuchtdichte kann durch den Fahrzeugführer über zwei Taster variiert
werden. Infrarotscheinwerfer aktiver Nachtsichtsysteme werden aufgrund
des Empfindlichkeitsbereiches von 400 bis 700 nm [Bra10b] nicht erfasst

4.2.2 LICHTTECHNISCHE CHARAKTERISIERUNG

Wie zuvor beschrieben, wird die Leuchtdichte der Lichtaustrittsfläche an die von den Photosensoren gemessenen Bestrahlungsstärke angepasst. Der Zusammenhang beider Parameter bildet eine wichtige Grundlage für die Auslegung des Hauptversuches. Jedoch wird dieses Steuerverhalten vom Hersteller lediglich qualitativ angegeben. In einem Laborversuch wird der Zusammenhang der genannten Parameter mithilfe der Leuchtdichtemess-kamera *Techno-Team LMK98-3* und des Beleuchtungsstärkemessgerätes *LMT Pocket Lux 2* quantitativ ermittelt. Es ergibt sich die in Abbildung 43 dargestellte Abhängigkeit bei maximaler Leuchtdichte des Grundniveaus für die geringste und höchste Einstellung des Leuchtdichte-Endniveaus.

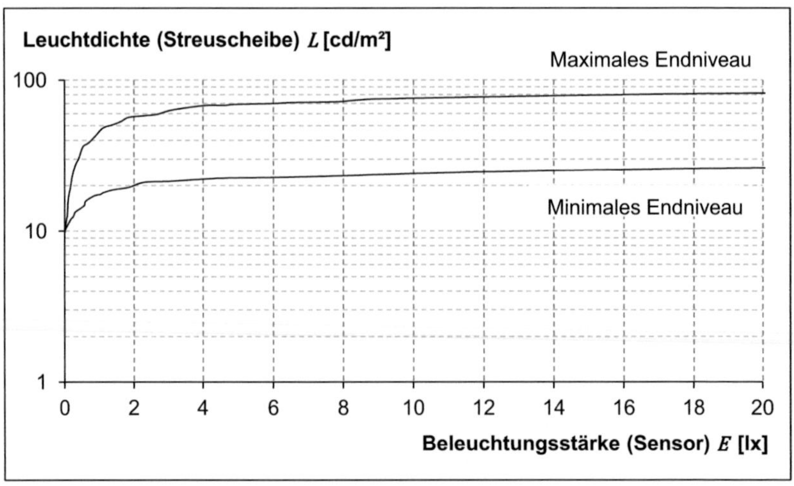

Abbildung 43:
Leuchtdichte L der Streuscheibe in Abhängigkeit der an den Photosensoren anliegenden Beleuchtungsstärke E bei maximaler Leuchtdichte des Grundniveaus sowie minimaler beziehungsweise maximaler Leuchtdichte des Endniveaus

Es zeigt sich, dass der Fahrzeugführer das Steuerverhalten des Systems maßgeblich beeinflussen kann. Während die Leuchtdichte der Streuscheibe bei geringstmöglicher Einstellung des Endniveaus etwa den 2,7-fachen Wert des Grundniveaus annimmt, kommt es bei größtmöglicher Konfiguration des Endniveaus in einer vergleichbaren Blendsituation zu einem Anstieg um annähernd den Faktor acht. Dabei erfolgt der Anstieg entgegen den Herstellerangaben nicht linear.

Neben dem Steuerverhalten werden die spektralen Parameter mithilfe des Spektrometers *Jeti Specbos 1200* bestimmt. Das in Abbildung 44 dargestellte Spektrum zeigt, dass zur Einkopplung weiße Leuchtdioden auf der Basis der Lumineszenzkonversion verwendet werden. Aufgrund des relativ geringen Phosphoranteils liegt die dominante Wellenlänge mit 475 nm sichtbar im blauen Bereich. Die Farbtemperatur beträgt $T_F = 13.248$ K. Infolgedessen besitzt das vom System abgestrahlte Licht eine bläulich-weiße Farbwirkung. Die Farbwertanteile im CIE-Dreieck betragen $x = 0{,}272$ und $y = 0{,}267$.

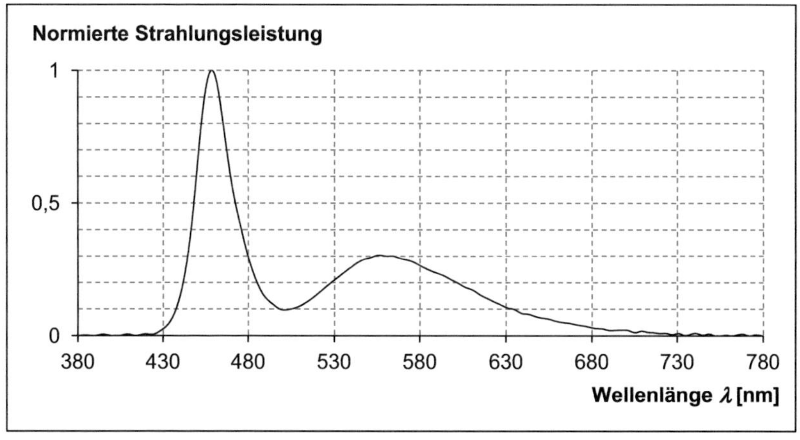

Abbildung 44:
Emissionsspektrum der Leuchtdioden

In Bezug auf die Forschungsarbeit von *Grimm* [Gri09] sind sowohl die Anbauposition als auch der Farbort und die auf der Streuscheibe erzeugten Leuchtdichten zunächst als kritisch zu beurteilen. Im Vergleich mit einer Beleuchtung der Türen sowie der Mittelkonsole zeigte sich eine im Bereich des Dachhimmels integrierte ambiente Beleuchtung seinen Angaben zufolge als subjektiv besonders störend. Des Weiteren wurden in seiner Studie insbesondere hohe Farbtemperaturen als unangenehm beurteilt. Letzteres konnte von *Wamsganß* [Wam05] und *Franzke* [Fra06] bestätigt werden, indem die Farbe Blau im Rahmen der von diesen Autoren durchgeführten Untersuchungen von einem Großteil der Testpersonen als unangenehm empfunden wurde. Ob diese Angaben auf das in dieser Arbeit zu untersuchende System übertragbar sind, ist zu prüfen.

4.3   ZIELE DER STUDIE

Neben der physio-psychophysikalischen Bewertung der ambienten Innenraumbeleuchtung wird in einer Unterstudie zunächst die Blendbelastung im realen Straßenverkehr quantifiziert. Es soll der Anteil der über den Grenzwerten der *ECE* liegenden Fahrzeuge ermittelt werden. Dabei erfolgt eine Unterscheidung nach der im Scheinwerfer verwendeten Lichtquelle. Das Ziel dieser Aufgabenstellung stellt ausschließlich die Darstellung der im nächtlichen Verkehrsraum vorliegenden Situation dar. Eine Ursachenforschung wird in diesem Rahmen nicht durchgeführt.

Die Bewertung der *AAB* gliedert sich in zwei Versuchsteile. Wie in Kapitel 4.1.2 beschrieben, setzt ein positiver Einfluss einer ambienten Innenraumbeleuchtung ihre korrekte Auslegung voraus. Eine falsche Parametrisierung kann nicht nur ein wirkungsloses System bedingen, sondern im schlimmsten Fall selbst eine Blendung und somit den gegenteiligen Effekt hervorrufen. Die psychophysikalische Bewertung erfolgt aus diesem Grund im

Rahmen des ersten Versuchsteils zunächst in Hinsicht auf eine potentielle Verschlechterung der visuellen Leistungsfähigkeit in kritischen Blendsituationen. Im zweiten Teil werden mögliche Einflüsse in einer realen Fahrsituation ermittelt.

4.4 THESEN

Zur Quantifizierung der Blendbelastung werden die folgenden Thesen untersucht.

1) Die von der ECE festgelegten Grenzwerte der Beleuchtungsstärken im Punkt *B50L* werden von einer Vielzahl der im Straßenverkehr befindlichen Fahrzeuge überschritten.

2) Scheinwerfer mit Gasentladungslampen erzeugen im Vergleich zu ihrem Pendant auf der Basis von Halogenglühlampen keine höheren Blendbeleuchtungsstärken.

Die Bewertung der *AAB* erfolgt unter der Analyse der nachfolgend aufgeführten Thesen.

3) Die *AAB* verursacht keine negative Beeinträchtigung der visuellen Leistungsfähigkeit.

4) Durch die *AAB* wird in Blendsituationen ein positiver Einfluss auf die visuelle Leistungsfähigkeit ausgeübt.

5) Die *AAB* verringert die psychologische Blendung des Fahrzeugführers.

4.5 ANALYSE DER BLENDBELASTUNG IM REALEN STRAßENVERKEHR

Das folgende Kapitel beinhaltet eine Darstellung der Konzeption, Durchführung und Ergebnisse der Blendbelastungsanalyse. Die Erhebung und Auswertung der erforderlichen Daten erfolgt im Wesentlichen in Zusammenarbeit mit *Matschke* im Rahmen ihrer Bachelorarbeit [Mat10b].

4.5.1 EXPERIMENTELLES DESIGN

Die Evaluation der Daten erfolgt mithilfe eines modifizierten Versuchsfahrzeuges in einer nächtlichen, realen Verkehrssituation. Innerhalb eines definierten Rundkurses werden die durch den regulären Gegenverkehr erzeugten Blendbeleuchtungsstärken an der Position des Fahrerauges erfasst. Als Referenz dienen die durch die *ECE* vorgegebenen maximalen Blendbeleuchtungsstärken im Messpunkt *B50L*. Da diese ausschließlich für eine festgelegte Entfernung definiert sind, wird weiterhin der Abstand zum entgegenkommenden Fahrzeug ermittelt.

Ein sinnvoller Vergleich mit den Vorgaben der *ECE* setzt die Vergleichbarkeit der Messbedingungen voraus. Im Gegensatz zu einer gutachterlichen Messung im Labor werden im realen Verkehrsraum neben dem direkt vom Scheinwerfer abgestrahlten Licht auch die Reflexionen auf der Fahrbahn erfasst. Zur Gewährleistung der Vergleichbarkeit sind diese Anteile zu bestimmen und als Korrekturfaktor zu berücksichtigen. Dieser wird aus dem direkten und reflektierten Anteil der Blendbeleuchtungsstärke in einer Entfernung von 25 m unter den, im Hauptversuch vorliegenden, geometrischen Bedingungen bestimmt.

Um eine Gruppierung der Blendscheinwerfer in Gasentladungs- und Halogensysteme zu ermöglichen, werden ferner deren Emissionsspektren aufgenommen. Scheinwerfer auf der Basis von Leuchtdioden werden aufgrund der zu erwartenden geringen Anzahl der Fälle von der Auswertung ausgeschlossen. Eine weitere Differenzierung nach dem Fahrzeugtyp erfolgt nicht. Es werden ausschließlich Fahrzeuge einer Typklasse mit annähernd konstanter Scheinwerferanbauhöhe ausgewertet. Die Analyse beschränkt sich auf Personenkraftwagen der Klasse M_1 mit den in der *EWG/ECE* [ECE10] im Abschnitt G1, Kapitel B, Unterkapitel II, Absatz 3.1 definierten Aufbauten[34].

Die Versuchsfahrten finden auf trockener Fahrbahn statt.

4.5.2 DURCHFÜHRUNG

4.5.2.1 VERSUCHSFAHRZEUG

Die Messungen werden mit einem rechtsgelenkten *BMW 325i Touring (E90)* durchgeführt. Die Bauweise ermöglicht, wie in Abbildung 45 gezeigt, die Installation eines variablen Racks zur Aufnahme der erforderlichen Sensorik sowie deren Sekundärkomponenten an der Position des Fahrzeugführers – bezogen auf Fahrzeuge für den Rechtsverkehr.

In den folgenden Unterkapiteln werden die in der Studie verwendeten Messsysteme im Einzelnen vorgestellt und erläutert. Die folgenden Unterkapitel beinhalten eine Beschreibung der für die Untersuchung verwendeten Messsysteme.

---

[34] AA: Limousine; AB: Schräghecklimousine; AC: Kombilimousine; AD: Coupé; AE: Cabriolimousine; AF: Mehrzweckfahrzeug

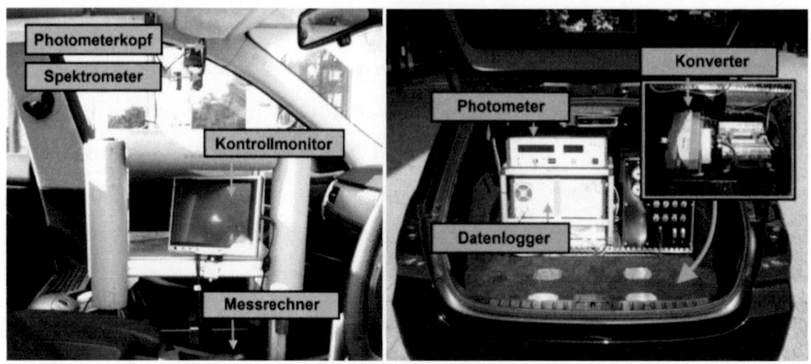

Abbildung 45:
Rechtsgelenktes Versuchsfahrzeug *BMW 325i Touring (E90)*;
Links: Rack mit Photometerkopf und Spektrometer, Rechner und Kontroll-
monitor; Rechts: Energieversorgung, Photometereinheit und Datenlogger

4.5.2.2 PHOTOMETER

Zur Aufnahme der Blendbeleuchtungsstärke dient das Photometer *B500L*
des Herstellers *LMT*. Der Messkopf des Gerätes wird auf dem zuvor genannten Rack installiert. Dabei entspricht seine Position mit einer Höhe von
1,20 m der durchschnittlichen Kopfposition von Fahrzeugführern. Über
eine analoge Schnittstelle werden die vom Gerät gemessenen Beleuchtungsstärken in Form von Spannungswerten an einen Datenlogger exportiert.
Zur Kalibrierung wird die Korrelation zwischen ausgegebener Spannung
und vorliegender Beleuchtungsstärken mithilfe eines Referenzphotometers
im Labor ermittelt.

4.5.2.3 SPEKTROMETER

Zur Klassifikation der Blendscheinwerfer in Gasentladungs- und Halogensysteme werden die Emissionsspektren mit dem Kompaktspektrometer

USB 2000+ des Herstellers *Ocean Optics* aufgenommen. Dieses wird unmittelbar neben dem Photometerkopf auf dem Montagerack installiert.

Aufgrund der Forderung nach einer besonders kurzen Integrationszeit wird der Eingangsspalt des Spektrometers mit 50 µm vergleichsweise groß gewählt. Die damit verbundene negative Auswirkung auf die Auflösung ist in Hinsicht auf die geringe Anforderung an das System zu vernachlässigen.

Die Ansteuerung des Spektrometers erfolgt über einen eigenständigen Rechner. Zur Zuordnung des jeweiligen Spektrums mit den dazugehörigen Beleuchtungsstärken wird letzterer mit dem Datenlogger über eine eigene Software durch eine Anpassung der Systemzeiten synchronisiert.

Die Auslösung der Spektralmessungen wird über einen Trigger gesteuert. Erreicht die Bestrahlungsstärke einen Schwellenwert, wird die Aufnahme über eine eigens entwickelte Software ausgelöst.

4.5.2.4 KAMERA

Die Entfernungsmessung zum jeweiligen Blendfahrzeug erfolgt mithilfe einer Kamera. Bei konstanter Fahrbahnbreite und ebener Oberfläche kann der Abstand durch die vertikalen und horizontalen Bildkoordinaten des entgegenkommenden Fahrzeuges hinreichend genau ermittelt werden.

Zur Bestimmung der in dieser Studie relevanten 25 m-Linie wird ein Referenzbild mit identischer Kameraausrichtung erstellt. Zu diesem Zweck wird ein Fahrzeug in der genannten Entfernung mittig auf der Gegenfahrbahn positioniert. Ein Abgleich der Scheinwerferkoordinaten dieses Fahrzeuges im Referenzbild mit den Scheinwerferkoordinaten des jeweils zu messenden Fahrzeuges ermöglicht die Bestimmung der Messentfernung.

4.5.2.5 DATENLOGGER

Die Synchronisation der Einzelsysteme erfolgt mithilfe des Datenloggers *DEWE-510* des Herstellers *Dewetron*. Über digitale und analoge Schnittstellen werden die folgend aufgeführten Systeme und Daten zusammengeführt:

- Photometer

- Rechner Spektrometer

- Kamera

- GPS-Empfänger

- Mikrofon

4.5.2.6 VERSUCHSSTRECKE

Aufgrund der vergleichsweise schmalen Fahrbahnbreite wird eine besonders hohe Blendbelastung auf der Landstraße erwartet. Mit diesem Hintergrund finden die Messungen auf einem 31 km langen Landstraßenabschnitt im Raum Karlsruhe statt. Neben der B 36 beinhaltet die Messstrecke Teile der B 3, sowie der L 566. Die Fahrbahnbreiten variieren zwischen 5,9 und 7,3 m. Die Versuchsstrecke ist kartographisch in Anhang D dargestellt.

Alle Fahrbahnoberflächen befinden sich weitestgehend in einem fehlerfreien Zustand, um durch Nickbewegungen des Fahrzeuges verursachte Einflüsse auf die Blendbeleuchtungsstärke zu vermeiden. Des Weiteren weisen die ausgewählten Strecken praktisch keine Kuppen und Senken auf, welche sich nach *Kuhl* [Kuh06] ebenfalls entscheidend auf die Blendbeleuchtungsstärke auswirken.

4.5.2.7 VERSUCHSZEITRAUM

Die Messungen finden vom 04.02. bis zum 23.02.2010 an acht Tagen jeweils zwischen 19:30 und 23:00 Uhr statt.

4.5.2.8 BESTIMMUNG DES KORREKTURFAKTORS

Zur Bestimmung des Korrekturfaktors wird der in Abbildung 46 dargestellte Versuchsaufbau verwendet. Sowohl die Positionen des Photometers und des Scheinwerferracks als auch der Fahrbahnbelag sind dabei mit der in den Hauptversuchen vorliegenden realen Fahrsituation identisch.

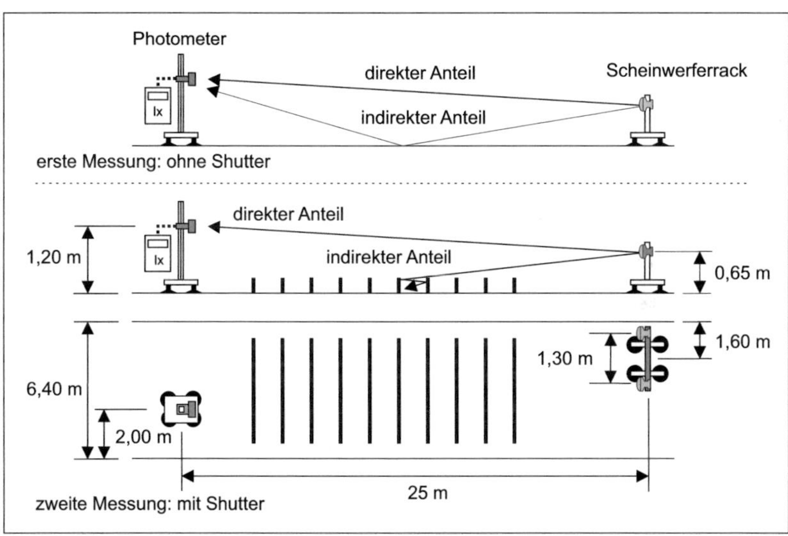

Abbildung 46:
Versuchsaufbau zur Bestimmung des Verhältnisses aus direktem und von der Fahrbahn reflektiertem Anteil der Blendbeleuchtungsstärke

Es erfolgt eine Erfassung der Blendbeleuchtungsstärke ohne und mit Einsatz von Shuttern auf der Fahrbahn. Das Verhältnis beider Werte bildet den Korrekturfaktor, welcher bei der Auswertung berücksichtigt wird.

Der reflektierte Anteil der Beleuchtungsstärke wird zu 12,5 % bestimmt. Der daraus resultierende Korrekturfaktor von 0,875 wird mit den Messwerten multipliziert.

4.5.3 ANALYSE DER DATEN

4.5.3.1 DATENFILTERUNG, -MENGE UND -STRUKTUR

Innerhalb des Versuchszeitraumes werden insgesamt 870 Begegnungssituationen erfolgreich erfasst.

Im Gegensatz zu den in statischen Versuchen weitestgehend kontrollierbaren Messungen liegt im vorliegenden Versuch eine höhere Anzahl von Störgrößen vor, welche zu identifizieren und aus der Auswertung auszuschließen sind. Zur Gewährleistung der Vergleichbarkeit aller aufgenommenen Situationen werden die Daten nach den folgenden Kriterien gefiltert.

Es werden ausschließlich Personenkraftwagen in die Auswertung aufgenommen, deren Scheinwerferpaar intakt ist. Weiterhin stellt das Vorhandensein von Störlichtquellen, beispielsweise durch unmittelbar nachfolgende Fahrzeuge, ein Ausschlusskriterium dar. In diesem Zusammenhang werden nur Fälle ausgewertet, in denen die Blendbeleuchtungsstärke zwischen zwei aufeinanderfolgenden Begegnungen wieder auf das Grundniveau sinkt. In Bezug auf die Fahrbahngeometrie werden ferner alle Situationen ausgeschlossen, in denen die Fahrbahn von einer geraden, ebenen Führung abweicht bzw. ihre Breite sich entscheidend verändert.

Nach der manuellen Vorauswahl hinsichtlich der genannten Aspekte werden die Daten auf Ausreißer überprüft und in folgender Datenstruktur organisiert.

$$B^{SW} = \begin{bmatrix} E_1^{SW} \\ \vdots \\ E_m^{SW} \end{bmatrix} \tag{12}$$

Dabei bezeichnet *SW* den Scheinwerfertyp sowie der Index das jeweilige Fahrzeug. Nach Abschluss der Filterung beträgt die Anzahl der Matrixelemente für Halogenschweinwerfer $m = 376$ und für Gasentladungsschweinwerfer $m = 57$.

4.5.3.2 DESKRIPTIVE STATISTIK

Die Verteilung der Messwerte ist in Abbildung 47 grafisch in Form von Boxplot-Diagrammen, sowie numerisch in Tabelle 18 dargestellt. Hervorgehoben ist die auf das Scheinwerferpaar bezogene, maximal zulässige, Blendbeleuchtungsstärke im Punkt *B50L*. Der angegebene Grenzwert bezieht sich sowohl auf Gasentladungs- als auch auf Halogenscheinwerfer und beinhaltet damit eine Korrektur der nach *ECE*-Regelung 112 zulässigen Blendbeleuchtungsstärke für Glühlampenscheinwerfer. Letztere ist aufgrund der Differenzen zwischen der Prüf- und Betriebsspannung erforderlich (vgl. Kapitel 4.1.1).

4.5.3.3 PRÜFUNG AUF SIGNIFIKANZ

Für einen statistischen Vergleich beider Scheinwerferklassen werden die gefilterten Daten mit dem *Kolmogorov-Smirnov*-Test einer Analyse auf Nor-

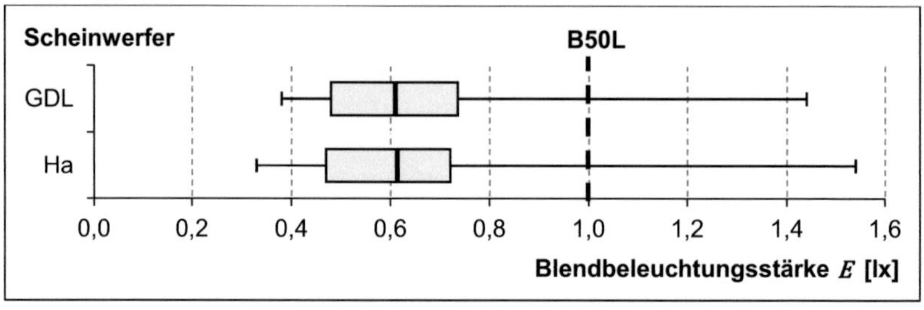

Abbildung 47:

Boxplots der Blendbeleuchtungsstärken E in Abhängigkeit des Scheinwerfertyps; gekennzeichnet ist der in der *ECE* festgelegte Grenzwert der Blendbeleuchtungsstärke im Punkt *B50L* (Scheinwerferpaar)

Tabelle 18:

Blendbeleuchtungsstärke E mit Streumaßen in Abhängigkeit des Scheinwerfertyps

Daten-matrix	$\overline{E}$ [lx]	σ_e [lx]	E_{min} [lx]	$Q_{0,25}$ [lx]	$\widetilde{E}$ [lx]	$Q_{0,75}$ [lx]	E_{max} [lx]
B^{Ha}	0,63	0,22	0,33	0,47	0,61	0,72	1,54
B^{GDL}	0,66	0,26	0,38	0,48	0,61	0,74	1,44

malverteilung unterzogen. Den, der Tabelle 19 zu entnehmenden, Ergebnissen zufolge weisen die Blendbeleuchtungsstärken lediglich für Gasentladungsscheinwerfer eine Normalverteilung auf. Infolgedessen wird die Prüfung auf signifikante Unterschiede zwischen den Scheinwerfertypen mit einem nichtparametrischen Test durchgeführt. Da es sich des Weiteren um unabhängige Messwerte handelt, wird der *Mann-Whitney-U*-Test verwendet, dessen Nullhypothese die Gleichheit der Stichproben voraussetzt. Das Signifikanzniveau wird auf $\alpha = 0,05$ festgelegt, wobei $0,05 < \alpha < 0,1$ eine Tendenz angibt.

Tabelle 19:

Prüfung der Blendbeleuchtungsstärke E auf Normalverteilung mit dem *Kolmogorov-Smirnov*-Test; Überschreitungswahrscheinlichkeiten p

Datenmatrix	p
B^{Ha}	< 0,001
B^{GDL}	0,057

Mit einem Ergebnis von $p = 0{,}875$ überschreitet das Ergebnis das Signifikanzniveau, womit die Nullhypothese anzunehmen ist. Die nach Formel (8) berechnete standardisierte Differenz beträgt $d = 0{,}13$.

4.5.4 DISKUSSION

Mit einem gemeinsamen Wert von etwa 0,6 lx liegen die Mediane der Blendbeleuchtungsstärken sowohl für Gasentladungs- als auch für Halogenscheinwerfer unter den Grenzwerten der *ECE*. Den Erwartungen entsprechend werden diese Schwellen jedoch von einer Vielzahl der erfassten Fahrzeuge überschritten. So weisen annähernd 7 % aller Halogenscheinwerfer und etwa 12 % aller Gasentladungsscheinwerfer zu hohe Blendbeleuchtungsstärken auf.

Bei einer gemittelten Verkehrsstärke von nahezu 12.700[35] Fahrzeugen pro Tag [Bun10a], einer angenommenen Fahrleistung in den Dunkelstunden von bis zu 40 % bezogen auf die Wintermonate [Hül03] sowie 17 %-igen Anteil von Gasentladungsscheinwerfern verursachen damit pro Streckenabschnitt etwa 400 Fahrzeuge pro Tag eine erhöhte Blendung. Damit werden Fahrzeugführer häufig einem unnötig erhöhten Unfallrisiko ausgesetzt.

---

[35] DTV (durchschnittliche tägliche Verkehrsstärke der Kraftfahrzeuge) im bundesweiten Durchschnitt (nur Bundesstraßen)

Die erzielten Ergebnisse bestätigen die These 1), nach welcher eine Vielzahl der im Straßenverkehr befindlichen Fahrzeuge die gesetzlichen Grenzwerte überschreiten. Des Weiteren untermauern sie eine aktuelle Statistik des *Kraftfahrtbundesamtes* [Kra10], der zufolge die Beleuchtung von Kraftfahrzeugen mit 28,6 % der häufigste festgestellte Mangel der Hauptuntersuchung (HU) darstellt.

Eine Verbesserung der Situation könnte über eine Anpassung der gesetzlichen Regelwerke erfolgen. Diesbezüglich wäre beispielsweise die obligatorische Einführung der automatischen Leuchtweitenregelung wie auch der Scheinwerferreinigungsanlage für Scheinwerfer mit Lichtströmen unter 2.000 lm ein möglicher Lösungsansatz. Der lückenlose Einsatz dieser bislang nur in Kombination mit 35 W-Gasentladungsscheinwerfern eingesetzten Systeme würde voraussichtlich zu einer Senkung des grenzwertüberschreitenden Anteils der Halogenscheinwerfer führen. Auch ist zu erwarten, dass im Fall eines gesetzlichen Eingriffes dieser Art die Kosten der genannten Systeme für den Endverbraucher sinken.

Neben der Optimierung der Regularien zur Auslegung von Scheinwerfersystemen ist zur Gewährleistung dauerhaft fehlerfreier Systeme auch deren regelmäßige Kontrolle erforderlich. Bislang werden Scheinwerfer im Rahmen der Hauptuntersuchung (HU) ausschließlich in Hinsicht auf ihre Funktionsfähigkeit und Neigung überprüft. Weitere Faktoren, die ebenfalls einen Einfluss auf die in die entsprechende Richtung abgestrahlte Lichtstärke besitzen, wie beispielsweise der Zustand der Abschlussscheiben, werden auf diese Weise nicht beurteilt. Zur Berücksichtigung aller Einflussfaktoren wäre zusätzlich eine einfach zu realisierende Überprüfung der Blendbeleuchtungsstärke im Punkt *B50L* denkbar.

Weiterhin zeigen die Ergebnisse, dass auf den untersuchten Streckenabschnitten kein statistisch nachweisbarer Unterschied zwischen den Blendbeleuchtungsstärken von Halogen- und Gasentladungsscheinwerfern existiert. Beide Systeme weisen identische Mediane und Quartile sowie auf, womit die These 2) ebenfalls zu bestätigen ist.

Locher [Loc08] zeigte bereits, dass sich der Einfluss von Gasentladungsscheinwerfern sowohl auf die physiologische, als auch auf die psychologische Blendung nicht nennenswert von dem der Halogenscheinwerfer unterscheidet, wenn am Auge identische Beleuchtungsstärken vorliegen. Unter Berücksichtigung der Ergebnisse beider Studien wird bewiesen, dass der Einsatz von Gasentladungsscheinwerfern auf ebenen und geraden Streckenabschnitten keinen nachteiligen Effekt für den Gegenverkehr bedingt. Demnach ist es fraglich, worin die Ursachen für die unter Verkehrsteilnehmern verbreitete Meinung, nach welcher Gasentladungsscheinwerfer zu einer höheren Blendbelastung führen, zu sehen ist. Möglicherweise resultiert diese Einschätzung aus Begegnungssituationen, in denen sich der geblendete Verkehrsteilnehmer aufgrund einer fehlenden Anpassung des Scheinwerfers unterhalb der Hell-Dunkel-Grenze befindet. Der im Vergleich zum Halogenscheinwerfer deutlich höhere Lichtstrom erzeugt in diesem Fall auch eine größere Blendbelastung.

4.6 BEWERTUNG DER *AAB* – STATISCHER VERSUCH

Wie bereits beschrieben, kann eine ambiente Innenraumbeleuchtung gegebenenfalls selbst eine Blendlichtquelle darstellen und somit eine Verschlechterung der visuellen Leistungsfähigkeit hervorrufen. Innerhalb des statischen Versuchsteils wird in kritischen Situationen geprüft, ob ein derartiger Einfluss bei Verwendung der *AAB* vorliegt.

Die folgend beschriebenen Arbeitsschritte zur Konzeption, Datenerhebung und Auswertung erfolgen im Rahmen der Betreuung von *Michenfelder* [Mic10]. Die Ergebnisse der Studie wurden in [Jeb10] veröffentlicht.

4.6.1   EXPERIMENTELLES DESIGN

Als objektives Bewertungskriterium für eine potentielle Verschlechterung der Sehfunktion wird der Schwellenkontrast des Fahrzeugführers ermittelt. Dieser bezeichnet im Allgemeinen den zu einer vereinbarten Empfindung führenden Mindestkontrast eines Sehobjektes [Kok03]. Der Schwellenkontrast verhält sich umgekehrt proportional zur visuellen Leistungsfähigkeit, wodurch sich eine physiologische Blendung über eine Erhöhung desselben nachweisen lässt. Als Empfindung wird innerhalb der vorliegenden Studie die einfache Identifikation eines Sehobjektes vereinbart.

Die Datenerhebung erfolgt in einer nächtlichen Probandenstudie mithilfe eines statischen Versuchsaufbaus, wodurch die Umfeldfaktoren weitestgehend kontrollierbar sind und mögliche Störvariablen minimiert werden. Dabei befindet sich jeder Proband vergleichbar mit einer realen Fahrsituation in einem mit der zu bewertenden Innenraumbeleuchtung ausgestatteten Fahrzeug, während aufeinanderfolgend drei kritische Verkehrssituationen simuliert werden. Um Positionseffekte auszuschließen, wird die Reihenfolge der Situationen randomisiert. Die der Auswahl dieser Situationen zugrunde liegenden Zusammenhänge werden im nachfolgenden Kapitel ausführlich erläutert.

In jeweils drei nacheinander folgenden Durchläufen pro Situation fixieren die Testpersonen ein Sehobjekt, dessen Kontrast kontinuierlich erhöht wird. Sobald eine Identifikation möglich ist, betätigt der Proband einen Taster. Die beschriebenen Durchläufe werden sowohl mit als auch ohne Verwendung der *AAB* in jeder simulierten Situation durchgeführt. Um mögliche, durch Ermüdung ausgelöste, Fehler nicht auf eine Messreihe zu konzentrieren, wird die Reihenfolge der Messungen variiert.

Zur Erkennung falschpositiver Antworten wird der Proband angewiesen, das charakterisierende Merkmal des Sehobjektes nach der Betätigung des Tasters akustisch anzugeben. Auf eine Eingabe über eine Tastatur o.ä. wird aufgrund möglicher Adaptationsstörungen durch eine notwendige Beleuchtung des Eingabegerätes verzichtet.

4.6.2   SIMULIERTE SITUATIONEN

Blendsituationen im realen, nächtlichen Straßenverkehr stellen Prozesse mit hoher Dynamik dar. Mit den wechselnden Blendbeleuchtungsstärken und dem ansteigenden Winkel zur Blendlichtquelle verändert sich sowohl das Adaptationsniveau des Fahrzeugführers als auch die Leuchtdichte der *AAB*. Da eine Analyse dieses Systems in Hinsicht auf mögliche negative Auswirkungen aufgrund der Komplexität der Blendung nicht für deren gesamten Ablauf durchgeführt werden kann, sind zunächst potentiell kritische Situationen zu identifizieren, in denen eine durch die *AAB* ausgelöste negative Beeinflussung des Fahrzeugführers am wahrscheinlichsten ist.

Die Festlegung der zu untersuchenden Situationen basiert zunächst auf der lichttechnischen Charakterisierung der *AAB*. Wie in Abbildung 43 in Kapitel 4.2.2 dargestellt, generiert das System bei entsprechender Einstellung bereits ohne Vorhandensein einer Blendlichtquelle Leuchtdichten von etwa $L = 10$ cd/m². Dies wird bei geringen Umfeldleuchtdichten und somit niedrigen Adaptationsniveaus in Hinsicht auf eine Blendung des Fahrzeugführers als kritisch angesehen. Aus diesem Grund wird innerhalb der ersten Situation ein Zustand ohne Gegenverkehr simuliert.

Zwei weitere simulierte Szenarien berücksichtigen neben dem Steuerverhalten der *AAB* auch den Verlauf der in Abbildung 48 dargestellten Blendbeleuchtungsstärke, sowie der aus Formel (5) resultierenden und in Abbildung 49 dargestellten Schleierleuchtdichte – jeweils in Abhängigkeit vom Abstand zum Blendfahrzeug. Den Grafiken ist zu entnehmen, dass das Maximum der Blendbeleuchtungsstärke in einem Abstand von etwa $b = 15$ m vorliegt. Da das Antiblendlicht keine Bewertung der Blendbeleuchtungsstärke gemäß Formel (5) durchführt, ergibt sich in diesem Abstand auch die unter den Bedingungen des realen Straßenverkehrs erreichbare maximale Leuchtdichte der Lichtaustrittsfläche. Jedoch nimmt die Schleierleuchtdichte in dieser Entfernung lediglich etwa 30 % des Maximalniveaus an. Infolgedessen liegt eine vergleichsweise geringe Adaptationsstörung durch den Gegenverkehr vor, während die *AAB* eine hohe Leuchtdichte erzeugt und damit selbst eine Blendlichtquelle darstellen könnte. Folglich ist die Simulation eines in 15 m Entfernung befindlichen Blendfahrzeuges Gegenstand der zweiten Situation.

Innerhalb der dritten simulierten Situation wird die Blendlichtquelle in einem Abstand von $b = 50$ m zum Fahrzeug positioniert, wodurch die Blendung durch den Gegenverkehr maximiert wird. Zwar steigt letzte bei größeren Entfernungen rechnerisch noch geringfügig an, jedoch soll die Vergleichbarkeit mit den *ECE*-Regelungen beachtet werden, welche die Blendung in diesem Abstand bewerten. Des Weiteren wird durch die Wahl der genannten Entfernung die Aussage von *Bockelmann* [Boc87] berücksichtigt, welcher die maximale Beeinträchtigung der Sehfunktion in einer Entfernung zum Blendfahrzeug von 40 bis 60 m angibt. In diesem Fall quantifiziert er die Reduktion der Erkennbarkeitsentfernung auf 16 %.

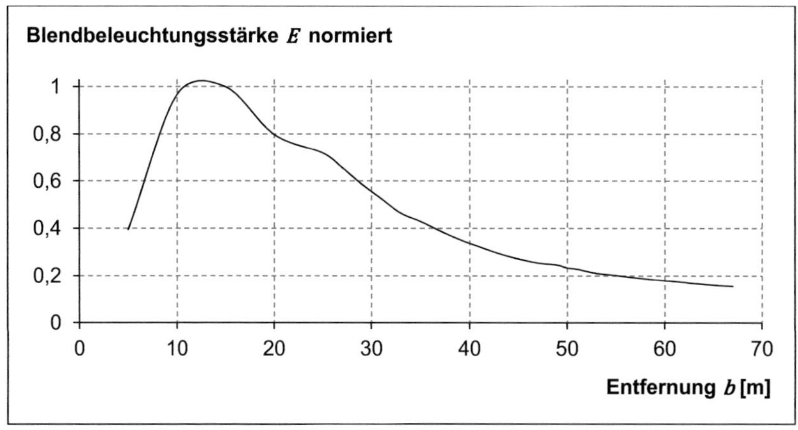

Abbildung 48:
An der Position des Fahrerauges bestimmte
und normierte Blendbeleuchtungsstärke E

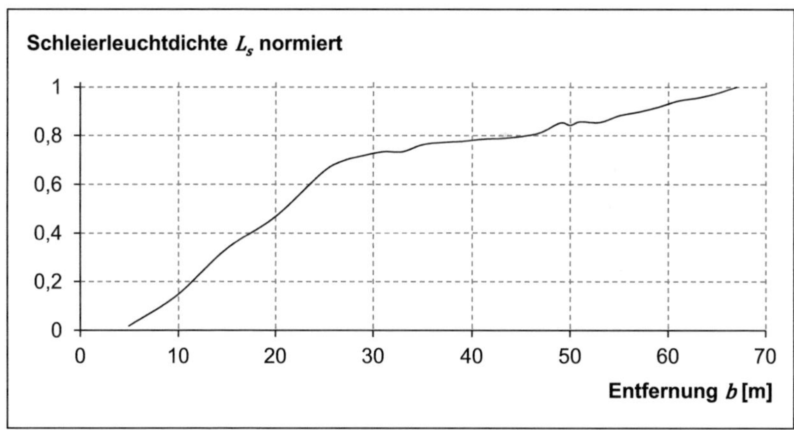

Abbildung 49:
Normierte Schleierleuchtdichte L_S nach Formel (5)
in Abhängigkeit des Abstandes zum Blendfahrzeug

4.6.3 DURCHFÜHRUNG

4.6.3.1 VERSUCHSAUFBAU

Zur Erhebung der Daten wird ein Versuchsaufbau gemäß Abbildung 50 realisiert. Entsprechend den zuvor erläuterten Überlegungen werden die Blendlichtquellen in Abständen von $b = 15$ m und $b = 50$ m vor dem Fahrzeug mittig auf der Gegenfahrbahn positioniert, während der zur Darstellung des Sehzeichens verwendete Monitor sich in einem Abstand von 27 m zum Probanden auf der eigenen Fahrbahn befindet. Die simulierte Straßenbreite wird auf der Basis einer Vermessung von zehn typischen Landstraßen auf 6,20 m festgelegt.

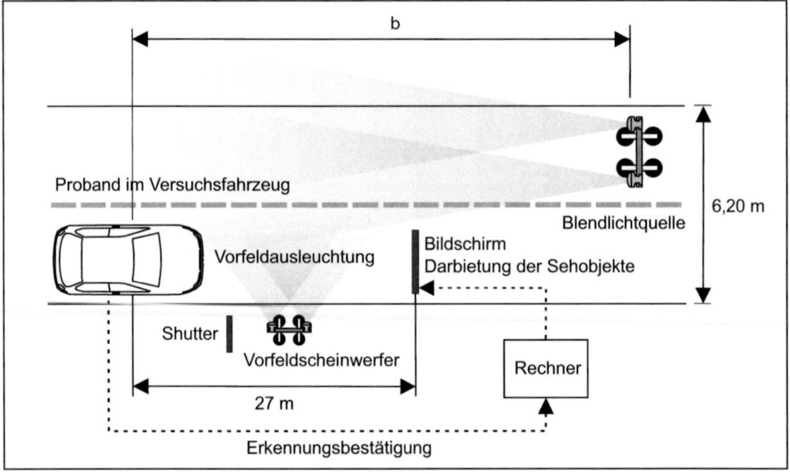

Abbildung 50:
Versuchsaufbau zur Bewertung der AAB – statischer Versuchsteil

Die adaptationsbestimmende Vorfeldausleuchtung wird durch seitlich angeordnete Zusatzscheinwerfer erzeugt, da der Einsatz der fahrzeugeigenen Scheinwerfer aufgrund streulichtbedingter Einflüsse zu einer inhomogenen Kontrastverteilung des Sehobjektes auf dem Monitor führt (Abbildung 51). Die Leuchtdichte wird mit $L = 2$ cd/m² der Vorfeldausleuchtung eines konventionellen Halogenscheinwerfers angepasst. Um eine Blendung des Probanden durch die Zusatzscheinwerfer auszuschließen, werden diese in Richtung des Fahrzeuges durch einen Shutter abgedeckt.

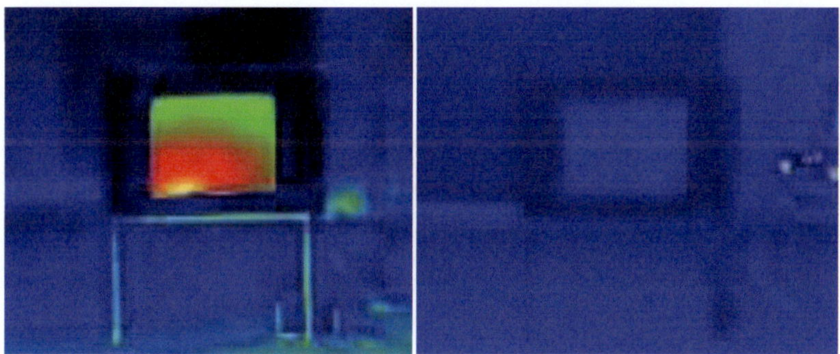

Abbildung 51:
Links: Leuchtdichteverlauf des zur Darstellung der Sehzeichen verwendeten Monitors bei eingeschalteten Fahrzeugscheinwerfern; Rechts: Leuchtdichteverlauf des Monitors bei Verwendung der Vorfeldscheinwerfer

4.6.3.2 SEHOBJEKTE UND MONITOR

Als Sehobjekt dient der Landoltring. Die Anwendung dieses international anerkannten Normsehzeichens schließt eine mögliche Beeinflussung des Ergebnisses durch den Formensinn und die Lesefähigkeit des Probanden aus [Met96]. In wissenschaftlichen Untersuchungen findet er häufig Anwendung zur Ermittlung visueller Leistungsgrenzen.

Die Darbietung des Landoltringes erfolgt in jeder Kontraststufe jeweils einzeln nach dem Zufallsprinzip. In Abständen von 1,75 s wird der Kontrast des Sehobjektes bis zur Erkennung gesteigert. Nach der Erkennungsbestätigung des Probanden wird der erreichte Kontrast gespeichert und ein neuer Testdurchlauf gestartet.

Dargeboten werden die Sehzeichen auf einem 103,7 cm breiten und 58,3 cm hohen LCD Monitor der Marke *Philips*, Typ *47PFL5604H/12*. Dieser ermöglicht die Darstellung von Landoltringen mit einem Durchmesser von 51 cm. Die Ringöffnung, welche das zu identifizierende Detail darstellt, besitzt somit eine Größe von 10,2 cm. Um störende Reflexionen auf dem Rahmen des Monitors zu vermeiden, wird ein lichtabsorbierender Stoff angebracht.

Zur Berechnung der auf dem Monitor erzeugten Kontraste nach *Weber* (Formel (9)) werden die Leuchtdichten für die möglichen 256 Graustufen mit der Leuchtdichtemesskamera *Techno Team LMK98-3* bestimmt. Um eine durch Temperaturunterschiede bedingte Verschiebung der Kontraste zu berücksichtigen, findet die Charakterisierung in einem mit dem Hauptversuch vergleichbaren Temperaturbereich statt. Es ergibt sich der in Abbildung 52 dargestellte Zusammenhang.

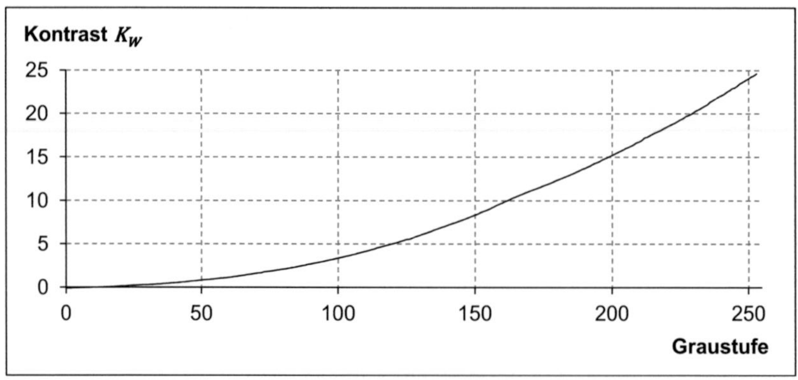

Abbildung 52:
Weber-Kontrast K_W des zur Darstellung der Sehzeichen verwendeten Monitors in Abhängigkeit der eingestellten Graustufe

Die Ergebnisse der Charakterisierung stellen die Grundlage für die Festlegung der Monitorentfernung dar. Wie der Abbildung 49 zu entnehmen ist, sind die Graustufen näherungsweise über eine quadratische Abhängigkeit mit den Kontrasten verknüpft. Demnach wird die maximale Messgenauigkeit der Schwellenkontraste durch die Wahl des Darstellungsbereiches bestimmt. In Hinsicht auf eine hohe Messgenauigkeit ist die Nutzung eines möglichst flachen Verlaufs der Kurve sinnvoll. Auf diese Weise wird die Abstufung der Kontraste verkleinert. Da der Schwellenkontrast bekanntermaßen von der Größe eines Objektes abhängt, ist eine Festlegung des Messbereiches durch die Wahl des Monitorabstandes möglich. Voruntersuchungen zeigen, dass sich der genannte Abstand von 27 m bei voller Ausnutzung der Monitorgröße als optimal erweist.

4.6.3.3 ANSTEUERUNGSSOFTWARE *SCHWEKO* UND MIKROFON

Die Ermittlung der Schwellenkontraste erfolgt mithilfe der im Rahmen des Projektes entwickelten Software *Schweko*. Dieses mit C++ entwickelte Programm steuert und verknüpft die notwendige Hardware. Letzteres beinhaltet den zur Darstellung der Sehobjekte erforderlichen Monitor, den zur Erkennungsbestätigung benötigten Taster, als auch ein zur Filterung der Daten in Hinsicht auf falschpositive Antworten verwendetes Mikrofon.

Nach Eingabe der persönlichen Daten startet der Proband den Versuchsdurchlauf nach eigenem Ermessen. Es folgt die autonome Darbietung der Landoltringe mit ansteigenden Kontrasten nach dem Zufallsprinzip. Bestätigt der Proband die Erkennung, startet das Programm eine Audioaufnahme, welche die Richtungsangabe der Ringöffnung aufzeichnet.

4.6.3.4 BLENDLICHTQUELLE UND VORFELDSCHEINWERFER

Als Blendlichtquellen dienen auf einem Rack montierte Halogen-Projektionsscheinwerfer der Marke *Hella*, Typ *1 BL 008 193-00* (Abbildung 53). Die Höhe der Module entspricht mit 0,65 m ebenso den typischen Anbaumaßen konventioneller Fahrzeuge wie auch ihr Abstand von 1,27 m. Die Neigung wird auf Basis der am Auge in der jeweiligen Entfernung gemessenen Beleuchtungsstärke justiert. Dabei dienen gealterte Scheinwerfer mit einem leicht erhöhten Streulichtanteil als Referenz. So beträgt die Blendbeleuchtungsstärke in $b = 15$ m Entfernung $E = 5{,}7$ lx und in $b = 50$ m Entfernung $E = 1$ lx.

Abbildung 53:
Rack mit Halogen-Projektionsscheinwerfern zur Simulation des Gegenverkehrs [Ric08]

Zur Erzeugung der Vorfeldleuchtdichte werden Scheinwerfer des gleichen Typs verwendet. Aufgrund der seitlichen Anordnung sind zur Erzeugung der aus Sicht des Fahrers geforderten Leuchtdichte höhere Lichtströme und damit eine Anzahl von vier Modulen erforderlich.

4.6.3.5 PROBANDENKOLLEKTIV

Aufgrund der zunehmenden Blendempfindlichkeit mit steigendem Alter liegt ein höheres Risikopotential bei älteren Verkehrsteilnehmern vor. Dieser Überlegung zufolge wird das Alter der Teilnehmer auf 40 bis 60 Jahre festgelegt. Es werden insgesamt 19 männliche und 12 weibliche Personen ins Probandenkollektiv aufgenommen. Zur Verringerung der Messwert-Streubreite werden die Testpersonen einem optometrischen Screeningtest unterzogen. Die Einschlusskriterien sind mit der in Kapitel 3.4.4 beschriebenen Probandenauswahl identisch.

Die Einweisung der Testpersonen erfolgt jeweils vor Beginn der Messung. Dabei werden die Bezeichnung und die Funktionsweise des zu bewertenden Systems nicht genannt, um eine Beeinflussung der Probanden auszuschließen.

4.6.3.6 FAHRZEUG

Als Fahrzeug dient ein *Mercedes Benz*, Modell *S-Klasse* (Baureihe *140*), welcher mit dem zu untersuchenden System ausgestattet wird. Zur Erzeugung einer realitätsnahen Simulation wird die Armaturenbeleuchtung während des Versuches aktiviert. Der Winkel der *AAB* zur Waagerechten beträgt näherungsweise 18°, der Winkel bezogen auf das Auge der Versuchspersonen je nach Größe letzterer etwa 23° (Abbildung 54).

4.6.3.7 VERSUCHSORT UND VERSUCHSZEITRAUM

Die Hauptuntersuchung findet auf dem 143 m langen und 38 m breitem Gelände der *Neuen Messe Karlsruhe* statt. Der Untergrund bietet durch den

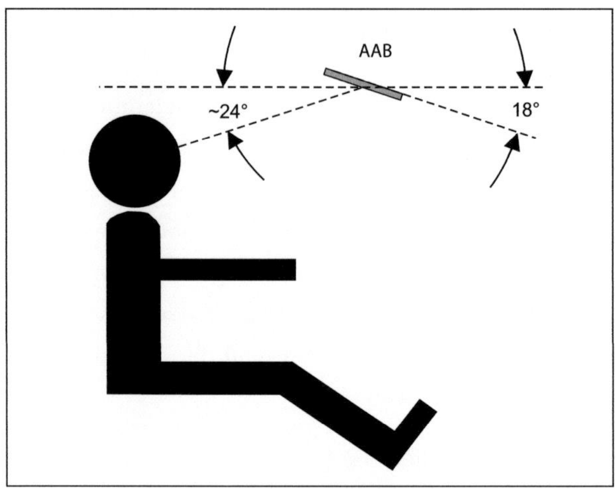

Abbildung 54:
Relative Lagewinkel der *AAB* im Versuchsfahrzeug

vorliegenden Asphalt realitätsnahe Bedingungen in Hinsicht auf die durch die Blendscheinwerfer erzeugten Reflexionen auf der Fahrbahn, sowie die Leuchtdichte der Vorfeldausleuchtung. Ferner bieten die umliegenden Messehallen eine optimale Abschattung vor störenden Lichteinflüssen.

Die Messungen finden vom 16. November bis zum 17. Dezember 2009 an zehn Tagen jeweils zwischen 19.00 und 24.00 Uhr unter trockenen Witterungsbedingungen statt.

4.6.4   ANALYSE DER DATEN

4.6.4.1   DATENFILTERUNG, -MENGE UND -STRUKTUR

Im Hauptversuch wird das Kontrastsehvermögen von insgesamt 31 Probanden auf der Basis von 566 Messwerten erfolgreich bestimmt. Die Daten liegen in Form folgend dargestellter Matrizen vor. Dabei bezeichnet Ci den jeweiligen Probanden, Mj die jeweilige Messung sowie S das jeweils untersuchte Szenario. Bei der im Versuch durchgeführten Simulation von drei Situationen ergeben sich mit und ohne Verwendung des AAB insgesamt sechs Einzelmatrizen mit jeweils $m = 31$ und $n = 3$ Komponenten.

$$M^S = \begin{bmatrix} Kw^S_{C1/M1} & \cdots & Kw^S_{C1/Mn} \\ \vdots & \ddots & \vdots \\ Kw^S_{Cm/M1} & \cdots & Kw^S_{Cm/Mn} \end{bmatrix} \tag{13}$$

Der Test auf Ausreißer identifiziert lediglich einen Messwert, welcher aus der weiteren Auswertung ausgeschlossen wird. Eine weitere Filterung wird nicht durchgeführt.

4.6.4.2 DESKRIPTIVE STATISTIK

Zur statistischen Auswertung werden die, den jeweiligen Testpersonen zugehörigen, Messwerttripel durch Mittelwertbildung aggregiert. Aus den Matrizen (13) ergeben sich die Matrizen (14), welche die Basis für die weiteren statistischen Vergleiche bilden.

$$M^S = \begin{bmatrix} \overline{K}w^S_{C1} \\ \vdots \\ \overline{K}w^S_{Cm} \end{bmatrix} \tag{14}$$

Die auf diese Weise zusammengefassten Ergebnisse sind mit den dazugehörigen Streumaßen nachfolgend in Abbildung 55 und Tabelle 20 enthalten.

Tabelle 20:

Schwellenkontraste K_W mit Streumaßen mit und ohne AAB in Abhängigkeit der Situation

Datenmatrix	$\bar{K}_W$	σ_e	K_{Wmin}	$Q_{0,25}$	$\tilde{K}_W$	$Q_{0,75}$	K_{Wmax}
$M^{ohne\,Bl.,ohne\,AAB}$	0,80	0,46	0,17	0,47	0,67	1,03	1,87
$M^{ohne\,Bl.,mit\,AAB}$	0,78	0,40	0,17	0,47	0,71	0,94	1,84
$M^{b=15\,m,ohne\,AAB}$	1,68	0,83	0,29	1,09	1,53	2,24	3,29
$M^{b=15\,m,mit\,AAB}$	1,66	0,90	0,31	1,00	1,43	2,35	4,24
$M^{b=50\,m,ohne\,AAB}$	2,44	1,58	0,45	1,32	2,18	3,07	7,10
$M^{b=50\,m,mit\,AAB}$	2,47	1,71	0,32	1,34	2,01	2,90	7,22

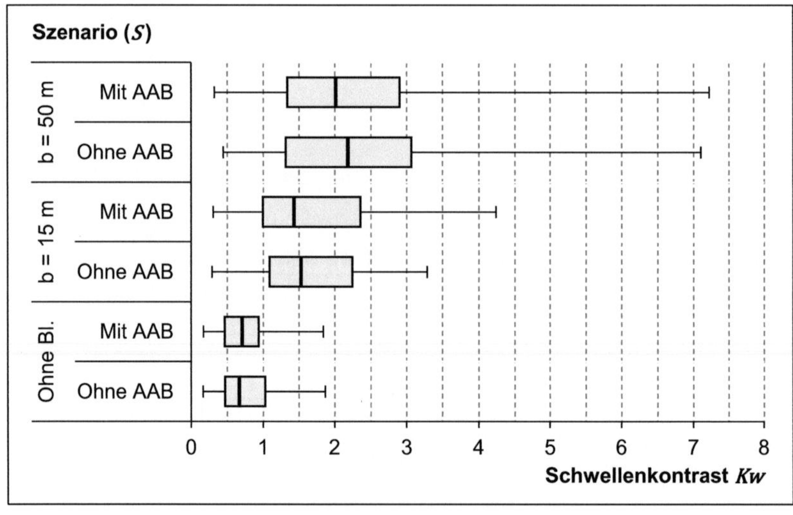

Abbildung 55:
Boxplots der Schwellenkontraste K_W mit und ohne AAB
in Abhängigkeit der Situation

4.6.4.3 PRÜFUNG AUF SIGNIFIKANZ

Die in Tabelle 21 aufgeführten Überschreitungswahrscheinlichkeiten des *Kolmogorov-Smirnov*-Tests zeigen, dass die Normalverteilung in allen sechs Messreihen vorliegt. Aus diesem Grund werden die statistischen Vergleiche des Schwellenkontrastes K_W mit und ohne Einsatz der *AAB* mithilfe des *T*-Tests durchgeführt, welcher die in Tabelle 22 aufgeführten *p*-Werte liefert. Das Signifikanzniveau wird vergleichbar mit den vorhergehenden Analysen auf $\alpha = 0{,}05$ bzw. $0{,}05 < \alpha < 0{,}1$ festgelegt.

Des Weiteren sind der Tabelle 22 die nach Formel (8) berechneten standardisierten Differenzen d zu entnehmen, welche zur Bestimmung der Effektstärke dienen.

4.6.5 DISKUSSION

Sowohl ohne simulierten Gegenverkehr als auch in beiden untersuchten Blendsituationen wird auf Basis der mit dem *T*-Test berechneten Überschreitungswahrscheinlichkeiten eine Beeinflussung des Kontrastsehens durch den Einsatz der *AAB* ausgeschlossen. Es existieren keine statistisch signifikanten Unterschiede zwischen den Schwellenkontrasten mit und ohne Verwendung des Systems. In Bezug auf die These 3 kann ein objektiv messbarer negativer Effekt für die untersuchten Situationen widerlegt werden. Eine Gefährdung für den Straßenverkehr liegt demnach nicht vor.

Ein Vergleich der Ergebnisse mit vorhergehenden Arbeiten ist aufgrund der konzeptionellen Unterschiede zwischen den Untersuchungen nur bedingt möglich. Innerhalb der von *Grimm* [Gri03] durchgeführten Untersuchungen erfolgte die Beleuchtung des Dachhimmels stets in Kombination mit beiden Fahrzeugtüren. Des Weiteren unterscheiden sich Form und Größe der *AAB*

Tabelle 21:

Prüfung der Schwellenkontraste K_W auf Normalverteilung mit dem *Kolmogorov-Smirnov*-Test; Überschreitungswahrscheinlichkeiten p

Datenmatrix	p
$M^{ohne\ Bl.,ohne\ AAB}$	0,382
$M^{ohne\ Bl.,mit\ AAB}$	0,403
$M^{b=15\ m,ohne\ AAB}$	0,716
$M^{b=15\ m,mit\ AAB}$	0,084
$M^{b=50\ m,ohne\ AAB}$	0,329
$M^{b=50\ m,mit\ AAB}$	0,206

Tabelle 22:

Vergleich der Szenarien auf Basis der Schwellenkontraste; Mediandifferenzen $|\Delta \widetilde{K}_W|$, Überschreitungswahrscheinlichkeit p und standardisierte Differenz d

Datenmatrizen		$|\Delta \widetilde{K}_W|$	p	d
$M^{ohne\ Bl.,ohne\ AAB}$	$M^{ohne\ Bl.,mit\ AAB}$	0,04	0,467	0,05
$M^{b=15\ m,ohne\ AAB}$	$M^{b=15\ m,mit\ AAB}$	0,10	0,779	0,02
$M^{b=50\ m,ohne\ AAB}$	$M^{b=50\ m,mit\ AAB}$	0,17	0,437	0,02

von den von ihm untersuchten Flächen. Weitestehend vergleichbar ist die in seiner Untersuchung verwendete Ausleuchtung kreisförmiger Flächen mit einem Durchmesser von 10 cm. In diesem Fall bedingen Leuchtdichten von weniger als $L = 10\ \text{cd/m}^2$ keine negative Veränderung der visuellen Leistungsfähigkeit. Diese Grenze entspricht der vom *AAB* ohne Gegenverkehr generierten Leuchtdichte. Die von ihm erzielten Ergebnisse werden demnach innerhalb der, in dieser Studie simulierten, Situation ohne Blendung bei vergleichbarer Leuchtdichte grundsätzlich bestätigt.

Ebenfalls bestätigt werden in dieser simulierten Situation die von *Franske* [Fra06] erzielten Ergebnisse. Innerhalb der, mit der vorliegenden Studie vergleichbaren, Altersgruppe führt im Rahmen ihrer Untersuchungen weder eine weiße, noch eine blaue Beleuchtung des Fahrzeughimmels zu einer signifikanten Verschlechterung der visuellen Leistungsfähigkeit.

Die in Abbildung 55 dargestellten Ergebnisse veranschaulichen weiterhin deutlich den Einfluss der durch den Gegenverkehr ausgelösten Blendung auf das Kontrastsehen des Fahrzeugführers. So steigt der Schwellenkontrast etwa um den Faktor drei, wenn sich das Blendfahrzeug in einer Entfernung von $b = 50$ m befindet. Dies entspricht einer Reduktion der visuellen Leistungsfähigkeit auf ein Drittel des Ausgangswertes. Bei weiterer Annäherung beider Fahrzeuge verbessert sich das Kontrastsehen zwar geringfügig, beträgt aber in einer Entfernung von $b = 15$ m dennoch nur etwa die Hälfte des ohne Blendung erreichten Niveaus.

Als kritisch ist neben der Erhöhung der Mediane auch die Vergrößerung der Messwertstreubreite zu bewerten. So steigen bei Vorliegen der Blendlichtquelle in $b = 15$ m Entfernung neben den Interquartilsabständen auch die Maxima der Messwerte bereits auf das Doppelte an. Befindet sich die Blendlichtquelle in einem Abstand von $b = 50$ m, erhöhen sich die Parameter aufgrund der individuellen Streulichtempfindlichkeit sogar um das Dreifache.

Es ist des Weiteren zu beachten, dass die genannte Erhöhung des Schwellenkontrastes nur unter statischen Bedingungen gültig ist, in denen sich das visuelle System bedingt durch die längere Adaptationszeit an die geänderten Leuchtdichten anpasst. Die ermittelten Werte stellen demnach minimale Einschränkungen dar, welche sich unter den im realen Verkehrsraum vorliegenden dynamischen Bedingungen verändern können. Insbesondere bei hohen Geschwindigkeiten kann die Adaptation des visuellen Systems dem schnellen Anstieg der Blendbeleuchtungsstärke am Auge mutmaßlich nicht folgen, wodurch die Blendung zunächst ein Maximum annimmt. Es ist in diesem Fall mit einem Überschwingen mit einer anschließenden Annäherung an die ermittelten Schwellenkontraste zu rechnen. Im Rahmen seiner Dissertation quantifizierte *Greule* [Gre93] bereits Überschwinger dieser Art bei abrupten Leuchtdichteänderungen. Während er im Rahmen seiner Versuche sehr große Leuchtdichtesprünge auf ausgedehnten Feldern erzeugte, liegen im Verkehrsraum gänzlich andere Bedingungen vor. Es ist allerdings wahrscheinlich, dass dieses Verhalten qualitativ mit einer durch den Gegenverkehr ausgelösten Blendung zu vergleichen ist.

4.7 BEWERTUNG DER *AAB* – DYNAMISCHER VERSUCH

Der dynamische Versuchsteil, welcher im Folgenden detailliert beschrieben wird, erfolgt in Zusammenarbeit mit *Richter* [Ric08].

4.7.1 EXPERIMENTELLES DESIGN

Zur Berücksichtigung der Adaptations- und Systemdynamik wird eine potentiell vorhandene Verringerung der Blendung in einem Fahrversuch ermittelt. Als objektives Maß zur Quantifizierung des Einflusses wird die in Kapitel 3.3 definierte Erkennbarkeitsentfernung des Fahrzeugführers bestimmt. Ein Vergleich der mit und ohne *AAB* ermittelten Werte ermöglicht eine Aussage über dessen Wirkung auf die Sicherheit im nächtlichen Straßenverkehr. Zur Aufnahme der subjektiven Einflüsse werden des Weiteren Fragebögen verwendet.

Zur Datenerhebung werden Probanden auf einem Rundkurs außerhalb des öffentlichen Straßenverkehrs mit realitätsnahen Blendsituationen konfrontiert. Die Blendung wird dabei durch auf der Gegenfahrbahn installierte statische Scheinwerfer erzeugt, welche den Gegenverkehr simulieren. Die Aufgabe der Probanden besteht in der Erkennung von Sehobjekten, deren relative Lage zu den Blendlichtquellen variiert. Jede Erkennung wird über einen am Lenkrad befindlichen Taster bestätigt. Zur Identifikation falschpositiver Antworten geben die Versuchspersonen ergänzend ein charakteristisches Merkmal des Sehobjektes an. Der Rundkurs wird mit und ohne Verwendung des zu bewertenden Systems jeweils zweimal durchfahren.

Vergleichbar mit dem statischen Versuchsteil ist zur Gewährleistung einer vertretbaren Dauer der Versuche zunächst eine Auswahl charakteristischer Zeitpunkte innerhalb einer Blendsituation zu treffen. Es werden drei Blendsituationen erzeugt. Auf der Basis der Versuche von *Richter* [Ric08] werden die Sehobjekte 30 m und 70 m hinter sowie 30 m vor den Blendlichtquellen positioniert, wobei jede Kombination zweimal realisiert wird.

4.7.2 DURCHFÜHRUNG

4.7.2.1 VERSUCHSAUFBAU

Der im experimentellen Design beschriebene Aufbau ist nachfolgend skizziert. Die Variable a kennzeichnet den veränderbaren Abstand zwischen Sehobjekt und Blendlichtquelle, wobei die Vorzeichenkonvention der Abbildung 56 zu entnehmen ist.

4.7.2.2 VERSUCHSFAHRZEUG

Es kommt ein *Mercedes Benz*, Modell *S-Klasse (W120)*, zum Einsatz. Aufgrund des ähnlichen Versuchsdesigns entspricht sein Aufbau im Wesentli-

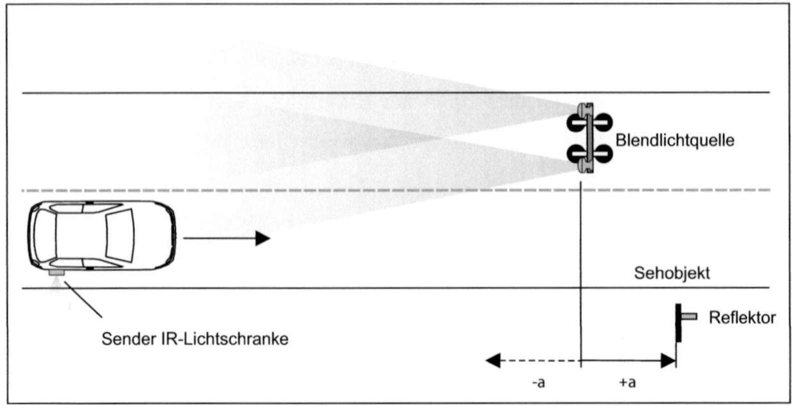

Abbildung 56:
Versuchsaufbau zur Bewertung der *AAB* – dynamischer Versuchsteil

chen der Beschreibung aus Kapitel 3.4.3. So wird zur Messung der Erkennbarkeitsentfernung ebenfalls das in Kapitel 3.4.3.1 erläuterte inkrementale
Entfernungsmesssystem verwendet. Ferner wird eine Kamera zur Aufnahme der Verkehrsszene eingesetzt. Ein Datenlogger synchronisiert die Einzelsysteme miteinander.

4.7.2.3 SCHEINWERFERRACKS

Zur Simulation des Blendfahrzeuges werden Halogen-Projektionsmodule
der Marke *Hella*, Typ *1 BL 009 999-00* eingesetzt. Diese werden gemäß den
an Fahrzeugen üblichen Anbaumaßen im Abstand von 1,27 m und einer
Höhe von 0,65 m auf dem in 4.6.3.4 abgebildeten Rack angebracht. Die
Neigung der Module beträgt entsprechend der *ECE*-Regelung 48 1 %. Letztere wird nach jedem Aufbau der Racks kontrolliert und justiert.

Die Stromversorgung der Module wird über Kompaktnetzteile sichergestellt, welche über das lokale Stromnetz versorgt werden. Auf diese Weise

werden trotz der mehrstündigen Versuchsdauer konstante Bedingungen sichergestellt. Auf den Einsatz von Fahrzeugbatterien wird aufgrund der Proportionalität des Lichtstromes mit nahezu der vierten Potenz der Spannung verzichtet.

4.7.2.4 PROBANDENKOLLEKTIV

Das Probandenkollektiv setzt sich aus sechs weiblichen und 13 männlichen Personen im Alter von 23 bis 44 Jahren zusammen. Die Auswahl der Personen beinhaltet einen optometrischen Screeningtest, welcher am *Universitätsklinikum* in Karlsruhe durchgeführt wird. Neben einer minimalen binokularen Sehschärfe von 1,0 wird ein nach *Pelly Robson* gemessener Minimalkontrast von $K < 0,03$ gefordert. Ferner werden ein ausreichendes Dämmerungssehen und eine geringe bis normale Blendempfindlichkeit vorausgesetzt. Des Weiteren nehmen aus Gründen der in Kapitel 3.4.4 beschriebenen Abhängigkeit der Fixation von der Fahrerfahrung ausschließlich fahrerfahrene Personen an den Versuchen teil.

Die Einweisung der Probanden erfolgt, vergleichbar mit den zuvor erläuterten Untersuchungen, unmittelbar vor Fahrtantritt. Dabei erfolgt zugunsten der Objektivität keine Aufklärung der Testpersonen über das Ziel der Studie und die zu bewertende ambiente Innenraumbeleuchtung.

Eine Übersicht über die Probanden ist dem Anhang B zu entnehmen.

4.7.2.5 VERSUCHSSTRECKE

Der Aufbau statischer Blendlichtquellen erfordert aus Gründen der Sicherheit eine vollständig abgesperrte Versuchsstrecke außerhalb des öffentlichen Straßenverkehrs. Mit diesem Hintergrund werden die Versuchsfahrten auf dem *Hockenreimring* durchgeführt. Diese Renn- und Teststrecke bietet sowohl durch seinen geschlossenen Rundkurs mit einer Länge von über 4,5 km, als auch durch die Vielzahl der auf der Strecke verteilten Stromanschlüsse optimale Bedingungen für die durchzuführende Studie.

Die Versuchsstrecke ermöglicht unter Berücksichtigung eines ausreichend großen Abstandes in Hinsicht auf die Readaptationszeit des Probanden den Aufbau von insgesamt sechs Blendszenarien. Mit dem Hintergrund einer möglichst hohen Vergleichbarkeit der Einzelsituationen werden diese ausschließlich auf geraden Streckenabschnitten installiert. Die einzelnen Positionen sind in Abbildung 57 skizziert.

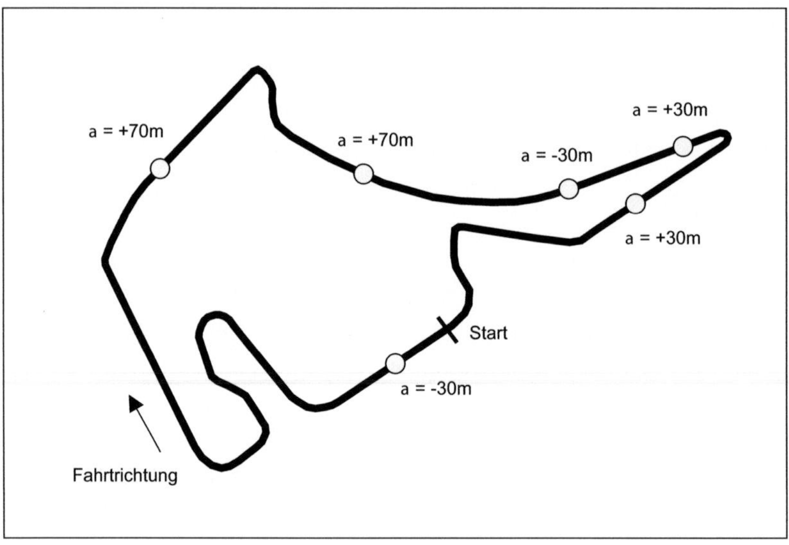

Abbildung 57:
Versuchsstrecke *Hockenheimring* mit Sehobjektpostionen

Die im Versuch gefahrene Geschwindigkeit beträt 40 km/h. Hintergrund für diese Wahl stellt die Forderung nach einer einmaligen Konfiguration des

Geschwindigkeitsreglers dar. Eine höhere Geschwindigkeit würde ein Abbremsen in einigen Kurven und somit jeweils eine erneute Einstellung erfordern. Damit beträgt die gesamte Fahrzeit des Probanden im Versuch etwa eine halbe Stunde.

4.7.2.6 SEHOBJEKT

Als Sehobjekte werden quadratische, graue Tafeln mit einer Kantenlänge von 0,4 m eingesetzt. Ihre Höhe beträgt 1,20 m. Das vom Probanden anzugebende charakteristische Merkmal wird durch ein rechts bzw. links angeordnetes Quadrat mit der halben Kantenlänge gebildet (Abbildung 58).

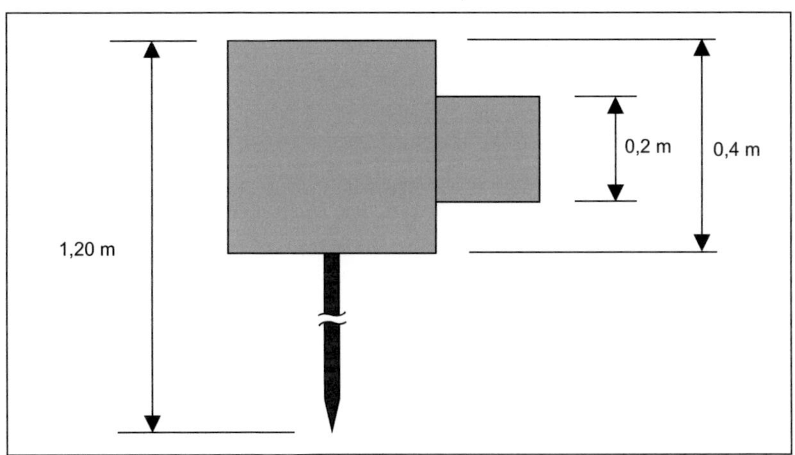

Abbildung 58:
Als Sehobjekt verwendete quadratische Tafeln mit Zusatzelement

Der Reflexionsgrad der Sehobjekte wird auf $\rho = 0{,}1$ festgelegt (vgl. Kapitel 3.4.6). Zur Lackierung wird der matte RAL-Farbton 7043 verwendet, welcher eine lambertsche Abstrahlcharakteristik gewährleistet. Auf diese Weise führen eventuell vorhandene kleine Fehler in der Ausrichtung der Objekte praktisch nicht zu einer veränderten Erkennbarkeit.

Die Charakterisierung der Sehobjekte im Rahmen einer U-Kugel-Messung ergibt einen Reflexionsgrad von $\rho = 0{,}14$. Die Abweichungen vom geforderten Reflexionsgrad werden als vertretbar eingeschätzt.

4.7.2.7 VERSUCHSZEITRAUM

Die Versuche finden in fünf Nächten im Zeitraum vom 01. bis zum 25. September 2008 ausschließlich unter trockenen Witterungsbedingungen statt. Um den Einfluss wechselnder Umfeldleuchtdichten zu verringern, werden die Fahrten in Neumondnächten bzw. bei bewölktem Himmel durchgeführt.

Zur Vergleichbarkeit der einzelnen Versuchsnächte werden die Scheinwerferracks sowie die Sehobjekte stets an den gleichen Positionen aufgestellt. Die Einstellung der Scheinwerferneigung erfolgt vor Beginn jeder Versuchsreihe.

4.7.2.8 FRAGEBOGEN

Neben zehn Fragen zu den allgemeinen Fahrgewohnheiten beinhaltet der Fragebogen vier versuchsbezogene Fragen. Es erfolgt eine Einschätzung der mit und ohne *AAB* empfundenen Blendung auf der Basis der *De-Boer*-Skala. Weiterhin werden das Sicherheitsempfinden und eine allgemeine Beurteilung in Form gebundener Antwortformate abgefragt.

Die Fragen sind im Einzelnen dem Anhang C zu entnehmen.

4.7.3 ANALYSE DER OBJEKTIVEN DATEN

4.7.3.1 DATENMENGE UND -STRUKTUR

In fünf Nächten werden insgesamt 224 Einzelsituationen ohne *AAB* sowie 217 Fälle unter Verwendung dieses Systems erfolgreich simuliert. Vergleichbar mit den vorhergehenden Kapiteln besitzen die Datenmatrizen folgende Struktur.

$$A^S = \begin{bmatrix} e^S_{D1/Aufbau\ 1} & e^S_{D1/Aufbau\ 2} \\ \vdots & \vdots \\ e^S_{Dm/Aufbau\ 1} & e^S_{Dm/Aufbau\ 2} \end{bmatrix} \tag{15}$$

Wie gehabt bezeichnet S das jeweilige Szenario, während Di den jeweiligen Probanden kennzeichnet. Die Simulation von drei Blendsituationen erzeugt mit und ohne Verwendung des *AAB* insgesamt sechs Matrizen, welche jeweils $m = 31$ Zeilen und, bedingt durch die Situationspaare, zwei Spalten besitzen.

4.7.3.2 VERGLEICHBARKEIT DER SITUATIONSPAARE

Wie bereits im Konzept beschrieben, beinhaltet die Versuchsstrecke je zwei Ausführungen aller Blendsituationen. Ein sinnvolles Zusammenfassen der Messwerte beider Einzelsituationen setzt die Vergleichbarkeit letzterer voraus, welche im ersten Schritt der statistischen Auswertung zu prüfen ist. Zu diesem Zweck werden unter gleichen Bedingungen ermittelten Erkennbarkeitsentfernungen der drei Szenarienpaare statistisch miteinander verglichen. Aus den Matrizen (15) entstehen durch Separation der Spalten je zwei Untermatrizen (16), welche statistisch miteinander verglichen werden.

$$A^{S,Aufbau\,1} = \begin{bmatrix} e^{S}_{D1/Aufbau\,1} \\ \vdots \\ e^{S}_{Dm/Aufbau\,1} \end{bmatrix}, \quad A^{S,Aufbau\,2} = \begin{bmatrix} e^{S}_{D1/Aufbau\,2} \\ \vdots \\ e^{S}_{Dm/Aufbau\,2} \end{bmatrix} \qquad (16)$$

In Bezug auf die, mithilfe des *Kolmogorov-Smirnov*-Tests berechneten und in Tabelle 23 aufgeführten, Überschreitungswahrscheinlichkeiten ist von der Normalverteilung aller Messreihen auszugehen. Dies ermöglicht die Durchführung des statistischen Vergleichs mithilfe des aussagekräftigen *T*-Tests für verbundene Stichproben. Die auf der Basis dieser Methode berechneten p-Werte sind der Tabelle 24 zu entnehmen.

Tabelle 23:

Prüfung der Erkennbarkeitsentfernungen e auf Normalverteilung mit dem *Kolmogorov-Smirnov*-Test; Überschreitungswahrscheinlichkeiten p

Datenmatrix	p
$A^{a\,=\,-30\,m,ohne\,AAB,Aufbau1}$	0,756
$A^{a\,=\,-30\,m,ohne\,AAB,Aufbau2}$	0,881
$A^{a\,=\,-30\,m,mit\,AAB,Aufbau1}$	0,986
$A^{a\,=\,-30\,m,mit\,AAB,Aufbau2}$	0,932
$A^{a\,=\,+30\,m,ohne\,AAB,Aufbau1}$	0,822
$A^{a\,=\,+30\,m,ohne\,AAB,Aufbau2}$	0,312
$A^{a\,=\,+30\,m,mit\,AAB,Aufbau1}$	0,283
$A^{a\,=\,+30\,m,mit\,AAB,Aufbau2}$	0,630
$A^{a\,=\,+70\,m,ohne\,AAB,Aufbau1}$	0,996
$A^{a\,=\,+70\,m,ohne\,AAB,Aufbau2}$	0,468
$A^{a\,=\,+70\,m,mit\,AAB,Aufbau1}$	0,410
$A^{a\,=\,+70\,m,mit\,AAB,Aufbau2}$	0,796

In fünf der insgesamt sechs Paarvergleiche liegen die ermittelten p-Werte über dem Signifikanzniveau, womit die Nullhypothese in diesen Fällen

Tabelle 24:

Prüfung auf Vergleichbarkeit der Szenarienpaare;
Überschreitungswahrscheinlichkeit p

Datenmatrizen		p
$A^{a\,=\,-30\,m,ohne\,AAB,Aufbau1}$	$A^{a\,=\,-30\,m,ohne\,AAB,Aufbau2}$	<0,001
$A^{a\,=\,-30\,m,mit\,AAB,Aufbau1}$	$A^{a\,=\,-30\,m,mit\,AAB,Aufbau2}$	0,111
$A^{a\,=\,+30\,m,ohne\,AAB,Aufbau1}$	$A^{a\,=\,+30\,m,ohne\,AAB,Aufbau2}$	0,197
$A^{a\,=\,+30\,m,mit\,AAB,Aufbau1}$	$A^{a\,=\,+30\,m,mit\,AAB,Aufbau2}$	0,051
$A^{a\,=\,+70\,m,ohne\,AAB,Aufbau1}$	$A^{a\,=\,+70\,m,ohne\,AAB,Aufbau2}$	0,457
$A^{a\,=\,+70\,m,mit\,AAB,Aufbau1}$	$A^{a\,=\,+70\,m,mit\,AAB,Aufbau2}$	0,713

anzunehmen ist und damit die Vergleichbarkeit der zutreffenden Szenarienpaare vorliegt. Jedoch zeigen beide Aufbauten des 30 m vor der Blendlichtquelle befindlichen Sehobjektes ohne Verwendung der *AAB* signifikante Unterschiede in den Erkennbarkeitsentfernungen. Da diese Kombination die erste den Probanden dargebotene Blendsituation darstellt und die Vergleichbarkeit desweiteren bei aktivierter *AAB* im Laufe des Versuches vorliegt, basiert die Abweichung mit hoher Wahrscheinlichkeit auf einem Eingewöhnungseffekt der Testpersonen. Die betreffenden Messwerte werden infolgedessen als fehlerhaft eingestuft und von der weiteren Auswertung ausgeschlossen.

4.7.3.3 DESKRIPTIVE STATISTIK

Im folgenden Schritt der Auswertung werden die in vergleichbaren Szenarienpaaren aufgenommenen Erkennbarkeitsentfernungen zusammengefasst. Durch Mittelwertbildung über die Zeilen der Matrizen (15) werden die zu vergleichenden Reihen in Matrixform (17) gebildet.

$$A^S = \begin{bmatrix} \bar{e}^S_{D1} \\ \vdots \\ \bar{e}^S_{Dm} \end{bmatrix} \tag{17}$$

Abbildung 59 stellt die Verteilung der Datenreihen grafisch dar. Tabellarisch sind die Ergebnisse in Tabelle 25 aufgeführt.

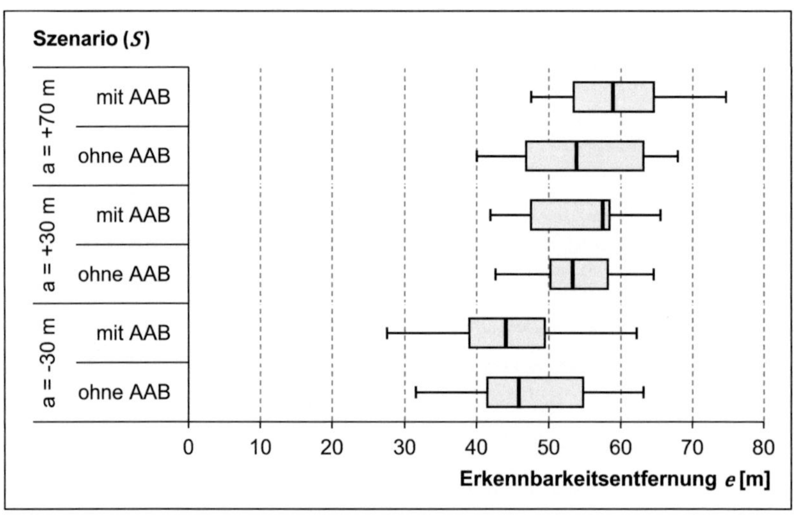

Abbildung 59:
Boxplots der Erkennbarkeitsentfernungen e mit und ohne AAB
in Abhängigkeit der Situation

4.7.3.4 PRÜFUNG AUF SIGNIFIKANZ

Die Ergebnisse des *Kolmogorov-Smirnov*-Tests zur Prüfung auf Normalverteilung sind in Tabelle 26 aufgeführt. Den Überschreitungswahrscheinlichkeiten entsprechend ist von der Normalverteilung aller Daten auszugehen. Der Vergleich der mit und ohne AAB erzielten Erkennbarkeitsentfernungen

Tabelle 25:

Erkennbarkeitsentfernungen e mit Streumaßen mit und ohne AAB
in Abhängigkeit der Situation

Datenmatrix	$\bar{e}$ [m]	σ_e [m]	e_{min} [m]	$Q_{0,25}$ [m]	$\tilde{e}$ [m]	$Q_{0,75}$ [m]	e_{max} [m]
$A^{a\,=\,-30\,m,ohne\,AAB}$	47,1	8,8	31,6	41,5	45,9	54,8	63,1
$A^{a\,=\,-30\,m,mit\,AAB}$	44,8	8,6	27,6	39,0	44,1	49,5	52,2
$A^{a\,=\,+30\,m,ohne\,AAB}$	54,2	6,0	42,6	50,3	53,3	58,2	64,6
$A^{a\,=\,+30\,m,mit\,AAB}$	54,1	6,8	41,9	47,6	57,5	58,4	65,5
$A^{a\,=\,+70\,m,ohne\,AAB}$	54,7	9,2	40,1	46,9	53,9	63,1	67,9
$A^{a\,=\,+70\,m,mit\,AAB}$	59,0	7,0	47,6	53,5	58,9	64,6	74,7

erfolgt ebenfalls mithilfe des T-Tests für verbundene Stichproben. Das Signifikanzniveau wird bekanntermaßen auf $\alpha = 0{,}05$ bzw. $0{,}05 < \alpha < 0{,}10$ (Tendenzen) festgelegt. Die Ergebnisse sowie die standardisierten Differenzen zur Einschätzung der Effektstärke sind der nachfolgenden Tabelle 27 zu entnehmen.

Tabelle 26:

Prüfung der Erkennbarkeitsentfernungen e auf Normalverteilung mit dem
Kolmogorov-Smirnov-Test; Überschreitungswahrscheinlichkeiten p

Datenmatrix	p
$A^{a\,=\,-30\,m,ohne\,AAB}$	0,881
$A^{a\,=\,-30\,m,mit\,AAB}$	0,977
$A^{a\,=\,+30\,m,ohne\,AAB}$	0,997
$A^{a\,=\,+30\,m,mit\,AAB}$	0,328
$A^{a\,=\,+70\,m,ohne\,AAB}$	0,563
$A^{a\,=\,+70\,m,mit\,AAB}$	0,883

Tabelle 27:

Vergleich der Szenarien auf Basis der Erkennbarkeitsentfernungen e mit dem T-Test für verbundene Stichproben; Mediandifferenzen $|\Delta\tilde{e}|$, Überschreitungswahrscheinlichkeit p und standardisierte Differenz d

Datenmatrizen		$\|\Delta\tilde{e}\|[m]$	p	d
$A^{a\,=\,-30\,m,ohne\,AAB}$	$A^{a\,=\,-30\,m,mit\,AAB}$	1,8	0,210	0,26
$A^{a\,=\,+30\,m,ohne\,AAB}$	$A^{a\,=\,+30\,m,mit\,AAB}$	4,2	0,940	0,02
$A^{a\,=\,+70\,m,ohne\,AAB}$	$A^{a\,=\,+70\,m,mit\,AAB}$	5,0	0,043	0,53

4.7.4 ANALYSE DER SUBJEKTIVEN DATEN

4.7.4.1 DESKRIPTIVE STATISTIK

Neben der durch den simulierten Gegenverkehr ausgelösten Blendung (Abbildung 60) beurteilen die Probanden den allgemein empfundenen subjektiven Eindruck (Abbildung 61) sowie das Sicherheitsgefühl bei Verwendung der *AAB* (Abbildung 62).

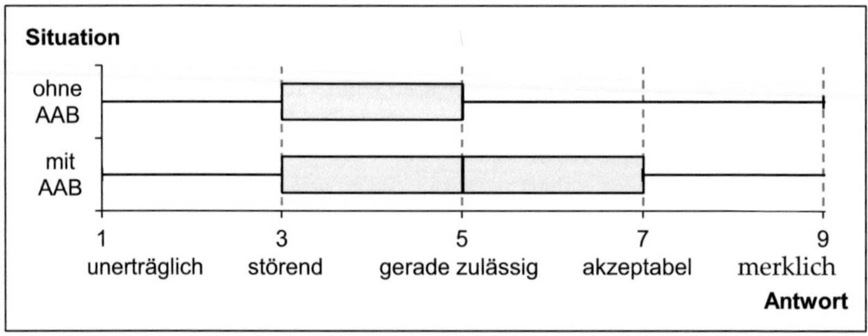

Abbildung 60:

Boxplots der Antworten auf die Frage 11/12: „Wie stark (1-9 nach *de Boer)* ist die subjektive Blendung? (hier: ohne/mit ambienter Beleuchtung)"

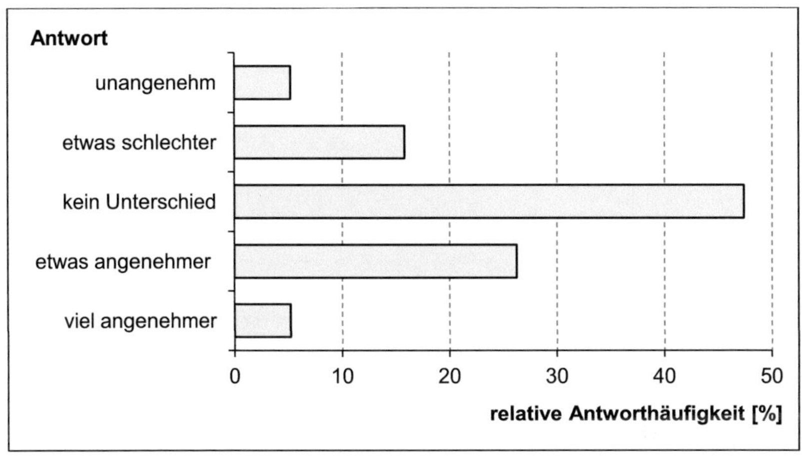

Abbildung 61:
Relative Antworthäufigkeiten auf die Frage 13:
„Empfanden Sie die Fahrt mit ambienter Beleuchtung als angenehmer?"

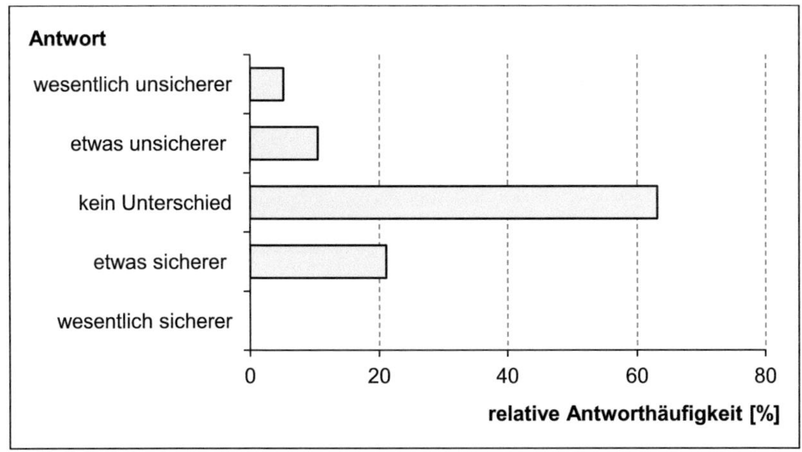

Abbildung 62:
Relative Antworthäufigkeiten auf die Frage 14:
„Empfanden Sie die Fahrt mit ambienter Beleuchtung als sicherer?"

4.7.4.2 PRÜFUNG AUF SIGNIFIKANZ

Ein statistischer Vergleich erfolgt für die Bewertung der Blendung mit und ohne Verwendung der *AAB*. Die Ergebnisse des *Kolmogorov-Smirnov*-Tests in Tabelle 28 zeigen, dass die Angaben der Probanden in beiden Fällen normalverteilt sind. Somit ist der parametrische *T*-Test für abhängige Stichproben zulässig, welcher einen Signifikanzwert von $p = 0{,}72$ ergibt.

Tabelle 28:

Prüfung der subjektiven Angaben auf Normalverteilung mit dem Kolmogorov-Smirnov-Test; Überschreitungswahrscheinlichkeiten p

Frage		p
11/12	ohne *AAB*	0,12
	mit *AAB*	0,24

4.7.5 DISKUSSION

4.7.5.1 DISKUSSION DER OBJEKTIVEN DATEN

Aus der Datenanalyse geht in zwei der drei untersuchten Blendsituationen kein signifikanter Unterschied zwischen den, mit und ohne ambienter Beleuchtung ermittelten, Erkennbarkeitsentfernungen hervor. Befindet sich das Sehobjekt 30 m vor beziehungsweise hinter der Blendlichtquelle, ist aus physiologischer Sicht innerhalb der Altersgruppe kein positives Wirkpotential statistisch beweisbar.

Im Fall des 70 m hinter der Blendlichtquelle befindlichen Sehobjektes liegt die Überschreitungswahrscheinlichkeit jedoch unterhalb des Signifikanzniveaus. Damit ist eine Verbesserung der Erkennbarkeitsentfernung bei Verwendung der *AAB* in dieser Situation statistisch nachweisbar. Die Erhöhung beträgt im Vergleich zur Referenz $\Delta\tilde{e} = +5\,m$ beziehungsweise $\Delta\tilde{e}_{rel} \sim 9\,\%$. Es ist jedoch zu berücksichtigen, dass sich die Überschreitungswahrscheinlichkeit mit $p = 0{,}043$ nahe an der Signifikanzgrenze befindet, weshalb bereits kleinere Faktoren zu einer veränderten Aussage der statistischen Tests führen können. Letzteres lässt sich des Weiteren auf die Effektstärke übertragen. Während die vorliegenden Daten mit einer standardisierten Differenz von $d = 0{,}53$ eine mittlere Effektstärke bedingen, könnten bereits geringe Änderungen zu einem Wert unterhalb der Grenze von $d > 0{,}5$ und damit zu einer geringen Effektstärke führen. Zusammenfassen ist in der vorliegenden Situation von einem positiven Effekt von geringer bis mittlerer Stärke bei Verwendung der analysierten ambienten Beleuchtung auszugehen.

Zur Beantwortung der These 4, die *AAB* übe einen positiven Einfluss auf die visuelle Leistungsfähigkeit aus, ist eine Fallentscheidung durchzuführen. Wird der Fahrzeugführer durch den Gegenverkehr direkt geblendet, ist keine objektiv messbare Wirkung nachweisbar. Die Erkennbarkeit von Gefahrenobjekten wird innerhalb dieser Zeitspanne durch die Verwendung der *AAB* nicht begünstigt. Innerhalb der Readaptationsphase ist die These zu bestätigen. Die Verwendung der Innenraumbeleuchtung besitzt in diesem Fall einen positiven Einfluss auf die Verkehrssicherheit. Das physiologische Wirkpotential wird dabei als gering eingestuft.

In Hinsicht auf die erzielten Ergebnisse ist es fraglich, ob die Adaptabilität des untersuchten Lichtsystems als zweckdienlich einzuschätzen ist. So ist während der Anpassungsphase kein Einfluss der ambienten Beleuchtung messbar, wogegen der statische Zustand nach der Blendung einen positiven Effekt hervorruft. Ein, stets die Leuchtdichte des Grundniveaus erzeugendes, System würde mutmaßlich einen identischen Effekt hervorrufen.

Positiv ist hervorzuheben, dass in keiner simulierten Situation ein negativer Einfluss der ambienten Beleuchtung identifiziert werden kann, wodurch die Ergebnisse des statischen Versuches gestützt werden. Das analysierte System ist demnach in Bezug auf eine Gefährdung der nächtlichen Verkehrssicherheit als unkritisch anzusehen.

Die Ergebnisse bestätigen weiterhin die bereits bekannte Abhängigkeit der Blendung vom Winkel zum Blendfahrzeug (vgl. Formel (5)). So zeigt sich die größte Beeinträchtigung der visuellen Leistungsfähigkeit in der Simulation des 30 m vor der Blendlichtquelle befindlichen Sehobjektes. In diesem Fall beträgt die Erkennbarkeitsentfernung lediglich etwa $\tilde{e} = 42$ m bis $\tilde{e} = 44$ m. Im Gegensatz hierzu werden trotz deutlich höherer Blendbeleuchtungsstärken am Fahrerauge höhere Erkennbarkeitsentfernungen von etwa $\tilde{e} = 54$ m bis $\tilde{e} = 56$ m erzielt, wenn sich das Sehobjekt 30 m hinter der Blendlichtquelle befindet.

4.7.5.2 DISKUSSION DER SUBJEKTIVEN DATEN

Die Analyse der Fragebögen zeigt, dass die durch den simulierten Gegenverkehr ausgelöste Blendung sowohl mit als auch ohne *AAB* von den Probanden als gleich beurteilt wird. Es ergeben sich keine statistisch nachweisbaren Unterschiede in Bezug auf die psychologische Blendung. Mit Durchschnittsnoten von 4,7 ohne ambienter Beleuchtung bzw. 4,8 bei Verwendung des Systems wird die Belastung in beiden Situationen nach *De Boer* als gerade zulässig beurteilt.

Die Fahrt mit der *AAB* wird von den Testpersonen des Weiteren nicht angenehmer empfunden. So gibt nahezu die Hälfte der Probanden an, keine Unterschiede bei Verwendung des Systems zu bemerken. Etwa ein Drittel empfindet die Fahrt mit der *AAB* als angenehmer, während der verbleibende Anteil eine Verschlechterung bemerkt.

Die Verwendung der *AAB* führt ferner nicht zu Unterschieden hinsichtlich des Sicherheitsgefühls. Letzteres wird von nahezu zwei Drittel der Probanden als unverändert empfunden, während die restlichen Testpersonen sowohl eine Verbesserung als auch eine Verschlechterung angeben.

4.8 FAZIT

Trotz obligatorischer Leuchtweitenregelung überschreitet eine Vielzahl der im Straßenverkehr befindlichen Fahrzeuge die gesetzlichen Grenzwerte in Bezug auf die Blendbeleuchtungsstärken in Richtung des Gegenverkehrs. Die erhöhte Blendbelastung führt zu einer Senkung der visuellen Leitungsfähigkeit des Fahrzeugführers sowohl während, als auch nach der Begegnung zweier Fahrzeuge. Zur Vermeidung der damit verbundenen Erhöhung des Unfallrisikos sind blendungsminimierende Maßnahmen zu überarbeiten.

Neben der Verbesserung des Scheinwerfers stellt der Einsatz einer speziell ausgelegten ambienten Innenraumbeleuchtung ein alternatives Konzept dar. Obwohl ältere Bewertungen derartiger Systeme einen positiven Einfluss auf die visuelle Leistungsfähigkeit nachweisen konnten, ist eine Wirkung des in dieser Studie untersuchten, situativ-adaptiven Systems *AAB* nur teilweise zu bestätigen. Während die *AAB* während der Begegnungssituation zweier Fahrzeuge keinen Einfluss auf die visuelle Leistungsfähigkeit des Fahrzeugführers besitzt, kann letzterer in der Readaptationsphase nach der Vorbeifahrt nachgewiesen werden. Dabei ist das Wirkpotential jedoch als gering einzuschätzen.

Das Steuerverhalten der *AAB* besitzt mit hoher Wahrscheinlichkeit keinen Einfluss auf die erzielten Ergebnisse. Derzeit wird die Leuchtdichte der Lichtaustrittsfläche an die ansteigenden Blendbeleuchtungsstärken angepasst, wodurch bei Entfernungen von mehr als 20 m praktisch keine Bewertung des Winkels zum Blendfahrzeug durchgeführt wird. Auf diese Weise wird die für die Blendung entscheidende, winkelanhängige Schleierleuchtdichte nicht einbezogen. Eine Reaktion der *AAB* erfolgt erst nach dem Einsetzen der physiologischen Blendung. Eine Anpassung des Steuerverhaltens wäre auf der Basis der folgend dargestellten Überlegungen sinnvoll.

Aufgrund der hohen Relativgeschwindigkeit zweier sich begegnender Fahrzeuge kommt es zu einem schnellen Anstieg der Blendbelastung des Fahrzeugführers. Das visuelle System kann diesem Anstieg nur zeitverzögert folgen. Die Differenz zwischen dem jeweiligen Adaptationszustand und der Blendbelastung stellt ein Maß für eine verringerte visuelle Leistungsfähigkeit dar. Mit diesem Hintergrund könnte eine vorzeitige Erhöhung der Leuchtdichte der *AAB* potentiell zu einer früheren Adaptation führen, wodurch das visuelle System zum Zeitpunkt der Blendung seine maximale Leistungsfähigkeit besitzt. Allerdings gilt es zu bedenken, dass sich das Adaptationsniveau in diesem Fall vor dem Einsetzen der Blendung in einem nicht optimalen Zustand befindet, wodurch zu diesem Zeitpunkt eine Erhöhung des Schwellenkontrastes zu erwarten wäre. Somit wäre neben der Ermittlung der Adaptationszeiten das positive wie auch das negative Effektmaß eines Systems mit einer derart angepassten Steuerung zu quantifizieren und gegeneinander abzuwägen. Es wird jedoch hervorgehoben, dass der dargestellte Optimierungsansatz zum Zeitpunkt der Untersuchung ausschließlich auf theoretischen Überlegungen basiert und durch praktische Analysen zu prüfen ist.

Neben den bisher diskutierten Ergebnissen wird ebenfalls kein negativer Einfluss der *AAB* auf objektiv messbare Parameter des Fahrzeugführers nachgewiesen. Dies ist insbesondere positiv hervorzuheben, da ältere Studien auch negative Einflüsse ambienter Innenraumbeleuchtungen bei entsprechender Auslegung identifizieren konnten.

Zusammenfassend ist festzustellen, dass die *AAB* nach der Begegnung zweier Fahrzeuge einen geringen messbaren Einfluss auf die visuelle Leistungsfähigkeit von Fahrzeugführern im nächtlichen Straßenverkehr besitzt. Während der Blendung ist weder ein positives, noch negatives Wirkpotential nachweisbar. Somit obliegt die Entscheidung über den Einsatz des Systems vor allem dem subjektiven Empfinden des jeweiligen Fahrers.

KAPITEL 5

VORFELDAUSLEUCHTUNG

5.1 EINFÜHRUNG IN DIE THEMATIK

5.1.1 BISHERIGE UNTERSUCHUNGEN

Das Sichtfeld des Fahrzeugführers wird in vier Zonen aufgeteilt. Nach [Man07] wird zwischen dem nicht einsehbaren Blindfeld sowie dem sichtbaren Vor-, Nah und Fernfeld unterschieden (Abbildung 63). Dabei ist das Blindfeld von der Bauart des Fahrzeuges abhängig.

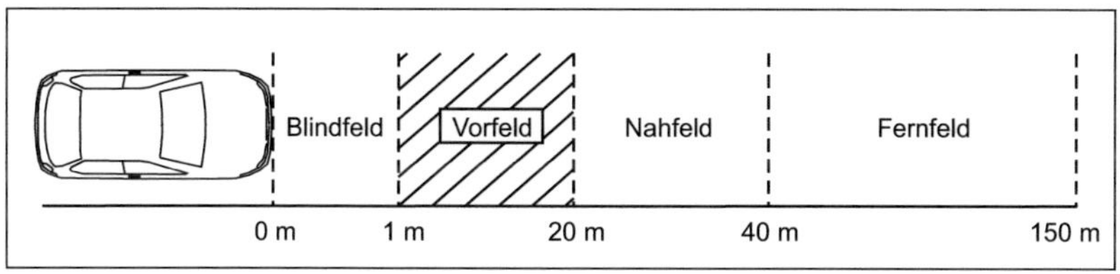

Abbildung 63:
Unterteilung des Sichtfeldes vor dem Fahrzeug in vier Zonen nach [Man07]

Während die *ECE* zur Ausleuchtung des Nah- und Fernfeldes genaue Vorgaben mit geringen Toleranzen definiert, sind die Bestimmungen zur Auslegung des Vorfeldes vergleichsweise liberal. Die Regelungen 98 und 112 legen jeweils ausschließlich eine maximale Beleuchtungsstärke von 20 lx[36] fest. Auf diese Weise besitzen Entwickler zur Gestaltung der Lichtverteilung ein hohes Maß an Freiraum hinsichtlich der Intensität und Homogenität der Vorfeldausleuchtung.

Ob eine Anpassung der derzeitigen Richtlinien durch detailliertere Vorgaben erforderlich ist, ist bislang nicht eindeutig geklärt. Zu diesem Zweck ist der Einfluss verschiedener Parameter der Vorfeldausleuchtung auf den Fahrzeugführer und andere Verkehrsteilnehmer zu untersuchen. Die aus vorangegangenen Untersuchungen erzielten Ergebnisse geben je nach Perspektive sowohl Gründe für eine Verringerung als auch für eine Erhöhung der Intensität in diesem Bereich.

So führt ein zu helles Vorfeld bei feuchten und nassen Fahrbahnoberflächen aufgrund der Reflexionen auf der Fahrbahn zu einer deutlich erhöhten Blendbelastung des Gegenverkehrs [Ros99], [Dam95], [Hof03] (vgl. Kapitel 2.1.1.5). Diesbezüglich ist eine zu helle Ausleuchtung dieses Bereiches zu vermeiden.

Neben einem nachteiligen Einfluss auf den Gegenverkehr wäre bei Verwendung zu hoher Leuchtdichten im Vorfeld aufgrund der bereits in Kapitel 4.1.1 erläuterten Schleierleuchtdichtetheorie auch eine negative Auswirkung auf die Erkennbarkeitsentfernung des Fahrzeugführers zu erwarten. *Völker* [Völ06] untersuchte im Rahmen eines Laborversuches den Einfluss der Vorfeldausleuchtung auf den Schwellenkontrast des Fahrzeugführers. Er konnte zeigen, dass eine negative Beeinträchtigung des Fahrers im Fall hoher Leuchtdichten statistisch zwar nachweisbar ist, jedoch im Vergleich mit anderen Einflussgrößen eine geringe praktische Relevanz besitzt.

In Fahrversuchen konnte *Jebas* [Jeb06] desweiteren einen negativen Einfluss einer hohen Vorfeldleuchtdichte auf den Fahrzeugführer ausschließen. Es

---

[36] Bezogen auf einen Messschirm in einer Entfernung von 25 m

konnte im Gegensatz zur Theorie ein signifikant positiver Effekt ermittelt werden. Dieser gilt sowohl für die objektive Messung der Erkennbarkeitsentfernung als auch für die subjektive Einschätzung der Probanden. Der von ihm vermutete positive Einfluss der Fahrbahnreflexionen im Bereich des Vorfeldes auf die Kontraste der Sehobjekte im Fernfeld konnte als Ursache von *Klein* [Kle08] in einer weiterführenden Untersuchung bestätigt werden.

Ein positiver Einfluss konnte darüber hinaus von *Kammann* [Kam03] ermittelt werden. Er zeigte in seiner Arbeit, dass der Bereich von 12 bis 22 m vor dem Fahrzeug in Hinsicht auf die Informationsübermittlung bzw. -aufnahme für den zukünftigen Fahrbahnverlauf und die Spurführung von Bedeutung ist. Eine ausreichende Ausleuchtung des Vorfeldes ist in dieser Hinsicht unerlässlich.

Weitere Untersuchungen zur Vorfeldausleuchtung wurden von *Dahlem* [Dah01] durchgeführt. In einem Fahrversuch variierte er die Intensität der Ausleuchtung in einzelnen Zonen der Lichtverteilung. Eine subjektive Bewertung der Testpersonen ergab eine optimale Leuchtdichte von 3 bis 7 cd/m² im Bereich des Vorfeldes. Die mit heutigen Halogenscheinwerfern erzeugten Leuchtdichten erreichen etwa 0,2 cd/m² und liegen damit deutlich unter diesem Wert, während sich Gasentladungsscheinwerfer im oberen Bereich des von den Probanden festgelegten Optimums befinden[37].

Zusammenfassend ist festzustellen, dass aus Sicht des Fahrzeugführers für die im Bereich des Vorfeldes üblichen Leuchtdichten bislang kein praktisch relevanter negativer Einfluss einer zu hellen Ausleuchtung nachgewiesen werden konnte. Es gilt allerdings zu bedenken, dass bei der Analyse der physiologischen Leistungsparameter im Rahmen eines Labor- oder Fahr-

---

[37] Bezogen auf einen mittleren Leuchtdichtekoeffizient von
$q = 0{,}0062$ cd/(m²lx)

---

versuchs bedingt durch eine notwendige spezifische Aufgabenstellung an die Probanden deren Aufmerksamkeit und Blickverhalten beeinflusst wird. Der im folgenden Kapitel näher erläuterten Theorie zufolge könnte eine zu helle Vorfeldausleuchtung jedoch selbst zu einer Beeinflussung der genannten Parameter führen. Demzufolge ist ein in einer realen Verkehrssituation auftretender negativer Effekt mit den bisherigen Untersuchungen nicht gänzlich auszuschließen.

5.1.2 BLICKVERHALTEN IM TAG-NACHT VERGLEICH

Aktuelle Untersuchungen mit Eye-Tracking-Systemen haben bewiesen, dass sich der Abstand des Fixationsschwerpunkts in der Dunkelheit verschiebt. So konzentriert sich die Blickhäufigkeit nach Diem [Die04] am Tag auf einen 75 bis 100 m vor dem Fahrzeug befindlichen Bereich, während sich letzterer in der Dunkelheit auf 25 bis 40 m verringert.

Gut [Gut11] erzielte ähnliche Ergebnisse. In Fahrversuchen ermittelte er eine signifikante Verkürzung der mittleren Fixationsentfernung bei Nacht. Als Bezug verwendete er die Sollentfernung der Hell-Dunkel-Grenze von 65 m. Seinen Angaben zufolge beträgt der Anteil der Blickzuwendung oberhalb der Grenze am Tag 56 %, wogegen sich dieser in der Dunkelheit auf 42 % reduziert. Die Angaben beziehen sich auf die Landstraße.

Kuhl [Kuh06] beschreibt in seiner Arbeit in Bezugnahme auf Studien von *Mortimer* und *Jorgeson* [Mor74] sowie *Damasky* und *Hosemann* [Dam97] die Abhängigkeit des Blickverhaltens von der jeweiligen Lichtverteilung. Seinen Angaben entsprechend führt ein schmal ausgeleuchteter Bereich zu einer Verkleinerung der Blickwinkel und zu einer kurzen mittleren Fixationsentfernung, während eine breite Lichtverteilung mit hoher Reichweite zur größeren Streuung der Fixationen und zu einer Vergrößerung der mittleren Fixationsentfernung führt.

Die bisher erzielten Ergebnisse sind mutmaßlich darauf zurückzuführen, dass der Fahrzeugführer in der Dunkelheit nur ausgeleuchtete Bereiche der Fahrbahn betrachtet. Die Ursache könnte auf die Suche des visuellen Systems nach attraktiven Mustern zurückzuführen sein. Die Aufmerksamkeit wird dabei auf Bereiche im Gesichtsfeld konzentriert, in denen Informationen erwartet werden. Die Eigenschaften als interessant empfundener Objekte werden mit den Aufmerksamkeitsgesetzen beschrieben. Unter anderem zählen Größe und Bewegung, wie auch Farben und Kontraste zu den entscheidenden Parametern. In Hinsicht auf die Vorfeldausleuchtung des Scheinwerfers ist es fraglich, ob die durch den geringen Abstand zum Fahrzeug bedingte hohe Leuchtdichte in diesem Bereich zu einer Steigerung der visuellen Attraktivität und damit der Blickhäufigkeit führen. In der Konsequenz würde die Reaktionszeit des Fahrzeugführers aufgrund der notwendigen zusätzlichen Blickbewegung auf Objekte im Fernfeld verlängert werden.

In einer Gefahrensituation erfolgt nur dann eine Reaktion des Fahrzeugführers, wenn der dargebotene Reiz foveal fixiert wird [TUB78] (zitiert in [Bäu03]). Wird letzterer peripher wahrgenommen, ist eine zusätzliche Blickzuwendung notwendig. Dabei gelten bereits Objekte mit einer zur Hauptblickrichtung bezogenen Abweichung von nur 0,5° als extrafoveal. Richtet der Fahrzeugführer seinen Blick beispielsweise auf einen 20 m vor dem Fahrzeug befindlichen Bereich, ist für die Blickzuwendung in die Ferne bereits eine Bewegung von nahezu 3° erforderlich. Die Dauer dieser als Sakkade bezeichneten Bewegung richtet sich nach dem erforderlichen Blickwinkel und beträgt bis zu 100 ms [Spe08].

Während der Augenbewegung wird der Bildeindruck im Gehirn unterdrückt. Die Sakkade wird infolgedessen nicht wahrgenommen. Diese Funktion wird als sakkadische Suppression bezeichnet und nimmt eine längere als die für die reine Augenbewegung notwendige Zeit in Anspruch. Die volle Sehleistung wird etwa 50 ms nach der eigentlichen Augeneinstellbewegung erreicht [Der98]. Die Latenzzeit zwischen Reiz und Sakkadenbeginn beträgt weitere 200 ms [Spe08].

In der Summe wird zur Fixation eines in der Peripherie des Gesichtsfeldes befindlichen Objektes eine zusätzliche Zeitspanne von etwa 350 ms benötigt, welche bei einer dauerhaften Ausrichtung der Blickzuwendung in den für die Fahraufgabe relevanten Raumwinkel vermieden oder verringert werden könnte. Bereits die Vermeidung dieser kurzen Zeitspanne könnte den Anteil nächtlicher Verkehrsunfälle bei hohen Geschwindigkeiten deutlich senken. Bei der auf der Landstraße üblichen Geschwindigkeit von 100 km/h könnte der Anhalteweg um etwa 10 m verkürzt werden. Nach *Enke* [Enk79] (zitiert in [Hum10]) resultiert eine Vorverlegung der Fahrerreaktion um die genannte Strecke in einer Verringerung der Auffahrunfälle um 40 %.

5.2 ZIELE DER STUDIE

Während bisherige Untersuchungen überwiegend positive Einflüsse hoher Vorfeldleuchtdichten nachweisen konnten, ist ein negativer Einfluss derselben auf das Blickverhalten des Fahrzeugführers zu vermuten.

Im Rahmen dieser Studie wird der Einfluss der Leuchtdichte im Bereich des Vorfeldes auf das Blickverhalten von Fahrzeugführern untersucht. Es wird insbesondere geklärt, ob eine helle Vorfeldausleuchtung zu einer vermehrten Fixation dieses Bereiches und damit zu einer Steigerung des Unfallrisikos führt.

In Verbindung mit den in Kapitel 5.1.1 zusammengefassten Ergebnissen älterer Studien von *Völker* [Völ06], *Jebas* [Jeb06], *Kammann* [Kam03] und *Dahlem* [Dah01] werden die positiven und gegebenenfalls ermittelten negativen Auswirkungen gegeneinander abgewogen und Empfehlungen für die Auslegung der Vorfeldausleuchtung abgeleitet. Sollte sich ein helles Vorfeld als nicht empfehlenswert erweisen, wäre dies insbesondere in Hinsicht auf die Anzahl der notwendigen LEDs für die Konzeption zukünftiger Matrixscheinwerfer relevant.

Des Weiteren geben die gewonnenen Ergebnisse Aufschluss über die Möglichkeiten zur gezielten Steuerung der Blickbewegungen durch adaptive Scheinwerfer. Diesbezüglich könnte die Steigerung der visuellen Attraktivität durch hohe Leuchtdichten genutzt werden, um den Blick des Fahrzeugführers in den jeweils von der Fahraufgabe abhängigen Bereich der Sehaufgabe zu lenken.

5.3 THESEN

1) Die Vorfeldleuchtdichte korreliert mit dem Blickverhalten des Fahrzeugführers. Eine hohe Leuchtdichte in diesem Bereich bedingt eine vermehrte Fixation.

2) Hohe Vorfeldleuchtdichten werden vom Fahrzeugführer subjektiv bevorzugt, da diese ein Gefühl der Sicherheit vermitteln.

5.4 EXPERIMENTELLES DESIGN

Die Untersuchung wird im Rahmen der Studienarbeit von Glaß [Gla09] in Form einer Probandenstudie bearbeitet. Die Testpersonen durchfahren einen Rundkurs im realen nächtlichen Straßenverkehr unter Verwendung zweier Lichtverteilungen mit jeweils unterschiedlicher Vorfeldleuchtdichte.

Während der Testfahrt erfolgt eine Aufnahme der Blickbewegungen. Ein Vergleich der Fixationshäufigkeiten in den Bereichen Vor-, Nah- und Fernfeld quantifiziert den Einfluss der Vorfeldleuchtdichte auf das Blickverhalten der Testpersonen. Die Bewertung erfolgt für Stadt-, Land- und Schnellstraßen. Die Reihenfolge der dargebotenen Lichtverteilungen wird variiert.

Die subjektive Bewertung erfolgt auf der Basis von Fragebögen, welche nach Abschluss der Versuchsfahrt von den Testpersonen ausgefüllt werden.

5.5   DURCHFÜHRUNG

5.5.1   VERSUCHSFAHRZEUG

Als Versuchsträger dient ein Fahrzeug der Marke *Mercedes Benz* Modell *S500*. Nachfolgend werden die für die Untersuchung verwendeten Systeme im Speziellen beschrieben.

5.5.2   FORSCHUNGSSCHEINWERFER *VOXELLIGHT*

Zur Erzeugung der zu bewertenden Lichtverteilungen wird der von *Rechentin* [Rec06] entwickelte Forschungsscheinwerfer *Voxellight* verwendet (Abbildung 64 links). Dieser verfügt über 32 bewegliche Einzelmodule (Abbildung 64 rechts), bestehend aus jeweils vier High-Power-Leuchtdioden der Marke *Osram*, Typ *LW-W5SM*, welche einen maximalen Gesamtlichtstrom von 3.700 lm erreichen. Die unterschiedliche räumliche Ausrichtung der Module ermöglicht in Kombination mit der gezielten Anpassung des Lichtstromes der einzelnen LEDs die Variation der Lichtverteilung. Aufgrund der hohen Anzahl der Lichtquellen sowie des durch eine Sekundäroptik erzeugten kleinen Öffnungswinkels von 8° wird ein hoher Freiheitsgrad erreicht. Die Ansteuerung der LEDs erfolgt mithilfe eines über einen Microcontroller erzeugten pulsweitenmodulierten Signals.

Des Weiteren verfügt das System über zwei Gasentladungs-Projektionsscheinwerfer, welche eine nicht veränderliche Grundlichtverteilung mit konventioneller Hell-Dunkel-Grenze generieren. Durch die geringe Farbortdifferenz[38] zwischen der Gasentladungslampe und den Leuchtdioden lassen sich beide Lichtquellen ohne praktisch relevante Farbunterschiede kombinieren.

Bedient wird der Scheinwerfer mit einer in der Programmierumgebung *LabVIEW 7.1* erstellten Software über einen handelsüblichen PC mit serieller Schnittstelle.

Abbildung 64:
Links: Am Versuchsfahrzeug montierter LED-Forschungsscheinwerfer
Voxellight [Gla09]; Rechts: Bewegliches LED-Modul [Rec06]

Die Auslegung der untersuchten Lichtverteilungen basiert auf den folgenden Überlegungen. Aufgrund des Praxisbezugs sollen die in der *ECE*-

---

[38] GDL: $c_x = 0{,}30$, $c_y = 0{,}30$; LED: $c_x = 0{,}34$, $c_y = 0{,}35$

Regelung 98 und 112 festgelegten Beleuchtungsstärken von maximal $E_{25m} = 20\,$lx in keinem Teil des sichtbaren Vorfeldes überschritten werden. Unter Berücksichtigung des photometrischen Entfernungsgesetzes ergibt sich die zulässige Beleuchtungsstärke $E_{\perp max}$ senkrecht zum einfallenden Licht nach Formel (18). Dabei bezeichnet d den longitudinalen Abstand zum Fahrzeug.

$$E_{\perp max} = \frac{E_{25m} \cdot 25^2}{d^2} \tag{18}$$

Aus messtechnischen Gründen erfolgt die Erstellung der Lichtverteilungen auf der Basis von Leuchtdichten. Mithilfe des Leuchtdichtekoeffizienten q werden die maximal zulässigen Werte L_{max} nach Formel (19) bestimmt.

$$L_{max} = q \cdot E_{\perp max} \tag{19}$$

Den Angaben von *Köhler* [Köh11] zufolge unterliegt der Leuchtdichtekoeffizient im Fall der bei kraftfahrzeugtypischer Beleuchtung auftretenden Beleuchtungs- und Beobachtungswinkel lediglich geringen Schwankungen, weshalb von einem konstanten Wert ausgegangen wird. Begründet durch den auf dem Messareal[39] vorliegenden hellen Asphalt mit geringem Abnutzungsgrad wird der Leuchtdichtekoeffizient auf $q = 22 \bullet 10^{-3}$ cd/m²lx festgelegt. Dieser Wert bezieht sich nach *Persson* [Per72] (zitiert in [Eck93]) auf Asphaltbeton mit 20 % sehr hellen Zuschlagstoffen. Aus Formel (19) resultiert der in Abbildung 65 dargestellte, maximal zulässige, Leuchtdichteverlauf. Diese Lichtverteilung wird im Folgenden als *Lichtverteilung 2* (Abk. *LV 2*) bezeichnet.

---

[39] Die Leuchtdichtemessungen werden zugunsten der Homogenität des Leuchtdichtekoeffizienten auf dem in Kapitel 4.6.3.7 beschriebenen Gelände der *Neuen Messe Karlsruhe* durchgeführt.

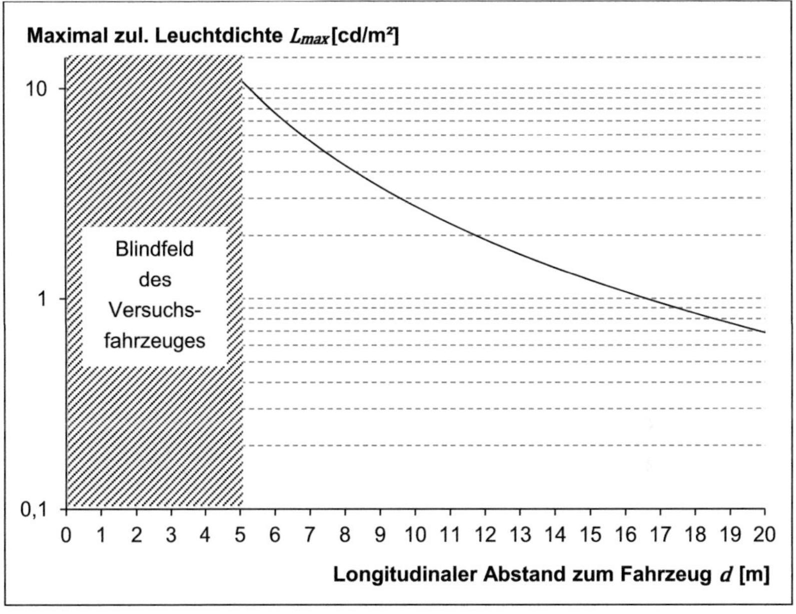

Abbildung 65:
Auf Basis der *ECE*-Richtlinien berechnete, maximal zulässige, Vorfeld-
leuchtdichten L_{max} in Abhängigkeit des lateralen Abstandes zum Fahrzeug
(Leuchtdichtekoeffizient $q = 22 \cdot 10^{-3}$ cd/m²lx)

Als Referenz wird die Lichtverteilung der am *Voxellight* integrierten Gasentladungs-Projektionsscheinwerfer eingesetzt, welche in der weiteren Beschreibung als *Lichtverteilung 1* (Abk. *LV 1*) bezeichnet wird.

Die Charakterisierung der Lichtverteilungen erfolgt mithilfe der
Leuchtdichtemesskamera *Techno-Team LMK98-3*. Abbildung 66 zeigt die
ortaufgelösten Leuchtdichte beider Lichtverteilungen, wobei der Verlauf im
Schnitt A-B in Abbildung 67 separat aufgeführt ist. Dabei ist zu beachten,
dass der laterale Abstand zum Fahrzeug entgegen der Abbildung 65 bedingt durch den Aufnahmewinkel der Leuchtdichtekamera keine Intervallskalierung aufweist.

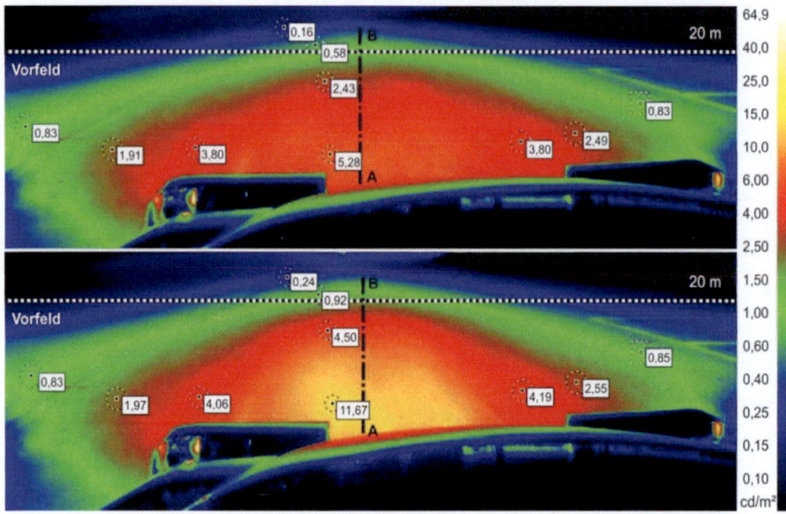

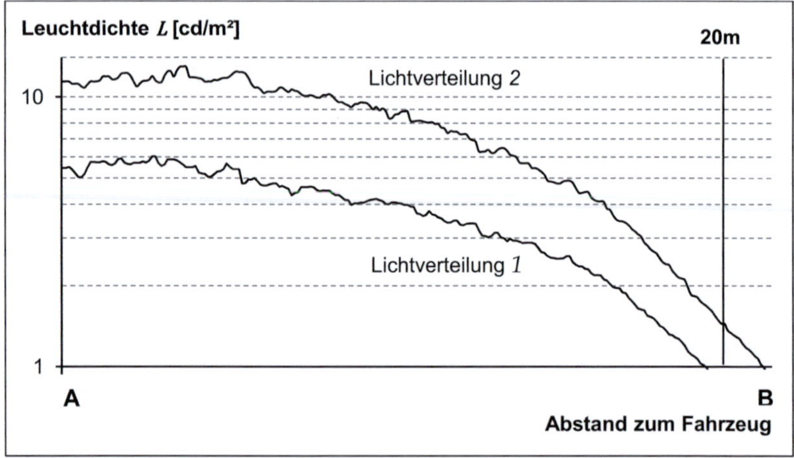

Abbildung 66:
Oben: Lichtverteilung *1 (LV1)*; Unten: Lichtverteilung *2 (LV2)* [Gla09]

Abbildung 67:
Leuchtdichteverlauf im Schnitt A-B der Lichtverteilungen *1* und *2*
(aufgrund des Aufnahmewinkels keine Intervallskalierung der Abszisse)

5.5.3 EYE-TRACKING-SYSTEM

Zur Aufnahme der Blickbewegungen wird ein Remote Eye-Tracking-System des Herstellers *Smart Eye* in der Version *Pro 5.4* eingesetzt (Abbildung 68). Das System besteht aus drei auf dem Armaturenbrett befindlichen Kameras, welche den Blickvektor des Fahrzeugführers aufzeichnen sowie einer Szenenkamera zur Aufnahme des Verkehrsraumes. Die Kameradaten werden in der weiteren Verarbeitung mithilfe einer Software synchronisiert. Im Gegensatz zu helmbasierten Systemen wird der Fahrzeugführer in seiner Fahraufgabe nicht beeinträchtigt.

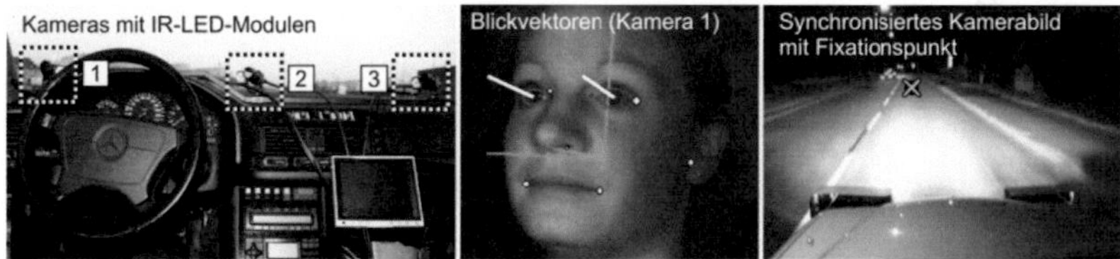

Abbildung 68:
Im Testfahrzeug installiertes Remote Eye Tracking System *Smart Eye Pro 5.4*

Die Ermittlung des Blickvektors wird durch einen Grauwertabgleich charakteristischer Punkte im Gesicht der Testperson ermöglicht. Zur Bestrahlung werden Infrarot-Leuchtdioden eingesetzt, wodurch eine Beeinflussung des Adaptationsniveaus ausgeschlossen werden kann. Abhängig von der jeweiligen Testperson wird eine Auflösung von bis zu 0,5° erreicht. Die Abtastrate beträgt 60 Hz.

Die Ausgabe der Daten erfolgt sowohl in Form einer Video- als auch einer Text-Datei. Letztere enthält die erfasste Blickbewegung V in vektorieller Darstellung.

$$V = \begin{bmatrix} Gaze\ Direction\ X \\ Gaze\ Direction\ Y \\ Gaze\ Direction\ Z \end{bmatrix} \tag{20}$$

Zur Auswertung der Blickdaten sind des Weiteren die Kalibrierdaten Z der Szenenkamera erforderlich, welche in folgender Form vorliegen.

$$Z = \begin{bmatrix} Coefficient\ x0 & Coefficient\ x1 & Coefficient\ x2 & Coefficient\ x3 \\ Coefficient\ y0 & Coefficient\ y1 & Coefficient\ y2 & Coefficient\ y3 \end{bmatrix} \tag{21}$$

Entsprechend Formel (22) und (23) lässt sich der Fixationspunkt im zweidimensionalen Raum nach [Sma09] berechnen.

$$
\begin{aligned}
x =\ &Coefficient\ x0 \cdot Gaze\ Direction\ X \\
&+Coefficient\ x1 \cdot Gaze\ Direction\ Y \\
&+Coefficient\ x2 \cdot Gaze\ Direction\ Z + Coefficient\ x3
\end{aligned} \tag{22}
$$

$$
\begin{aligned}
y =\ &Coefficient\ y0 \cdot Gaze\ Direction\ X \\
&+Coefficient\ y1 \cdot Gaze\ Direction\ Y \\
&+Coefficient\ y2 \cdot Gaze\ Direction\ Z + Coefficient\ y3
\end{aligned} \tag{23}
$$

5.5.4   PROBANDENKOLLEKTIV

Das Probandenkollektiv setzt sich aus sechs weiblichen und 14 männlichen Personen im Alter von 20 bis 42 Jahren zusammen.

Die Probanden durchlaufen im Rahmen einer Filterung ein optometrisches Screeningverfahren mit den in 3.4.4 definierten minimalen Sehleistungen. Bei Vorliegen einer korrigierten Ametropie werden ausschließlich Kontaktlinsenträger in das Kollektiv aufgenommen, da das Tragen einer Brille gegebenenfalls zu einer erschwerten Erkennung charakteristischer Gesichtsmerkmale durch das Eye-Tracking-System führt.

Zur Gewährleistung eines realistischen Blickverhaltens werden die Probanden nicht über die Zielstellung der Studie informiert.

5.5.5 VERSUCHSSTRECKE

Um den Einfluss des Straßentyps zu berücksichtigen, setzt sich die Versuchsstrecke aus ausgewählten Abschnitten von Stadt,- Land- und Schnellstraßen zusammen. Sie wird entsprechend der dem Anhang D zu entnehmenden Abbildung D.3 durchfahren.

Die Gesamtlänge der Versuchsstrecke beträgt 33 km. Zur Gewöhnung der Probanden an das Versuchsfahrzeug beinhaltet sie zunächst eine 4,5 km lange Zuführung zum Messabschnitt. Letzterer beginnt mit der Stadtstraße, dessen auswertbare Länge 3,4 km besitzt. Die auf diesem Abschnitt gefahrene Geschwindigkeit beträgt 50 km/h. Darauf folgend wird die 11,5 km lange, baulich getrennte vierspurige Schnellstraße mit einer Geschwindigkeit von 100 km/h durchfahren. Anschließend folgt der Landstraßenabschnitt mit einer auswertbaren Länge von 4 km und einer Geschwindigkeit von 60 km/h.

Die Versuchsstrecke wird mit den zu bewertenden Lichtverteilungen je einmal durchfahren. Die Gesamtfahrzeit beträgt etwa eine Stunde.

5.5.6 FRAGEBOGEN

Zur Evaluation der subjektiven Eindrücke füllen die Probanden unmittelbar nach Abschluss der Versuchsfahrt den in Anhang C aufgeführten Fragebogen aus.

Neben allgemeinen Fragen zur Erhebung der Probandendaten und zur Fahrgewohnheit werden den Testpersonen vier Fragen mit gebundenen Antwortformaten zur Beurteilung des Versuches und der Lichtverteilungen gestellt.

Die Bearbeitungszeit beträgt etwa 15 Minuten.

5.5.7 VERSUCHSZEITRAUM

Die Fahrten finden im September und Oktober 2009 im Zeitraum vom 20:45 Uhr bis 02:30 Uhr unter trockenen Witterungsbedingungen statt.

5.6 ANALYSE DER OBJEKTIVEN DATEN

5.6.1 DATENFILTERUNG

Zur Erkennung von Störgrößen werden die vom Eye-Tracking-System aufgezeichneten Videodaten im ersten Schritt der Auswertung gesichtet. Es werden vor allem Abschnitte aus der Auswertung ausgeschlossen, in denen sich nicht zu bewertende grundlegend visuell attraktive Muster im Gesichtsfeld des Fahrzeugführers befinden. Hierzu zählen neben unmittelbar vor dem Versuchsfahrzeug befindlichen Verkehrsteilnehmern, welche bis zu einer Entfernung von 75 m nach *Diem* [Die04] vom Fahrzeugführer häufig zur Orientierung genutzt werden, auch Fußgänger, Radfahrer und Werbeflächen im Gesichtsfeld. Letztere verursachen nach *Kettwich* [Ket07] ebenfalls eine Ablenkung des Fahrzeugführers. Weiterhin werden Abschnitte ausgeschlossen, in denen die Testperson Bedienelemente im Innenraum fixiert, sich das Fahrzeug nicht mit der vorgeschriebenen Geschwindigkeit bewegt oder Kurven, Kuppen und Senken mit geringen Radien durchfahren werden.

Im Übrigen werden die Daten einem Test auf Ausreißer unterzogen. Dieser identifiziert zwei Probanden während der Fahrt auf der Stadtstraße sowie einen weiteren auf der Landstraße. Die entsprechenden Testfahrten werden aus der weiteren Auswertung ausgeschlossen.

5.6.2 DATENEXTRAKTION

Zur Durchführung eines statistischen Vergleiches werden die in einer Text-Datei vorliegenden Einzelblickvektoren akkumuliert. Zu diesem Zweck wird ein dafür entwickeltes Excel-Makro verwendet, welches auf der Basis der Vektor- und Kalibrierdaten entsprechend den Formeln (22) und (23) die zweidimensionalen Koordinaten im Bild der Szenenkamera berechnet. Diese werden im weiteren Verlauf in Abhängigkeit der festgelegten Bereiche summiert und grafisch wie auch numerisch ausgegeben. Frames, in denen keine Blickdaten vorliegen, werden ausgeschlossen.

In Abbildung 69 sind beispielhaft die akkumulierten Fixationen einer Fahrt dargestellt.

5.6.3 DATENSTRUKTUR

Die akkumulierten Fixationen der einzelnen Probanden werden in Matrizen mit folgender Struktur organisiert.

$$H^S = \begin{bmatrix} h^S_{VF\,E1} \\ \vdots \\ h^S_{VF\,Em} \end{bmatrix} \tag{24}$$

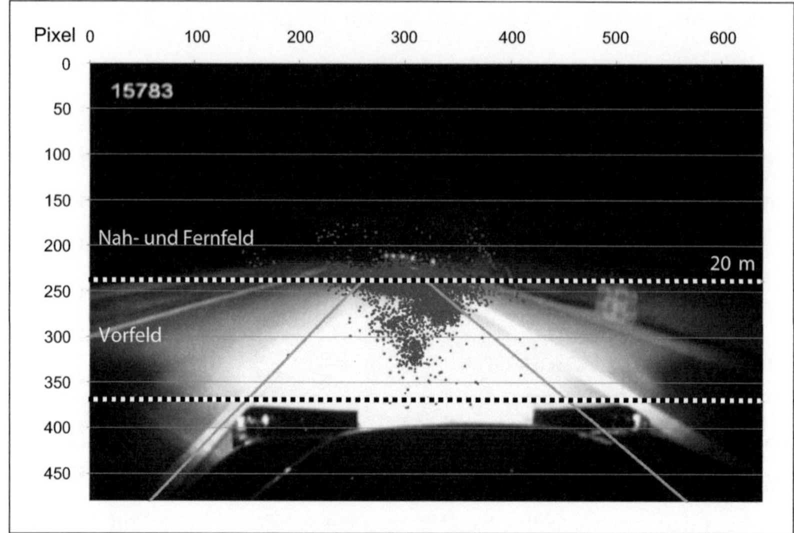

Abbildung 69:

Akkumulierte Fixationen eines Probanden während einer Testfahrt

Wie gehabt bezeichnet S das jeweilige Szenario, der Index Ei des Weiteren die Testperson. Die vorliegenden Messwerte teilen sich demnach in sechs Spaltenmatrizen mit je $m = 20$ Elementen.

5.6.4 DESKRIPTIVE STATISTIK

Die relativen Fixationshäufigkeiten im Bereich des Vorfeldes h_{VF} sind nachfolgend grafisch in Abbildung 70 und numerisch in Tabelle 29 dargestellt.

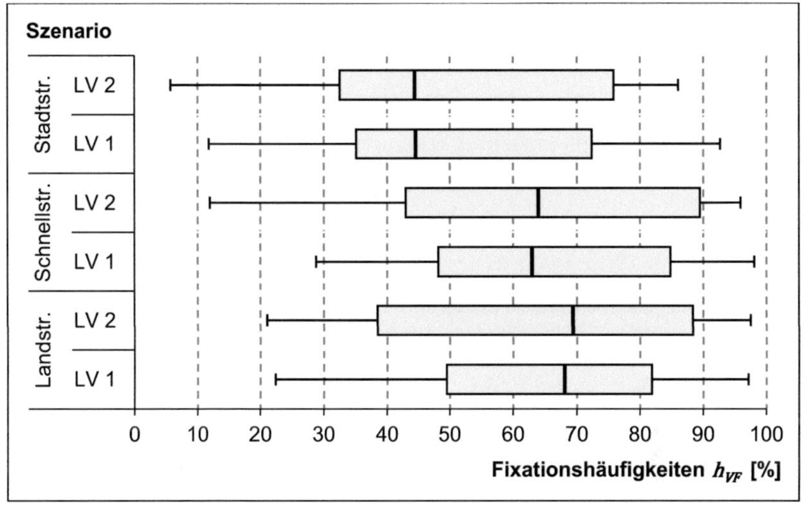

Abbildung 70:

Boxplots der relativen Fixationshäufigkeiten h_{VF} in Abhängigkeit der Vorfeldleuchtdichte und des Straßentyps

Tabelle 29:

Fixationshäufigkeiten h_{VF} mit Streumaßen in Abhängigkeit der Vorfeldleuchtdichte und des Straßentyps

Datenmatrix	$\overline{h}_{VF}$ [%]	σ_e [%]	$h_{VF_{min}}$ [%]	$Q_{0,25}$ [%]	$\widetilde{h}_{VF}$ [%]	$Q_{0,75}$ [%]	$h_{VF_{max}}$ [%]
$H^{Landstr.,LV1}$	66,2	20,6	22,4	49,5	68,0	82,0	97,1
$H^{Landstr.,LV2}$	63,0	25,9	21,1	38,5	69,4	88,4	97,5
$H^{Schnellstr.,LV1}$	64,4	20,9	28,8	48,2	63,0	84,9	98,1
$H^{Schnellstr.,LV2}$	61,8	26,1	12,0	43,0	64,0	89,5	95,9
$H^{Stadtstr.,LV1}$	51,4	23,0	11,8	35,1	44,6	72,4	92,7
$H^{Stadtstr.,LV2}$	49,9	23,0	5,6	32,6	44,4	75,9	86,1

5.6.5 PRÜFUNG AUF SIGNIFIKANZ

Zur Beantwortung der primären Fragestellung werden die in den Matrizen (24) enthaltenen Fixationshäufigkeiten der untersuchten Lichtverteilungen für jeden Straßentyp jeweils einem Paarvergleich unterzogen. Da entsprechend der in Tabelle 30 enthaltenen Überschreitungswahrscheinlichkeiten des *Kolmogorov-Smirnov*-Tests von der Normalverteilung aller Daten auszugehen ist, eignet sich zur Prüfung auf Signifikanz der parametrische *T*-Test für verbundene Stichproben. Das Signifikanzniveau wird auf $\alpha = 0{,}05$ festgelegt, wobei $0{,}05 < \alpha < 0{,}1$ eine Tendenz angibt. Die Ergebnisse der Einzeltests sind in Tabelle 31 aufgeführt.

Tabelle 30:

Prüfung der Fixationshäufigkeiten h_{VF} auf Normalverteilung mit dem *Kolmogorov-Smirnov*-Test; Überschreitungswahrscheinlichkeiten p

Datenmatrix	p
$H^{Landstr.,LV1}$	0,77
$H^{Landstr.LV2}$	0,77
$H^{Schnellstr.,LV1}$	0,67
$H^{Schnellstr.,LV2}$	0,81
$H^{Stadtstr.,LV1}$	0,80
$H^{Stadtstr.,LV2}$	0,80

Des Weiteren werden die Fixationshäufigkeiten zwischen den Straßentypen entsprechend den in Tabelle 32 aufgeführten Kombinationen verglichen. Aufgrund der Alphafehler-Kumulierung ist in diesem Fall eine Korrektur des p-Wertes mit dem *Bonferroni*-Verfahren durchzuführen.

Tabelle 31:

Vergleich der Lichtverteilungen auf Basis der Fixationshäufigkeiten h_{VF} mit dem T-Test für verbundene Stichproben; Mediandifferenzen $|\Delta \tilde{h}_{VF}|$, Überschreitungswahrscheinlichkeit p und standardisierte Differenzen d

Datenmatrizen		$|\Delta \tilde{h}_{VF}|$ [%]	p	d
$H^{Landstr.,LV1}$	$H^{Landstr.,LV2}$	1,4	0,22	0,14
$H^{Schnellstr.,LV1}$	$H^{Schnellstr.,LV2}$	1,0	0,37	0,11
$H^{Stadtstr.,LV1}$	$H^{Stadtstr.,LV2}$	0,2	0,36	0,07

Tabelle 32:

Vergleich der Straßentypen auf Basis der Fixationshäufigkeiten h_{VF} mit dem T-Test für verbundene Stichproben; Mediandifferenzen $|\Delta \tilde{h}_{VF}|$, Überschreitungswahrscheinlichkeiten $p/p_{korr.}$ und standardisierte Differenzen d

Datenmatrizen		$|\Delta \tilde{h}_{VF}|$	p	$p_{korr.}$	d
$H^{Landstr.,LV1}$	$H^{Schnellstr.,LV1}$	5	0,57	1,00	0,11
$H^{Landstr.,LV1}$	$H^{Stadtstr.,LV1}$	23,4	< 0,01	< 0,01	0,68
$H^{Schnellstr.,LV1}$	$H^{Stadtstr.,LV1}$	18,4	< 0,01	< 0,01	0,59
$H^{Landstr.,LV2}$	$H^{Schnellstr.,LV2}$	5,4	0,77	1,00	0,01
$H^{Landstr.,LV2}$	$H^{Stadtstr.,LV2}$	25,0	< 0,01	< 0,01	0,54
$H^{Schnellstr.,LV2}$	$H^{Stadtstr.,LV2}$	19,6	< 0,01	< 0,01	0,48

5.7 ANALYSE DER SUBJEKTIVEN DATEN

90 % der Testpersonen geben an, Unterschiede in den Lichtverteilungen wahrgenommen zu haben. Die Hälfte der Probanden ist des Weiteren der Meinung, dass die jeweilige Lichtverteilung ihr Fahrverhalten beeinflusst hat. 25 % geben keinen Einfluss auf das Fahrverhalten an, während weiteren 25 % keine Änderung aufgefallen ist.

Die Antworten auf die Frage 4, welche Lichtverteilung auf dem jeweiligen Streckenabschnitt als besonders angenehm empfunden wurde, sind in Abbildung 71 dargestellt.

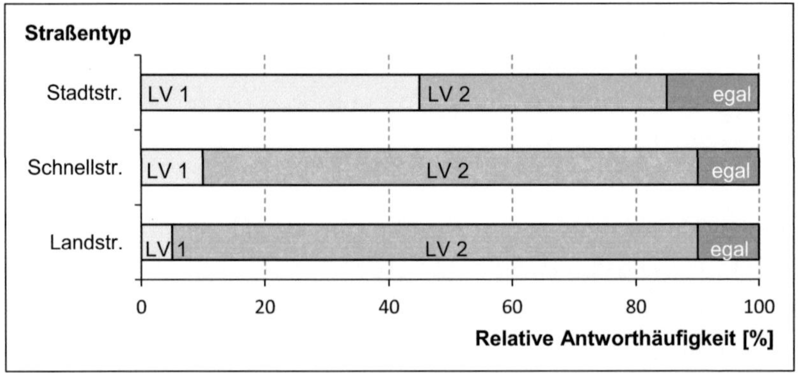

Abbildung 71:
Relative Antworthäufigkeiten auf die Frage 4: „Welche Lichtverteilung fanden Sie am angenehmsten für den jeweiligen Streckenabschnitt?"

5.8 DISKUSSION

5.8.1 DISKUSSION DER OBJEKTIVEN DATEN

Auf allen untersuchten Straßentypen ergibt sich aus einem statistischen Vergleich keine signifikante Abhängigkeit der Fixationshäufigkeiten im Vorfeld von der Leuchtdichte in diesem Bereich. Die These 1), eine Erhöhung der Leuchtdichte im Vorfeld führe aufgrund einer gesteigerten visuellen Attraktivität zu einer häufigeren Fixation, wird demnach für die untersuchten Lichtverteilungen widerlegt.

Es ist allerdings zu beachten, dass die Schlussfolgerung ausschließlich für die untersuchten Leuchtdichten Gültigkeit besitzt. Trotz der Ablehnung der These lässt sich aus einem Vergleich zwischen den Straßentypen grundsätzlich eine hohe visuelle Attraktivität hell ausgeleuchteter Bereiche vermuten. Jedoch ist dabei nicht die absolute, sondern die relative Leuchtdichte, also der Kontrast zum Umfeld, entscheidend. So wird das Vorfeld auf Land- und Schnellstraßen in etwa 2/3 der gesamten Fahrzeit fixiert, während die Anteile ober- und unterhalb der 20 m-Grenze auf Stadtstraßen nahezu gleich verteilt sind. Hinsichtlich des auf die Geschwindigkeit angepassten Bereiches der Sehaufgabe wäre ein entgegengesetztes Verhalten zu erwarten. Das Vorliegen dieser statistisch nachweisbar signifikanten Unterschiede könnte auf die ortsfeste Beleuchtung und die damit verbundenen geringeren Leuchtdichteunterschiede auf der Fahrbahn zurückzuführen sein. In der Stadt besitzt die Umfeldleuchtdichte ein grundlegend hohes Niveau von etwa 2 cd/m^2. Die Fahrbahn im Sichtfeld des Fahrzeugführers ist trotz der Scheinwerferlichtverteilung vergleichsweise großflächig homogen ausgeleuchtet. Auf Land- und Schnellstraßen hingegen wird die Ausleuchtung lediglich durch die Fahrzeugscheinwerfer erzeugt. Infolgedessen sind die Leuchtdichteunterschiede ober- und unterhalb der 20 m-Grenze deutlich wahrnehmbar höher. Das Vorfeld weist in diesem Fall mutmaßlich eine erhöhte visuelle Attraktivität auf und wird häufiger fixiert.

Diese Theorie stützt die Untersuchungen von *Greule* [Gre09], nach welchen nicht die absoluten Leuchtdichten, sondern insbesondere die Kontraste zu einer erhöhten visuellen Attraktivität führen.

Ausgehend von dieser Überlegung könnte ein Vorfeld mit einer besonders geringen Leuchtdichte bedingt durch den geringeren Kontrast zum nicht beleuchteten Umfeld auch außerorts zu einem mit der Stadtfahrt vergleichbaren Blickverhalten führen. Allerdings würde eine Lichtverteilung dieser Art nach den von *Kammann* [Kam03] erzielten Ergebnissen zu einer erschwerten Erkennung des Fahrbahnverlaufes und damit ebenfalls zu einem Nachteil für die nächtliche Verkehrssicherheit führen. In diesem Fall wäre eine Abwägung der Vor- und Nachteile erforderlich.

Es ist jedoch festzuhalten, dass die Ergebnisse dieser Studie eine Abhängigkeit des Fixationsverhaltens von den auf der Fahrbahn vorliegenden Kontrasten zwar vermuten lassen, jedoch aufgrund der nicht vergleichbaren Bedingungen nicht endgültig beweisen. Obwohl der Vergleich zwischen den Straßentypen die diskutierte Theorie nahe legt, könnten ebenfalls auch Umfeldfaktoren bzw. die Fahrzeuggeschwindigkeit einen Grund für das signifikant veränderte Fixationsverhalten darstellen.

5.8.2 DISKUSSION DER SUBJEKTIVEN DATEN

Die Auswertung der Fragebögen zeigt eine Korrelation zwischen dem subjektiven Empfinden der Testpersonen und deren objektiv messbaren Blickverhalten. So weisen Land- und Schnellstraße eine nahezu identische Bewertung auf, während die auf der Stadtstraße erzielten Ergebnisse abweichen.

Außerhalb geschlossener Ortschaften wird ein helles Vorfeld von 80 bis 85 % der Testpersonen bevorzugt. Im Gegensatz zu den Ergebnissen von *Dahlem* [Dah01] liegen die Leuchtdichten der präferierten Lichtverteilung dabei über den mit konventionellen Gasentladungsscheinwerfern generierbaren Werten. Die These 2), nach welcher ein helles Vorfeld vom Fahrzeugführer subjektiv präferiert wird, kann für die untersuchten Situationen bestätigt werden.

In Bezug auf das Sicherheitsempfinden ist es demnach zweckmäßig, die Leuchtdichte des Vorfeldes zu erhöhen. Allerdings gilt es zu bedenken, dass ein gesteigertes Sicherheitsempfinden auch zu einer Erhöhung der vom Fahrzeugführer gewählten Geschwindigkeit führen kann. Zwar haben vorhergehende Untersuchungen gezeigt, dass hohe Beleuchtungsstärken im Vorfeld aufgrund der Reflexionen auf der Fahrbahn ebenfalls zu einer Steigerung der Objektkontraste im Fernfeld führen, jedoch wird das Verhältnis aus zurück- und vorwärtsreflektierten Licht durch die Fahrbahneigenschaften bestimmt. Insbesondere auf rauen Fahrbahnoberflächen steigt die vom Fahrer wahrgenommene Leuchtdichte, während der Anteil des vorwärtsreflektierten Lichtes und damit die Objektkontraste im Fernfeld sinken. Somit bedingt ein hell wahrgenommenes Vorfeld nicht zwangsweise eine hohe Erkennbarkeitsentfernung. Fehleinschätzungen des Fahrzeugführers könnten als Folge auftreten.

Innerhalb geschlossener Ortschaften sind die Präferenzen der Probanden annähernd gleichverteilt. 45 % der Probanden geben die Lichtverteilung *1* als angenehmer an, während 40 % mit der Lichtverteilung *2* ein helleres Vorfeld vorziehen. Die Ursache könnte ebenfalls in der ohnehin bereits hohen Umfeldleuchtdichte und der geringen Geschwindigkeit zu sehen sein, welche zu einem erhöhten Sicherheitsgefühl in der Stadt führt.

5.9 FAZIT

Das Vorfeld wird von Fahrzeugführern in der Dunkelheit häufig fixiert. Ein im Fernfeld auftretendes Hindernis wird daher oftmals zunächst peripher wahrgenommen, wodurch zur Reaktion eine Sakkade erforderlich ist. Die für diese Augenbewegung zusätzlich benötigte Zeit führt zu einem erhöhten Unfallrisiko.

Obwohl eine Veränderung der Vorfeldleuchtdichte im Bereich praxisbezogener und gesetzlicher Unter- und Obergrenzen den Erwartungen widersprechend nicht zu einer Beeinflussung der Blickhäufigkeit in diesem Bereich führt, lässt sich aus den Ergebnissen eine visuelle Attraktivität hoher Kontraste vermuten. Helle Flächen sind mutmaßlich dann visuell attraktiv, wenn die Umfeldleuchtdichte deutlich geringer ist. Damit ergeben sich die folgenden Schlussfolgerungen für die Auslegung von Scheinwerfersystemen, welche sich neben der Vorfeldausleuchtung zum Teil auch auf andere Bereiche der Lichtverteilung übertragen lassen:

Die auf vorhergehenden Untersuchungen basierenden Empfehlungen zur Leuchtdichte der Vorfeldausleuchtungen behalten ihre Gültigkeit. Damit bleibt dieser Bereich auch für die Auslegung zukünftiger LED-Matrixscheinwerfer relevant und ist bei der Berechnung des erforderlichen Lichtstroms zu berücksichtigen.

Die absolute Leuchtdichte besitzt eine untergeordnete Rolle, weshalb eine Anpassung der in der *ECE* festgelegten Maximalwerte im Vorfeld nicht erforderlich ist. Jedoch wäre im Fall eines bestätigten Zusammenhanges zwischen den im Vorfeld vorliegenden Kontrasten und dem Fixationsverhalten eine Eingliederung von Definitionen bezüglich der Homogenität der Lichtverteilung zu empfehlen.

Des Weiteren wäre eine gezielte Nutzung dieses Effektes denkbar. So könnten Bereiche mit scharfen Hell-Dunkel-Grenzen innerhalb der Lichtverteilung zur situationsabhängigen Steuerung des Fixationsverhaltens genutzt werden. Die Erzeugung von Mustern mit scharfen Hell-Dunkel-Grenzen in Bereichen, in denen die Auftretenswahrscheinlichkeit von Hindernissen statistisch am höchsten ist, könnte das Blickverhalten von Fahrzeugführern optimieren. Technisch sind derartige Anforderungen mit Matrixscheinwerfern zu erfüllen.

Die erzielten Ergebnisse beantworten eine weitere grundlegende Fragestellung zum Einfluss der Vorfeldausleuchtung auf den Fahrzeugführer und damit auf die Verkehrssicherheit. In weiteren Schritten ist zunächst die

Theorie der Abhängigkeit des Blickverhaltens von den in der Lichtverteilung vorliegenden Kontrasten zu prüfen. Des Weiteren sind Kontrastschwellen zu ermitteln, welche zu einer gesteigerten Attraktivität führen.
Auf diese Weise können Anforderungen an die Homogenität der Lichtverteilung sowie an die Gestaltung von Mustern zur gezielten Steuerung des
Blickverhaltens abgeleitet werden.

KAPITEL 6

ZUSAMMENFASSUNG UND AUSBLICK

Im nächtlichen Verkehrsraum ist die visuelle Informationsaufnahme des Fahrzeugführers eingeschränkt. Ein entscheidendes Kriterium für die schnelle Detektion eines Objektes stellt neben dem Verhältnis aus dem jeweils vorliegenden Objektkontrast und dem Schwellenkontrast des Fahrzeugführers auch dessen Blickbewegungen dar. Die genannten Parameter werden vor allem durch die Auslegung des Schweinwerfers bestimmt, wodurch dieser die Sicherheit in der Dunkelheit maßgeblich beeinflusst. So stellt die Optimierung und Dynamisierung von Scheinwerfersystemen unumstritten den entscheidenden Schritt zur Senkung der bislang noch unverhältnismäßig hohen Unfallzahlen in der Dunkelheit dar. In weiterem Maße kann der weniger bekannte Einsatz einer ambienten Innenraumbeleuchtung durch eine Beeinflussung des Kontrastsehens unterstützend wirken.

In der vorliegenden Arbeit wird der Einfluss innovativer, lichttechnischer Konzepte im Ex- und Interieurbereich auf objektive und subjektive Parameter von insgesamt 100 Probanden analysiert und bewertet. Neben unterschiedlichen Warnsichtkonzepten zur besseren Erkennbarkeit von Fußgängern wird eine Bewertung einer auf dem Markt befindlichen adaptiven Innenraumbeleuchtung sowie verschiedener Vorfeldausleuchtungen in Hinblick auf die Auslegung von Matrixscheinwerfern durchgeführt.

Besonders großes Potential zur Steigerung der Verkehrssicherheit bei Nacht zeigen die im ersten Teil der Arbeit analysierten Warnsichtkonzepte. Während derzeit auf dem Markt befindliche Warnsysteme nach der Detektion eines Fußgängers ein optisches oder akustisches Signal im Innenraum des Fahrzeuges darbieten, nutzen Warnsichtsysteme den Scheinwerfer als Aktor. Dieser beleuchtet additiv zur Grundlichtverteilung den über eine Sensorik detektierten Fußgänger, wobei die Zusatzausleuchtung eine unterschiedliche Charakteristik besitzen kann. Analysiert wird im Rahmen dieser Studie ein Konzept zur Ausleuchtung des gesamten Verkehrsraumes über ein kurzzeitiges Zuschalten des Fernlichtes sowie selektive Ausleuchtungen des oberen bzw. unteren Fußgängerbereiches durch einen Spot.

Mithilfe von 30, nach definierten Kriterien ausgewählten Probanden, wird auf einer gesperrten Versuchsstrecke die Erkennbarkeitsentfernung von Fußgängerattrappen unter Simulation der genannten Konzepte aufgenommen und miteinander verglichen. Als Referenz dient das konventionelle Abblendlicht. Es zeigt sich, dass die Verwendung von Warnsichtsystemen die Erkennbarkeitsentfernung der Probanden signifikant erhöht. So werden abhängig vom simulierten System unter den vorliegenden Bedingungen Erhöhungen von etwa $\Delta\tilde{e}_{rel} \sim 47\,\%$ bis $\Delta\tilde{e}_{rel} \sim 58\,\%$ erzielt, wobei der größte Einfluss durch das kurzzeitige Zuschalten des Fernlichtes erreicht wird. Neben den objektiv messbaren Effekten zeigt die Evaluation der subjektiven Eindrücke ebenfalls sehr gute Ergebnisse. Damit kann die Integration dieser Funktion im automobilen Scheinwerfer die Sicherheit ungeschützter Verkehrsteilnehmer im nächtlichen Verkehrsraum in hohem Maße erhöhen. Es ist zu erwarten, dass ein breiter Einsatz den Anteil getöteter oder schwer verletzter Fußgänger deutlich reduziert. Aufgrund der vergleichsweise hohen Kosten ist in den nächsten Jahren jedoch zunächst mit einer langsamen Marktdurchdringung zu rechnen.

Die bisher gewonnenen Resultate besitzen aufgrund der Verwendung des Abblendlichtes als Referenz zwar für den Großteil der Situationen im nächtlichen Straßenverkehr Gültigkeit, jedoch nicht für alle. Insbesondere in Hinsicht auf einen zukünftig zu erwartenden höheren Anteil von Fernlichtfahrten ist in einer weiterführenden Studie die Quantifizierung des Wirkpotentials unter Verwendung des Fernlichtes sinnvoll. In diesem Fall besäße nur die selektive Ausleuchtung der Fußgänger eine Warnfunktion. Des Weiteren ist aufgrund der geringeren Kontrastunterschiede beim Zuschalten auch ein geringeres Effektmaß zu erwarten. Ferner sind neben den positiven auch potentiell negative Effekte zu identifizieren und quantifizieren. Hier sei insbesondere das Risiko der Blendung für andere Verkehrsteilnehmer genannt.

Im Rahmen der Bewertung der blendungsminimierenden Innenraumbeleuchtung *AAB* erfolgt zur Einschätzung ihrer Relevanz im zweiten Teil der vorliegenden Arbeit zunächst eine Analyse der durch den Gegenverkehr ausgelösten Blendbelastung im nächtlichen Verkehrsraum. Mithilfe eines Versuchsfahrzeuges werden die Blendbeleuchtungsstärken an der Position des Fahrerauges ermittelt und mit den Vorgaben der *ECE* verglichen. Als Ergebnis überschreiten abhängig vom Scheinwerfertyp etwa 12 bis 15 % aller Fahrzeuge die zulässigen Maximalwerte; 40 % dieser Verkehrsteilnehmer um mindestens ein Drittel. Bei der im heutigen Straßenverkehr vorliegenden hohen Verkehrsdichte wird ein Fahrzeugführer damit mehrfach einer unnötig hohen Blendbelastung ausgesetzt. Zur Vermeidung des damit verbundenen erhöhten Unfallrisikos ist neben technischen Lösungen vor allem auch die Erweiterung gesetzlicher Maßnahmen erforderlich. Denkbar ist beispielsweise eine Streulichtbestimmung im Rahmen der Hauptuntersuchung durch die Bestimmung der Blendbeleuchtungsstärke im Messpunkt *B50 L*.

Verbesserungen in der Scheinwerferlichttechnik können die Blendbelastung für den Fahrzeugführer zwar reduzieren, jedoch nicht gänzlich ausschließen. Ein Lösungsansatz zur weiteren Verbesserung beinhaltet den Einsatz einer adaptiven ambienten Innenraumbeleuchtung. Ein System dieser Art ist auf dem Markt erhältlich. Dieses, in der vorliegenden Arbeit als *AAB* bezeichnete System, erhöht die Leuchtdichte einer an der Sonnenblende zu befestigenden Lichtaustrittsfläche mit der Blendbeleuchtungsstärke des Gegenverkehrs, wodurch den Angaben des Herstellers zufolge die Blendung des Fahrers verringert wird.

In einem statischen und dynamischen Versuch mit insgesamt 50 Probanden erfolgt eine Bewertung der *AAB* auf der Basis der objektiven Kriterien Schwellenkontrast und Erkennbarkeitsentfernung sowie von Fragebögen. Das System erzielt weder einen positiven noch einen negativen signifikanten Einfluss auf die genannten objektiven Parameter. Subjektiv kann ein geringer positiver Einfluss auf die psychologische Blendung nachgewiesen werden, welcher jedoch lediglich im statischen Versuchsteil eine statistische Signifikanz besitzt. Die *AAB* weist damit insgesamt ein geringes Effektmaß auf, kann jedoch je nach Fahrzeugführer zu einer subjektiv angenehmeren Fahrsituation beitragen. Die Entscheidung über die Verwendung obliegt damit dem jeweiligen Fahrzeugführer.

Der Grund für den fehlenden Einfluss ist mutmaßlich in dem nicht an die Physiologie des Fahrzeugführers angepassten Steuerverhalten der *AAB* zu sehen. Eine Optimierung könnte neben den bisher erzielten positiven subjektiven Ergebnissen auch zu einer objektiv messbaren Verbesserung der visuellen Leistungsparameter führen. Eine Untersuchung zur Optimierung des Steuerverhaltens befindet sich derzeit in der Durchführung. Erste Ergebnisse sind Ende 2011 zu erwarten. Neben der Optimierung des Steuerverhaltens stellt die Untersuchung physiologischer und psychologischer Aspekte in Abhängigkeit der Parameter Farbe, Leuchtdichte, Größe und

Anbauposition einen sinnvollen nächsten Schritt dar. Des Weiteren ist eine objektive Analyse der bislang ausschließlich mit Fragebögen evaluierten subjektiven Parameter zu empfehlen. So könnte die Messung und Auswertung biometrischer Daten die bisher erzielten positiven subjektiven Einschätzungen der Probanden physikalisch quantifizieren. Auf diese Weise werden fehlerhafte Einschätzungen, welche auf den Erwartungen der Probanden an das zu bewertende System basieren, vermieden. Biometrische Daten beinhalten in diesem Zusammenhang neben dem Elektrokardiogramm die elektrodermale Aktivität sowie das Verhältnis aus Brust- und Bauchatmung. Diese durch Stress bestimmten Parameter können mithilfe verfügbarer kompakter Systeme auch während der Fahrt ermittelt werden.

Der dritte Teil der vorliegenden Arbeit beinhaltet eine Analyse der visuellen Attraktivität hoher Leuchtdichten im Bereich des Vorfeldes. Während in bisherigen Studien überwiegend positive Einflüsse hoher Vorfeldleuchtdichten nachgewiesen wurden, könnten letztere das Blickverhalten des Fahrzeugführers und damit die Verkehrssicherheit negativ beeinflussen. Es wird untersucht, inwieweit ein helles Vorfeld den Fahrzeugführer vom Bereich der Sehaufgabe im Fernfeld ablenkt und auf diese Weise die Reaktionszeit in einer Gefahrensituation erhöht. Damit wird eine weitere Fragestellung zur Relevanz der Vorfeldausleuchtung beantwortet, welche neben der allgemeinen Auslegung von Scheinwerfern vor allem in Hinblick auf die Entwicklung von LED-Matrixscheinwerfern von Interesse ist.

In einem Fahrversuch werden die Blickbewegungen von 20 Probanden unter Verwendung zweier unterschiedlicher Lichtverteilungen auf der Land-, Schnell- und Stadtstraße aufgenommen. Mithilfe eines LED-Forschungsscheinwerfers werden die Vorfeldleuchtdichten im zulässigen Rahmen der *ECE*-Regelungen variiert, während die Lichtverteilung im Nah- und Fernfeld praktisch nicht verändert wird. Dabei zeigt eine Erhöhung der Leuchtdichte im Bereich des Vorfeldes keinen Einfluss auf das

Blickverhalten des Fahrzeugführers. Aus den gewonnenen Daten lässt sich allerdings eine Abhängigkeit des Fixationsschwerpunktes von den auf der Fahrbahn vorliegenden Kontrasten vermuten. Subjektiv wird auf Land- und Schnellstraßen eine helle Ausleuchtung bevorzugt. Innerhalb der Stadtfahrt sind die Präferenzen gleichverteilt.

Auf der Basis der gewonnenen Ergebnisse lässt sich eine, durch die Beeinflussung des Fixationsverhaltens bedingte, Gefährdung der Verkehrssicherheit durch praxisrelevante hohe Leuchtdichten im Vorfeld des Fahrzeuges ausschließen, wodurch eine Abwägung positiver und negativer Wirkungen nicht erforderlich ist. Damit behalten die auf der Basis bisheriger Untersuchungen ausgesprochenen Empfehlungen zur Vorfeldleuchtdichte ihre Gültigkeit.

Aufgrund der zu vermutenden Abhängigkeit des Fixationsverhaltens von den im Vorfeld generierten Kontrasten werden jedoch potentiell erhöhte Anforderungen an die Homogenität gestellt. In weiterführenden Untersuchungen ist zunächst die beschriebene Abhängigkeit zu prüfen. Des Weiteren sind die Kontrastschwellen zu ermitteln, welche mutmaßlich eine gesteigerte visuelle Attraktivität bedingen. Neben der Ableitung von Homogenitätsanforderungen an die Vorfeldausleuchtung würden die Ergebnisse dieser weiterführenden Untersuchung ebenfalls eine Basis für die Entwicklung von Mustern zur gezielten Steuerung von Blickbewegungen bilden.

LITERATURVERZEICHNIS

[ACE09]   Auto Club Europa (ACE). 2009. Mehr schlimme Unfälle bei
Dunkelheit - Zeitumstellung kommt. [Online]. 19. Oktober
2009. [Zitat vom: 2010. Juli 22.] www.ace-online.de.
http://www.ace-online.de/der-club/news/studie-mehr-
schlimme-unfaelle-bei-dunkelheit-zeitumstellung-
kommt/browse/5.html.

[ADA10]   Allgemeiner Deutscher Automobil-Club e.V. (ADAC). 2010.
Schutz für den Schulweg. in: ADAC Motorwelt. München:
Allgemeiner Deustcher Automobil-Club e.V. (ADAC),
2010. 05.

[Bar03]   Barton, S. 2003. Cornering Lamp and Static Bend Lighting.
5th International Symposium on Automotive Lighting (ISAL).
München: Herbert Utz Verlag GmbH, 2003.

[Bäu07]   Bäumler, H. 2007. Rekonstruktion von nächtlichen
Fußgängerunfällen. VKU-Konferenz - Fußgängerunfälle und
Fußgängerschutz. Aachen: Vieweg Technology Forum, 2007.

[Bäu03]   Bäumler, H. 2003. Vergleichende Untersuchungen von
Fußgängerunfällen unter Berücksichtigung der
Rezeptionsproblematik bei Dunkelheit. Dissertation.
Gebenbach: s.n., 2003.

[Bhi77]   Bhise, V.D., et al. 1977. Modeling Vision with Headlights in a
System Context. Warrendale: PA: Soc. of Automotive
Engeners, 1977.

[Boc87]   Bockelmann, W. 1987. Auge Brille Auto. Heidelberg: Spinger Verlag Berlin, 1987.

[Böh10]   Böhm, M., Locher, J., Krems, J.F. 2010. Effizienz adaptiver Kraftfahrzeugscheinwerfer am Beispiel der adaptiven Hell-Dunkel-Grenze. VDI-Berichte 2090, Optische Technologien in der Fahrzeugtechnik. Düsseldorf: VDI-Verlag GmbH, 2010.

[Böh08]   Böhm, M., Luschinski, A. und Locher, J. 2008. Licht ins Dunkel - Empirische Belege für einen Sicherheitsgewinn durch lichtbasierte Assistenzsysteme. VDI-Berichte 2038. Optische Technologien in der Fahrzeug-technik. Düsseldorf: VDI-Verlag, 2008.

[Bos09]   Bosch. 2009. Detektionsreichweite von Fußgängern. Freundliche Bereitstellung der Information. Leonberg : s.n., 2009.

[Bra10b]   uwe braun GmbH. 2010. Empfindlichkeitsbereich der Photosensoren. Freundliche Bereitstellung der Infor-mation. Lenzen: s.n., 2010.

[Bra10a]   uwe braun GmbH. 2010. Abbildung der AAB. Freundliche Bereitstellung der Information. Lenzen: s.n., 2010.

[Bra11a]   uwe braun GmbH. 2011. Informationen zum *AAB*. [Online] [Zitat vom: 18. Februar 2011.] www.antiblendlicht.com.   http://www.antiblendlicht.com/wie_funktioniert_ abl.html.

[Bra11b]   uwe braun GmbH. 2011. Informationen zum *AAB*. [Online] [Zitat vom: 18. Februar 2011.] www.uwe-braun.com.http://www.uwe-braun.com/produkt_ details/pDproductId/S501AC002.

[Bun10a]   Bundesanstalt für Straßenwesen (BASt). 2010. Automatische
Zählstellen auf Autobahnen und Bundesstraßen. [Online]
2010. August 2010. [Zitat vom: 30. August 2010.].
www.bast.de.
http://www.bast.de/cln_007/nn_472408/DE/Aufgaben/
abteilung-v/referat-v2/verkehrszaehlung/Aktuell/zaehl
_aktuell_node.html?_nnn=true&filter=true&
submit=Suche+starten&dtvSv=&dtvKfz=&land=&strTyp=B&s
tr=&map=0.

[Bun10b]   Bundesministerium der Justiz. 2010. Straßenverkehrs-
Ordnung. s.l.: Bundesministerium der Justiz, 2010.

[Cab09b]   Caberletti, L. 2009. Assessment Method for Vehicle Interior
Lighting: subjective Responses and objective Measures. Lux
Junior Tagungsband. Ilmenau: Technische Universität
Ilmenau, 2009.

[Cab09a]   Caberletti, L., Kümmel, M. und Schierz, C. 2009. Results of an
experimental Study on Driver's Perception of Ambient
Vehicle Lighting. 8th International Symposium on
Automotive Lighting (ISAL). München: Herbert Utz Verlag
GmbH, 2009.

[Cej09]   Cejnek, M, et al. 2009. Automotive Variable Front Lighting
Systems Alternatives. 8th Symposium of Automotive
Lighting (ISAL). München: Herbert-Utz-Verlag, 2009.

[Coh89]   Cohen, A. S. 1989. Blicktechnik in Kurven. bfu-Report 13.
Wissenschaftliches Gutachten. Bern: Schweizerische
Beratungsstelle für Unfallverhütung (bfu), 1989.

[Coh76]   Cohen, A. S. 1976. Augenbewegungen des Autofahrers beim
           Vorbeifahren an unvorhersehbaren Hindernissen und auf
           freier Strecke. Zeitschrift für Verkehrssicherheit. Köln: TÜV
           Media GmbH, 1976. 22.

[Coh69]   Cohen, J. 1969. Statistical Power analysis for the behavioral
           sciences. New York, London: Academic Press. 1969

[Dah01]   Dahlem, T. 2001. Physiological Investigation of the
           Proportioning of Headlamp Illumination. Progress in
           Automobile Lighting Technology (PAL). München : Herbert
           Utz Verlag, 2001.

[Dai10]   Daimler AG. 2010. Neue Spotlight-Funktion für den Aktiven
           Nachtsicht-Assistenten PLUS: Mehr Sicherheit für Fußgänger.
           [Online] 08. Dezember 2010. [Zitat vom: 2011. April 07.].
           www.media.daimler.com. http://media.daimler.com/
           dcmedia/0-921-658892-49-1354042-1-0-1-0-0-1-12639-854934-0-
           1-0-0-0-0-0.html?TS=1302168746363.

[Dam95]   Damasky, J. 1995. Lichttechnische Entwicklung von
           Anforderungen an Kraftfahrzeugscheinwerfer. Dissertation.
           Darmstadt: Technische Universität Darmstadt, 1995.

[Dam97]   Damasky, J. und Hosemann, A. 1997. The Influence of the
           Light Distribution of Headlamps on Drivers Fixation
           Behavior at Nighttime. Progress in Automobile Lighting
           (PAL). Darmstadt : Technische Hochschule Darmstadt, 1997.

[DAT11]   Deutsche Automobil Treuhand Gesellschaft (DAT). 2011.
           DAT-Report. Würzburg: Vogel Business Media GmbH &
           Co.KG, 2011.

[DAT10]   Deutsche Automobil Treuhand Gesellschaft (DAT). 2009.
             2010. DAT-Report 2010. München: Springer Transport Media
             GmbH, 2010.

[DAT09]   Deutsche Automobil Treuhand Gesellschaft (DAT). 2009.
             Leitfaden zu Kraftstoffverbrauch und CO2 Emissionen aller
             neuen Personenkraft-wagenmodelle, die in Deutschland zum
             Verkauf angeboten werden. Ostfildern: Deutsche Automobil
             Treuhand GmbH (DAT), 2009.

[DAT00]   Deutsche Automobil Treuhand Gesellschaft (DAT). 2000.
             DAT-Report. Würzburg: Vogel Verlag und Druck GmbH &
             Co. KG, 2000.

[Der98]   Derichs, H. 1998. Vergleich statischer Auswerteverfahren der
             experimentell ermittelten Reaktionszeiten von PKW-Fahrern
             im Straßenverkehr. Köln: Fachhochschule Köln, 1998.

[Deu03]   Deutscher Verkehrssicherheitsrat e.V. 2003. Verhinderung
             von Dunkelheitsunfällen. Schriftenreihe Verkehrssicherheit;
             Unfälle in der Dunkelheit. Bonn: Deutscher
             Verkehrssicherheitsrat e.V., 2003.

[Die04]   Diem, C. 2004. Blickverhalten von Kraftfahrern im
             dynamischen Straßenverkehr. Dissertation. Darmstadt:
             Technische Universität Darmstadt, 2004.

[Die99]   Diem, C. und Schmidt-Clausen, H.-J. 1999. Analysis of Eye-
             Movement Behavior Using Moveable Headlamps. Progress in
             Automobile Lighting (PAL'99). München: Herbert Utz
             Verlag, 1999.

[Dre09]   Dreier, B. und Rosenhahn, E.O. 2009. Camera Controlled
             Adaptive Cut-off and Adaptive Partial High Beam

Application. 8th International Symposium on Automotiver Lighting (ISAL). München: Herbert Utz Verlag, 2009.

[ECE10]   FEE Fahrzeugtechnik EWG/ECE. 2008/2010. Richtlinien der europäischen Gemeinschaft für Straßenfahrzeuge (EWG-Richtlinien) und Regelungen der Economic Commission for Europe für Kraftfahrzeuge und ihre Anhänger (ECE-Regelungen). Bonn : Kirschbaum Verlag, 2008/2010.

[Eck93]   Eckert und M. 1993. Lichttechnik und optische Wahrnehmungssicherheit im Straßenverkehr. Berlin: Verlag Technik, 1993.

[Enk79]   Enke. 1979. Möglichkeiten zur Verbesserung der aktiven Sicherheit innerhalb des Regelkreises Fahrer-Fahrzeug-Umgebung. 7. Tagung über Sicherheitsfahrzeuge. Paris: s.n., 1979.

[Ewe04]   Ewerhart, F. 2004. Videobasiertes Kurvenlicht - Der Scheinwerfer lernt sehen. Licht 2004. Berlin: Deutsche Lichttechnische Gesellschaft e.V. (LiTG), 2004.

[Far05]   Faroog, I., Schmidt, C. und Klein, M. 2005. Predictive Advanced Front Lighting System. 6th International Symposium on Automotive Lighting (ISAL). München: Herbert Utz Verlag, 2005.

[Fas94]   Fastenmeier, W. 1994. Verkehrstechnische und verhaltensbezogene Merkmale von Fahrstrecken - Entwicklung und Erprobung einer Typologie von Straßenverkehrssituationen. Dissertation. München: Technische Universität, 1994.

[Fla03]   Flannagan, M.J. und Flanigan, C. 2003. Development of an Headlighting Rating System. 5th International Symposium on Automotive Lighting (ISAL). München: Herbert Utz Verlag, 2003.

[Fra06]   Franzke, D. 2006. Einfluss einer ambienten Beleuchtung auf das Kontrastsehen. Diplomarbeit. Karlsruhe: Universität Karlsruhe (TH), 2006.

[FSV95]   Forschungsgesellschaft für Strassen- und Verkehrswesen - Arbeitsgruppe Straßenentwurf. 1995. Richtlinien für die Anlagen von Straßen - RAS. 1995.

[Gla09]   Glaß, J. 2009. Untersuchung der Fixationshäufigkeit unterschiedlicher Vorfeldausleuchtungen automobiler Scheinwerfer. Studienarbeit. Karlsruhe: Universität Karlsruhe (TH), 2009.

[Got96]   Gotoh, S. und Aoki, T. 1996. Development of Active Headlight. Enhanced Safety of Vehicles, 15 th International Technical Conference on the Enhanced Safety of Vehicles. Melbourne: s.n., 1996.

[Gre93]   Greule, R. 1993. Kontrastsschwellen bei transienter Adaptation. Dissertation. Karlsruhe: Universität Karlsruhe (TH), 1993.

[Gre09]   Greule, R., Felsch, M. und Lemke, T. 2009. Metrological capture of visual reaction. Lux Junior Tagungsband 2009. Ilmenau: Technische Universität Ilmenau, 2009.

[Gri05]   Griesinger, M., et al. 2005. Multifunctional Use of Semiconductor Based Car Lighting Systems. 6th International

Symposium on Automotive Lighting (ISAL). München: Herbert Utz Verlag, 2005.

[Gri03] Grimm, M. 2003. Anforderungen an ein ambiente Innenraumbeleuchtung von Kraftfahrzeugen. Dissertation. München: Herbert Utz Verlag, 2003.

[Gri09] Grimm, M. 2009. Trends in Automotive Lighting, new technology and it's benefits for end-users. 8th Symposium of Automotive Lighting (ISAL). München: Herbert-Utz-Verlag, 2009.

[Gut11] Gut, C. 2011. Untersuchung des Blickverhaltens von Kraftfahrzeugführen in Kurven bei Nacht. Studienarbeit. Karlsruhe: Universität Karlsruhe (TH), 2011.

[Hei10] Heinrich, S., et al. 2010. Unfallgeschehen auf Landstraßen - Eine Auswertung der amtlichen Straßenverkehrsunfallstatistik. Berichte der Bundesanstalt für Straßenwesen, Mensch und Sicherheit, Heft M 209. Bremerhaven: Wirtschaftsverlag NW - Verlag für neue Wissenschaft GmbH , 2010.

[Hel00] Hella KG Hueck & Co. 2000. Hella Licht - Research and Development Review 2000. Lippstadt: Hella KG Hueck & Co, 2000.

[Hel] Hella KGaA Hueck & Co. Licht - Fußgängerschutz. Technische Information. Lippstadt: Hella KGaA Hueck & Co.

[Hen02] Hendrischk, W., Grimm, M. und Kalze, F.-J. 2002. Adaptive Scheinwerfer - Kurvenlicht erhöht die Verkehrssicherheit. in: Automobiltechnische Zeitschrift (ATZ). Wiesbaden: Springer

Automotive Media - Springer Fachmedien Wiesbaden GmbH, 2002. 11.

[Hof03]   von Hoffmann, A. 2003. Lichttechnische Anforderungen an adaptive Kraftfahrzeugscheinwerfer für trockene und nasse Fahrbahnoberflächen. Dissertation. Ilmenau: Technische Universität, 2003.

[Hör09]   Hörter, M. H. 2009. Intelligente Lichtverteilung im Kraftfahrzeug als Komfort- und Sicherheitsgewinn? Innovationen von heute und morgen... 14. Internationaler Kongress Elektronik im Kraftfahrzeug. Düsseldorf: VDI-Verlag, 2009.

[Huh99]   Huhn, W. 1999. Anforderungen an eine adaptive Lichtverteilung für Kraftfahrzeugscheinwerfer im Rahmen der ECE-Regelungen. Dissertation. München: Herbert Utz Verlag, 1999.

[Hül03]   Hülsen, H. 2003. Unfallgeschehen mit Fußgängern bei Nacht. Schriftenreihe Verkehrssicherheit; Unfälle in der Dunkelheit. Bonn: Deutscher Verkehrssicherheitsrat e.V., 2003.

[Hum10]   Hummel, B. 2010. Blendfreies LED-Fernlicht. Dissertation. Karlsruhe: Technische Universität Karlsruhe, 2010.

[Hum09]   Hummel, B. und Böhn, M. 2009. Abschlussbericht Verbundprojekt Nanolux der Audi AG Ingolstadt . Abschlussbericht an das Bundesministerium für Bildung und Forschung (BMBF). Förderkennzeichen 13N8726. Ingolstadt: s.n., 2009.

[Irl98]   Irle, H., Kost, N. und Stryschik, D. 1998. Integriertes Leuchtweiten-regelungssystem mit neuem Sensor. VDI Berichte. Düsseldorf: VDI-Verlag, 1998. 1415.

[Jeb12]   Jebas, C., Neumann, C. Physiologische Bewertung von Warnsichtsystemen. Optische Technologien in der Fahrzeugtechnik. VDI Berichte 21540. Düsseldorf: VDI-Verlag GmbH, 2012.

[Jeb11a]   Jebas, C., Neumann, C. Physiologische Bewertung von Warnsichtsystemen. Verkehrsunfall und Fahrzeugtechnik (VKU). München. Springer Automotive Media / Springer FAchmedien München GmbH. 2011. 09

[Jeb11b]   Jebas, C., Neumann, C. Physiologische Bewertung von Warnsichtsystemen. Lux Junior Tagungsband 2011. Ilmenau: Technische Universität Ilmenau, 2011

[Jeb10]   Jebas, C., Michenfelder, S., Neumann, C. Einfluss einer ambienten Innenraumbeleuchtung auf das Kontrastsehen des Fahrzeugführers. Verkehrsunfall und Fahrzeugtechnik (VKU). München. Springer Automotive Media / Springer FAchmedien München GmbH. 2010. 07-08.

[Jeb08a]   Jebas, C., et al. 2008. Optimierung der Beleuchtung von Personenwagen und Nutzfahrzeugen. Berichte der Bundesanstalt für Straßenwesen, Fahrzeugtechnik, Heft F66. Bremerhaven: Wirtschaftsverlag NW, 2008.

[Jeb08b]   Jebas, Christian, Manz, Karl und Lemmer, Uli. 2008. Relevanz und Optimierungsbedarf des Fußgängerschutzes im Straßenverkehr aus lichttechnischer Sicht. Tagungsband Licht 2008. Ilmenau: Technische Universität Ilmenau, 2008.

[Jeb06]   Jebas, Christian. 2006. Untersuchung des Einflusses der Vorfeld- und Seitenausleuchtung automobiler Scheinwerfer auf die Erkennbarkeitsentfernung von Sehobjekten. Diplomarbeit. Karlsruhe: Universität Karlsruhe (TH), 2006.

[Jun06]   Jungbluth, Christian. 2006. Fahrzeugtechnische Konzepte zum Fußgängerschutz bei Verkehrsunfällen. [Online] 09. Mai 2006. [Zitat vom: 26. April 2010.] www.brennstoffzellen.rwth-aachen.de. http://www.brennstoffzellen.rwth-aachen. de/Promotionen/050906_jungbluth_promotionsvortrag.pdf.

[Kam03]   Kammann, S. und Diem, C. 2003. Einfluss des peripheren Sehens auf die optische Wahrnehmung des Straßenverlaufes. Diplomarbeit. Darmstadt: Technische Universität Darmstadt, 2003.

[Kas07]   Kasper, D. 2007. Entwurf und Design einer ambienten Inneraumbeleuchtung. Studienarbeit, Karlsruhe: Universität Karlsruhe (TH), 2007.

[Kau04]   Kauschke, R., Eichhorn, K. und Wallaschek, J. 2004. Aktive Scheinwerfer zur subtraktiven Lichtverteilungserzeugung. DGaO-Proceedings 2004. Erlangen: Deutsche Gesellschaft für angewandte Optik e.V. (DGaO), 2004.

[KBA10]   KBA. 2010. Fahrzeugbestand in Deutschland. [Online] Februar 2010. [Zitat vom: 22. April 2010.] www.kba.de. http://www.kba.de/nn_125398/DE/Statistik/ Fahrzeuge/Bestand/2010__b__ueberblick__pdf,templateId=ra w,property=publicationFile.pdf/2010_b_ueberblick_pdf.pdf.

[Ket07]   Kettwich, C. 2007. Beeinflusst Werbung unser Fahrverhalten? Lux Junior Tagungsband 2007. Ilmenau: Technische Universität Ilmenau, 2007.

[Kle08]   Klein, D. 2008. Messtechnische Erfassung der Lichtverteilung eines LED-Forschungsscheinwerfers und Bestimmung der Eigenschaften der von ihm auf der Fahrbahnoberfläche erzeugten Reflexionen. Diplomarbeit. Jena: Fachhochschule Jena, 2008.

[Kli08]   Klinger, K. 2008. Auslegung der Kraftfahrzeugbeleuchtung hinsichtlich Sicht und Signalisation. Dissertation. Karlsruhe: Universität Karlsruhe (TH), 2008.

[Kno10]   Knoll, P.M. 2010. Automotive Night Vision Systems - Status and Development Trends. Optische Technologien in der Fahrzeugtechnik. VDI Berichte 2090. Düsseldorf: VDI-Verlag GmbH, 2010.

[Köh11]   Köhler, S. 2011. Messtechnische Bestimmung von Leuchtdichtekoeffizienten für Fahrbahndeckschichten unter flachen Anstrahlwinkeln. Paderborn: Universität Paderborn, 2011.

[Kok03]   Kokoschka, S. 2003. Grundlagen der Lichttechnik. Skript zur Vorlesung. Karlsruhe: Universität Karlsruhe (TH), 2003.

[Kön07]   Könning, T., Amsel, C. und Hoffmann, I. 2007. Light has to go where it is needed: Future Light Based Driver Assistance. 7th International Symposium of Autmotive Lighting (ISAL). München: Herbert Utz Verlag, 2007.

[Kos03]   Kosmatka, W.J. 2003. Differences in detection of moving pedestrians attributable to beam patterns and Speed. Progress in Automobile Lighting (PAL) - 5th international Symposium. München: Herbert Utz Verlag, 2003. Bd. 10.

[Kra10]   Kraftfahrtbundesamt (KBA). 2010. www.kba.de. Jahresbilanz der Fahrzeug-untersuchungen 2009. [Online] 01. April 2010. [Zitat vom: 01. September 2010.] http://www.kba.de/nn_330190/DE/Statistik/Fahrzeuge/Fahrze uguntersuchungen/fahrzeuguntersuchungen_node.html?__ nnn=true.

[Kub10]   Kubitza, B. und Schönke, K. 2010. Prädiktive Lichtsteuerung auf Basis hochgenauer digitaler Straßenvektordaten. Optische Technologien in der Fahrzeugtechnik. VDI-Berichte 2090. Düsseldorf: VDI-Verlag GmbH, 2010.

[Kuh06]   Kuhl, P. 2006. Anpassung der Lichtverteilung des Abblendlichtes an den vertikalen Straßenverlauf. Dissertation. Paderborn: Universität Paderborn, 2006.

[Küh05]   Kühn, M. Vortrag. 2005. Die Bewertung des fahrzeugseitigen Fußgänger-schutzes. TÜV-Fachkonferenz "Fußgängerschutz". Vortrag. Köln: s.n., 2005.

[Lac97]   Lachenmayr, B. und Buser, A., Keller, O. 1997. Sehstörungen als Unfallursache. Berichte der Bundesanstalt für Straßenwesen, Mensch und Sicherheit, Heft M65. Bremerhaven: Wirtschaftsverlag NW, 1997.

[Lac95]   Lachenmeyer, B.J. 1995. Sehen und gesehen werden: Sicher unterwegs im Straßenverkehr. Aachen: Verlag Shaker, 1995.

[Lam73]   Lamm, R. 1973. Fahrdynamik und Streckencharakteristik. Dissertation. Karslruhe: Universität Karlsruhe (TH), 1973.

[Ler03]   Lerner, Markus. Deutscher Verkehrssicherheitsrat e.V.. 2003. Analyse der Unfalldaten. Schriftenreihe Verkehrssicherheit; Unfälle in der Dunkelheit. Deutscher Verkehrssicherheitsrat e.V.. 2003, 12.

[Löb00]   Löbig, P. 2000. Ambiente Innenraumbeleuchtung von Kraftfahrzeugen. Licht 2000 - Tagungsband. Berlin: Deutsche Lichttechnische Gesellschaft, 2000.

[Loc08]   Locher, J., et al. 2008. Blendung durch Gegenverkehr: Scheinwerfer-eigenschaften, Sehleistung, Blendgefühl. Zeitschrift für Verkehrssicherheit. Köln : TÜV-Media GmbH, 2008.

[Mah07]   Mahlke, S., et al. 2007. Evaluation of six night vision enhancement systems: qualitative and quantitative support for intelligent image processing. Human Factors. 2007.

[Man07]   Manz, K., et al. 2007. Entwicklung von Kriterien zur Bewertung der Fahrzeugbeleuchtung im Hinblick auf ein NCAP für aktive Fahrzeugsicherheit. Berichte der Bundesanstalt für Straßenwesen, Fahrzeugtechnik, Heft F65. Bremerhaven: Wirtschaftsverlag NW - Verlag für neue Wissenschaft GmbH, 2007.

[Mat10a]   Matha, P.H. 2010. Optimized Dynamic Levelling System. V.I.S.I.O.N. - Vehicle and Infrastructure Safety Improvement in Adverse Conditions and Night Driving, Proceedings. Versailles: Société des Ingénieurs de l'Automobile (SIA), 2010.

[Mat10b]   Matschke, J. 2010. Nächtliche Blendsituationen auf der Landstraße. Bachelorarbeit. Jena: Fachhochschule Jena, 2010.

[Mef06]   Mefford, M.L. und Flannagan, M.J., Bogard, S.E. 2006. Real-World Use of High-beam headlamps. Ann Arbor, Michigan: University of Michigan, Transportation Research Institute, 2006.

[Met96]   Methling, D. 1996. Bestimmung von Sehhilfen. Stuttgart: Ferdinand Enke Verlag, 1996.

[Mic10a]   Michenfelder, S. 2010. Ermittlung des Einflusses einer ambienten Inneraumbeleuchtung auf das Kontrastsehen des Fahrzeugführers. Diplomarbeit. Karlsruhe: Karlsruher Institut für Technologie, 2010.

[Moi09]   Moisel, J., Ackermann, R. und Griesinger, M. 2009. Adaptive Headlights utilizing LED-Arrays. 8th International Symposium on Automotive Lighting (ISAL). München: Herbert Utz Verlag, 2009.

[Moi08]   Moizard, J. und Reiss, B. 2008. Advanced High Beam/Low Beam Transitions: Progressive Beam And Predictive Leveling. V.I.S.I.O.N. proceedings. Versailles Satory: Sociètè des Ingènieurs de l'Automobile (SIA), 2008.

[Moo08]   Moosbrugger, Helfried. 2008. Testtheorie und Fragebogenkonstruktion. Heidelberg: Springer Verlag, 2008.

[Mor74]   Mortimer, R.G. und Jorgeson, C.M. 1974. Eye Fixations of the Drivers in Night Driving with three headlamp Beams. Proceedings of the Automotive Safety Emission and Fuel Economic. 1974.

[Mou72]   Mourant, R.R und Rockwell, T.H. 1972. Strategies of visual search by novice and experienced drivers. Human Factors Vol. 14. s.l.: Human Factors Society, 1972.

[Neu03]   Neumann, R. 2003. Advanced Front Lighting System with
            Halogen Bulb Concept - Safety Improvement for Everybody.
            5th International Symposium on Automotive Lighting (ISAL).
            München: Herbert Utz Verlag GmbH, 2003.

[Neu10]   Neumann, C. 2010. Optische Technologien im Automobil.
            Vorlesungsunterlagen *SS2010* . Karlsruhe : Karlsruher Institut
            für Technologie (KIT), 2010.

[Per72]   Persson, E. 1972. Uppföljning av fältförsög med olika material
            för trafiklinjemarking. Linköping: Road and Traffic Research
            Institute, 1972.

[Phi09]   Philips Lumileds. 2009. Datasheet Luxeon Rebel Automotive
            Specification. [Online] 12 2009. [Zitat vom: 03. 05 2010.]
            www.philipslumileds.com.
            http://www.philipslumileds.com/pdfs/DS58.pdf.

[Rec06]   Rechentin, J.M. 2006. Systemdesign eines Kfz-LED-
            Scheinwerfers. Diplomarbeit. Karlsruhe: Universität
            Karlsruhe (TH), 2006.

[TUB78]   1978. Reaktionszeit von Kraftfahrern. Bereichtsheft
            Kolloqium. Berlin: Technische Universität (TU), 1978.

[Rei03]   Reinsberg, H. 2003. Sichtbarkeit schafft Sicherheit bei
            Dunkelheit. Schriftenreihe Verkehrssicherheit; Unfälle in der
            Dunkelheit. Bonn: Deutscher Verkehrssicherheitsrat e.V.,
            2003.

[Ric08]   Richter, B. 2008. Analyse des Einflusses einer adaptiven
            ambienten Innenraumbeleuchtung auf visuelle Paramater des
            Fahrzeugführers. Diplomarbeit. Jena : Fachhochschule Jena,
            2008.

[Ric06]   Richter, S. 2006. Blick-, Reaktions- und Fahrverhalten von Kraftfahrern bei Nebel. Verkehrsunfall und Fahrzeugtechnik. Wiesbaden: Springer Automotive Media / Springer Fachmedien Wiesbaden, 2006.

[Rie07]   Riedl, D. 2007. Einfluss eines ambient beleuchteten Fahrzeuginnenraumes auf das Kontrastsehvermögen. Studienarbeit. Karlsruhe: Universität Karlsruhe (TH), 2007.

[Rom78]   Rompe, K. und Grunow, D. 1978. Fahrverhalten von PKW beim Bremsen in der Kurve. Verkehrsunfall, 16. Jahrgang. 1978. 11.

[Ros99]   Rosenhahn, E. 1999. Entwicklung von lichttechnischen Anforderungen an Kraftfahrzeugscheinwerfer für Schlechtwetterbedingungen. Dissertation, München: Herbert Utz Verlag, 1999.

[Ros05]   Roslak, J. 2005. Entwicklung eines aktiven Scheinwerfersystems zur blendungsfreien Ausleuchtung des Verkehrsraumes. Dissertation. Paderborn : Universität Paderborn, 2005.

[SBA10]   Statistisches Bundesamt. 2010. Verkehr. Verkehrsunfälle 2009. Wiesbaden: Statistisches Bundesamt, 2010.

[Sch09a] Schmidt, C., Kalze, F.J. und Irmscher, T. 2009. Illumination Strategies for Dynamic Headlamp Functionslike Adaptive and Vertical Cut-off-Line. 8th International Symposium on Automotive Lighting (ISAL). München: Herbert Utz Verlag, 2009.

[Sch09b] Schneider, D. 2009. Marking light: system approaches and potential to reduce accidents. 8th International Symposium on Automotive Lighting. Darmstadt: Technische Universität Darmstadt, 2009. Bd. 12.

[Sch03a]   Schwab, G. 2003. Untersuchung zur Ansteuerung adaptiver Kraftfahrzeugscheinwerfer. Disseration. Technische Universität Ilmenau, Osnabrück: Der andere Verlag, 2003.

[Sch78]   Schmidt-Clausen, H.-J. 1978. Einfluss der Verschmutzung von Scheinwerfer-Streuscheiben auf die Sehweite von Kraftfahrern. Automobiltechnische Zeitschrift. Stuttgart: Franck'sche Verlagshandlung, 1978. 11.

[Sei06]   Seininger, P., et al. 2006. Entwicklung einer Rollwinkelsensorik für zukünftige Bremssysteme. Sicherheit, Umwelt, Zukunft: Tagungsband der 6. Internationalen Motorradkonferenz 2006. Essen: Institut für Zweiradsicherheit e.V., 2006.

[Sig96]   Sigthorsson, H. 1996. Unfallgeschehen bei Helligkeit, Dämmerung und Dunkelheit. s.l.: TÜV Media GmbH, 1996. 42.

[Sma09]   Smart Eye. 2009. Verarbeitung von Eye-Tracking-Daten. Freundliche Bereitstellung der Informationen. Gothenburg: Smart Eye, 2009.

[Spa87]   Spacek, P. 1987. Quergefälle in Geraden und Kurven. Forschungsbericht. Zürich : Eidgenössige Technische Hochschule Zürich, 1987.

[Spe08]   Speckmann, E.J., Hescheler, J. und Köhling, R. 2008. Physiologie. München: Urban & Fischer Verlag, Elsevier GmbH, 2008.

[Spi03]   Spiegel Institut Mannheim. 2003. Marktstudie
Sicherheitssysteme, Deutschland - Kennen Autofahrer ihre
Schutzengel. Studie im Auftrag der Robert Bosch GmbH.
Vortrag, 2003

[Spo03]   Sporner, Alexander. Deutscher Verkehrssicherheitsrat e.V..
2003. Lichttechnik zur Verbesserung der Sicherheit bei
Dunkelheit. Schriftenreihe Verkehrssicherheit; Unfälle in der
Dunkelheit. Deutscher Verkehrssicherheitsrat e.V.. 2003, 12.

[Sta09]   Statistisches Bundesamt Deutschland. 2009. [Online] 17.
November 2009. [Zitat vom: 03. März 2011.] www.destatis.de.
http://www.destatis.de/jetspeed/
portal/cms/Sites/destatis/Internet/DE/Presse/pm/zdw/2009/P
D09__046__p002.psml.

[Sul03]   Sullivan, J.M., et al. 2003. High-beam headlamp usage on
unlighted rural roadways . Ann Arbor, Michigan: University
of Michigan, Transportation Research Institute, 2003.

[Sul01]   Sullivan, J.M. und Flannagan, M.J. 2001. Chararcteristics of
Pedestrian Risk in Darkness. Ann Arbor, Michigan: The
University of Michigan, Transportation Research Institute,
2001.

[UDV08]   Unfallforschung der Versicherer. Mitteilung. 2008. Nur
eingeschränktes Wirkpotential von Nachtsichtsystemen bei
Fußgänger-Pkw-Kollisionen. Zeitschrift für
Verkehrssicherheit. Mitteilung. 2008. 1.

[Uns05]   Unselt, T. 2005. Fußgängerschutz: Beitrag durch
Bremsassistenzsysteme. Workshop "Fußgängerschutz". Köln:
TÜV Rheinland, 2005.

[Völ06]   Völker, Stephan. 2006. Hell- und Kontrastempfindung - ein Beitrag zur Entwicklung von Zielfunktionen für die Auslegung von Kraftfahrzeug-Scheinwerfern. Dissertation. Paderborn: Universität Paderborn, 2006.

[Vos80]   Vossen, W. H. 1980. Zum Zusammenhang von Fahrverhalten und Unfallgeschehen. *Verkehrsunfall und Fahrzeugtechnik* . 1980. 7/8.

[Wam05]   Wambsganß, H., Eichhorn, K. und Kley, F. 2005. Next Generation of Ambient Lighting: Physiology and Application. 6th International Symposium of Automotive Lighting. München: Herbert Utz Verlag, 2005.

[Wam96]   Wambsganß, H. 1996. Lichttechnische Anforderungen an Fahrbahn-markierungen bei Dunkelheit. Dissertation. Darmstadt: Technische Universität Darmstadt, 1996.

[Wol02]   Wolf, S. 2002. Fahrersichtweiten bei Nebelbedingungen in einem Feld-experiment. Licht. 2002, 03.

ABBILDUNGSVERZEICHNIS

Abbildung 1:   Translatorische und rotatorische Bewegungsgrößen eines Fahrzeuges 12

Abbildung 2:   Nickwinkel in Abhängigkeit der Längsbeschleunigung am Beispiel eines unbeladenen Kleintransporters 13

Abbildung 3:   Reflexion des vom Scheinwerfer abgestrahlten Lichtes auf trockener und nasser Fahrbahn 17

Abbildung 4:   Sehweite V in Links (schwarz)- und Rechtskurven (grau) für ausgewählte Kurvenradien R bei Verwendung des Abblendlichtes [Hof03] 22

Abbildung 5:   Kontakthäufigkeiten bei Fußgänger-Fahrzeugkollisionen nach [Hel] 25

Abbildung 6:   Strahlengang in einem Projektionsscheinwerfer [Hel00] 28

Abbildung 7:   Beispiele für Blenden zur Anpassung der Lichtverteilung; Links: Walzenblende (Modulation durch Drehung) [Sch09a]; Rechts: Segmentierte Blende (Modulation durch Verschieben der Segmente) [Dre09] 28

Abbildung 8:   Funktionsweise der adaptiven Hell-Dunkel-Grenze [Moi08] 37

Abbildung 9:   Maskiertes Dauerfernlicht – Lichtverteilungen des
linken und rechten Scheinwerfers [Sch09a]; Durch
eine konvergente bzw. divergente Bewegung beider
Scheinwerfermodule wird die Breite des Schattenrechtecks der Position anderer Verkehrsteilnehmer
angepasst 39

Abbildung 10:   Beispiele für die Realisierung mechatronischer
Scheinwerfermodule [Cej09]; Links: Projektionsmodul mit variablem Reflektorsystem; Rechts: Projektionsmodul mit variablem Linsensystem 42

Abbildung 11:   Funktionsweise eines hochadaptiven Matrix-Beams;
jedes Element der Matrix leuchtet einen definierten
Raumwinkel im Verkehrsraum aus; im abgebildeten
Beispiel können entgegenkommende Verkehrsteil-
nehmer gezielt ausgeblendet werden 44

Abbildung 12:   Ermittlung der vertikalen Straßengeometrie mithilfe
des Fahrspurverlaufes nach *Kuhl* [Kuh06] 46

Abbildung 13:   Links: Im Rahmen des *Nanolux*-Projektes entwickelter
Scheinwerfer [Hum10]; Rechts: Multichip-LED-Array
zur Realisierung der Matrix-Beam-Funktion [Hum10] 47

Abbildung 14:   Warnsichtfunktion, Selektive Beleuchtung eines Fußgängers durch das Markierungslicht 48

Abbildung 15:   Links: prototypischer Scheinwerfer bestehend aus
konventionellem Bi-Projektionssystem und Markierungslicht *Spotlight* [Hör09]; Rechts: Aktorik des
LED-Markierungslichtmoduls [Hör09] 49

Abbildung 16:   Vergleich der Verletzungsschwere bei Pkw- und Fuß-
                gängerunfällen nach [Jun06] 52

Abbildung 17:   Erkennbarkeit eines Fußgängers am rechten Fahr-
                bahnrand mit konventionellem Abblendlicht (links)
                und zugeschaltetem Fernlicht (rechts) 56

Abbildung 18:   Erkennbarkeit eines Fußgängers am rechten Fahr-
                bahnrand mit konventionellem Abblendlicht (links)
                und zugeschaltetem Markierungslicht (rechts) 56

Abbildung 19:   Untersuchte Ausleuchtungen des *Markierungslichtes*;
                Links: *Markierungslicht 1* (unterer Sehobjektbereich);
                Rechts: *Markierungslicht 2* (oberer Sehobjektbereich) 57

Abbildung 20:   Goniophotometrisch bestimmte Lichtverteilung mit
                Isoluxlinien des für das Warnsichtsystem *Adaptive
                Lichthupe* eingesetzten Fernlichtes (Vogelperspektive) 62

Abbildung 21:   Simulation des Warnsichtsystems *Adaptive Lichthupe* 63

Abbildung 23:   Links: Beleuchtungsmodul zur Simulation des Warn-
                sichtsystems *Markierungslicht*; Rechts: Aufbau des
                modifizierten Projektionssystems 64

Abbildung 24:   Simulation des Warnsichtsystems *Markierungslicht* 66

Abbildung 25:   Beleuchtungsstärke im horizontalen Schnitt durch 0°
                der in Abbildung 26 dargestellten Lichtverteilung des
                Warnsichtsystems *Markierungslicht* 67

Abbildung 26:   Goniophotometrisch bestimmte Lichtverteilung mit
                Isoluxlinien des, für das *Markierungslicht*
                eingesetzten, Beleuchtungsmoduls (Grundeinstel-
                lung, vertikale Ebene, Messentfernung 10 m) 68

Abbildung 27: Goniophotometrisch bestimmte Lichtverteilung mit Isoluxlinien der Referenzlichtverteilung (Vogelperspektive) 69

Abbildung 28: Funktionsweise des zur Bestimmung der Erkennbarkeitsentfernung e eingesetzten inkrementalen Messsystems 71

Abbildung 29: Einteilung der Probanden auf die einzelnen Versuchsabschnitte 73

Abbildung 30: Leuchtdichteverlauf eines, mit dem *Markierungslicht 1* in der Grundeinstellung beleuchteten, Sehobjektes; der blendfreie Bereich ist weiß markiert 77

Abbildung 31: Boxplots der aus dem Vorversuch resultierenden Erkennbarkeitsentfernungen e in Abhängigkeit der Fahrt; 85

Abbildung 32: Boxplots der aus dem Hauptversuch 1 resultierenden Erkennbarkeitsentfernungen e in Abhängigkeit der Lichtfunktion (LF) 87

Abbildung 33: Boxplots der aus dem Hauptversuch 1 resultierenden Reaktionszeiten t in Abhängigkeit der Lichtfunktion 87

Abbildung 34: Boxplots der aus dem Hauptversuch 2 resultierenden Erkennbarkeitsentfernungen e in Abhängigkeit der Lichtfunktion 91

Abbildung 35: Boxplots der aus dem Hauptversuch 2 resultierenden Reaktionszeiten t in Abhängigkeit der Lichtfunktion 91

Abbildung 36:   Boxplots der Antworten auf die Frage 8: „Bitte beurteilen Sie […], wann Sie die Fußgängerattrappen erkennen konnten. Vergeben Sie hierfür die Noten 1 bis 6. […]" 94

Abbildung 37:   Boxplots der Antworten auf Frage 10-1/2/3: „Bitte beurteilen Sie die Ausleuchtung […] hinsichtlich der nachfolgenden Merkmale: (hier:) Sichtbarkeit der Fußgänger" 94

Abbildung 38:   Boxplots der Antworten auf Frage 10-1/2/3: „Bitte beurteilen Sie die Ausleuchtung […] hinsichtlich der nachfolgenden Merkmale: (hier:) Komfortgefühl beim Fahren" 95

Abbildung 39:   Boxplots der Antworten auf Frage10-1/2/3: „Bitte beurteilen Sie die Ausleuchtung […] hinsichtlich der nachfolgenden Merkmale: (hier:) Sicherheitsgefühl beim Fahren" 95

Abbildung 40:   Boxplots der Antworten auf Frage 10-1/2/3: „Bitte beurteilen Sie die Ausleuchtung […] hinsichtlich der nachfolgenden Merkmale: (hier:) Praxisnutzen" 96

Abbildung 41:   Boxplots der Antworten auf Frage 10-1/2/3: „Bitte beurteilen Sie die Ausleuchtung […] hinsichtlich der nachfolgenden Merkmale: (hier:) Unterstützung bei der Fahraufgabe" 96

Abbildung 42:   Boxplots der Antworten auf Frage 10-1/2/3: „Bitte beurteilen Sie die Ausleuchtung […] hinsichtlich der nachfolgenden Merkmale: (hier:) Irritation bei der Fahraufgabe" 97

Abbildung 43:   Analysierte adaptive Innenraumbeleuchtung AAB; hervorgehoben sind die an der Vorder- und Rückseite befindlichen Photosensoren [Bra10a] 119

Abbildung 44:   Leuchtdichte L der Streuscheibe in Abhängigkeit der an den Photosensoren anliegenden Beleuchtungsstärke E bei maximaler Leuchtdichte des Grundniveaus sowie minimaler beziehungsweise maximaler Leuchtdichte des Endniveaus 120

Abbildung 45:   Emissionsspektrum der Leuchtdioden 121

Abbildung 46:   Rechtsgelenktes Versuchsfahrzeug *BMW 325i Touring (E90)*; Links: Rack mit Photometerkopf und Spektrometer, Rechner und Kontrollmonitor; Rechts: Energieversorgung, Photometereinheit und Datenlogger 126

Abbildung 47:   Versuchsaufbau zur Bestimmung des Verhältnisses aus direktem und von der Fahrbahn reflektiertem Anteil der Blendbeleuchtungsstärke 129

Abbildung 48:   Boxplots der Blendbeleuchtungsstärken E in Abhängigkeit des Scheinwerfertyps; gekennzeichnet sind der in der *ECE* festgelegte Grenzwert der Blendbeleuchtungsstärke im Punkt $B50L$ (Scheinwerferpaar) 132

Abbildung 48:   An der Position des Fahrerauges bestimmte und normierte Blendbeleuchtungsstärke E 139

Abbildung 49:   Normierte Schleierleuchtdichte LS nach Formel (5) in Abhängigkeit des Abstandes zum Blendfahrzeug 139

Abbildung 50: Versuchsaufbau zur Bewertung der *AAB* – statischer Versuchsteil.. 140

Abbildung 51: Links: Leuchtdichteverlauf des zur Darstellung der Sehzeichen verwendeten Monitors bei einge-schalteten Fahrzeugscheinwerfern; Rechts: Leucht-dichteverlauf des Monitors bei Verwendung der Vorfeldscheinwerfer 141

Abbildung 52: Weber-Kontrast *KW* des zur Darstellung der Sehzeichen verwendeten Monitors in Abhängigkeit der eingestellten Graustufe.. 142

Abbildung 53: Rack mit Halogen-Projektionsscheinwerfern zur Simulation des Gegenverkehrs [Ric08] 144

Abbildung 54: Relative Lagewinkel der *AAB* im Versuchsfahrzeug 146

Abbildung 55: Boxplots der Schwellenkontraste *KW* mit und ohne *AAB* in Abhängigkeit der Situation 148

Abbildung 56: Versuchsaufbau zur Bewertung der *AAB* – dyna-mischer Versuchsteil.. 154

Abbildung 57: Versuchsstrecke *Hockenheimring* mit Sehobjektpo-sitionen 156

Abbildung 58: Als Sehobjekt verwendete quadratische Tafeln mit Zusatzelement 157

Abbildung 59: Boxplots der Erkennbarkeitsentfernungen *e* mit und ohne *AAB* in Abhängigkeit der Situation 162

Abbildung 60: Boxplots der Antworten auf die Frage 11/12: „Wie
stark (1-9 nach *de Boer*) ist die subjektive Blendung?
(hier: ohne/mit ambienter Beleuchtung)" 164

Abbildung 61: Relative Antworthäufigkeiten auf die Frage 13:
„Empfanden Sie die Fahrt mit ambienter Beleuchtung
als angenehmer?" 165

Abbildung 62: Relative Antworthäufigkeiten auf die Frage 14:
„Empfanden Sie die Fahrt mit ambienter Beleuchtung
als sicherer?" 165

Abbildung 63: Unterteilung des Sichtfeldes vor dem Fahrzeug in
vier Zonen nach [Man07] 173

Abbildung 64: Links: Am Versuchsfahrzeug montierter LED-
Forschungsscheinwerfer *Voxellight* [Gla09]; Rechts:
Bewegliches LED-Modul [Rec06] 181

Abbildung 65: Auf Basis der *ECE*-Richtlinien berechnete, maximal
zulässige, Vorfeldleuchtdichten *Lmax* in Abhängigkeit des lateralen Abstandes zum Fahrzeug
(Leuchtdichtekoeffizient $q = 22 \cdot 10^{-3}$ cd/m²lx) 183

Abbildung 66: Oben: Lichtverteilung *1 (LV1)*; Unten: Lichtverteilung *2 (LV2)* [Gla09] 184

Abbildung 67: Leuchtdichteverlauf im Schnitt A-B der
Lichtverteilungen *1* und *2* (aufgrund des Aufnahmewinkels keine Intervallskalierung der Abszisse) 184

Abbildung 68: Im Testfahrzeug installiertes Remote Eye Tracking
System *Smart Eye Pro 5.4* 185

Abbildung 69: Akkumulierte Fixationen eines Probanden während einer Testfahrt.. 190

Abbildung 70: Boxplots der relativen Fixationshäufigkeiten *hVF* in Abhängigkeit der Vorfeldleuchtdichte und des Straßentyps 191

Abbildung 71: Relative Antworthäufigkeiten auf die Frage 4: „Welche Lichtverteilung fanden Sie am angenehmsten für den jeweiligen Streckenabschnitt?"..................... 194

TABELLENVERZEICHNIS

Tabelle 1:   Position und Orientierung der Sehobjekte 78

Tabelle 2:   Prüfung der in den Datenmatrizen (4) enthaltenen
Messwerte auf Normalverteilung mit dem Kolmogorov-
Smirnov Test; Überschreitungswahrscheinlichkeiten p 82

Tabelle 3:   Prüfung auf Vergleichbarkeit der Sehobjektpositionen
mit der Varianzanalyse; Überschreitungswahrschein-
lichkeiten p 82

Tabelle 4:   Prüfung auf Vergleichbarkeit der Sehobjektpositionen 1
bis 3, 5 und 6 in Abhängigkeit der Lichtfunktion mit der
Varianzanalyse; Überschreitungswahrscheinlichkeiten p 83

Tabelle 5:   Aus dem Vorversuch resultierende Erkennbarkeitsentfernungen e mit Streumaßen in Abhängigkeit
der Fahrt k; 85

Tabelle 6:   Prüfung der aus dem Vorversuch resultierenden
Erkennbarkeitsentfernungen e auf Normalverteilung mit
dem Kolmogorov-Smirnov-Test; Überschreitungswahr-
scheinlichkeiten p 86

Tabelle 7:   Aus dem Hauptversuch 1 resultierende Erkennbarkeitsentfernungen e mit Streumaßen in Abhängigkeit
der Lichtfunktion 88

Tabelle 8:   Aus dem Hauptversuch 1 resultierende Reaktionszeiten
t mit Streumaßen in Abhängigkeit der Lichtfunktion 88

Tabelle 9: Prüfung der aus dem Hauptversuch 1 resultierenden Erkennbarkeitsentfernungen e auf Normalverteilung mit dem Kolmogorov-Smirnov-Test; Überschreitungswahrscheinlichkeiten p 89

Tabelle 10: Effektstärke in Abhängigkeit von der, nach Formel (8) berechneten, standardisierten Differenz d 90

Tabelle 11: Vergleich der Lichtfunktionen auf Basis der aus dem Hauptversuch 1 resultierenden Erkennbarkeitsentfernungen e mit dem T-Test für verbundene Stichproben; Mediandifferenzen Δe, Überschreitungswahrscheinlichkeiten $p/pkorr.$ und standardisierte Differenzen d 90

Tabelle 12: Aus dem Hauptversuch 2 resultierende Erkennbarkeitsentfernungen e mit Streumaßen in Abhängigkeit der Lichtfunktion 92

Tabelle 13: Aus dem Hauptversuch 2 resultierende Reaktionszeiten t mit Streumaßen in Abhängigkeit der Lichtfunktion 92

Tabelle 14: Prüfung der aus dem Hauptversuch 2 resultierenden Erkennbarkeitsentfernungen e auf Normalverteilung mit dem Kolmogorov-Smirnov-Test; Überschreitungswahrscheinlichkeiten p 92

Tabelle 15: Vergleich der Lichtfunktionen auf Basis der im Hauptversuch 2 resultierenden Erkennbarkeitsentfernungen e; Mediandifferenzen Δe, Überschreitungswahrscheinlichkeiten $p/pkorr.$ und standardisierte Differenz 93

Tabelle 16: Prüfung der aus den Hauptversuchen resultierenden subjektiven Angaben auf Normalverteilung mit dem Kolmogorov-Smirnov-Test; Überschreitungs-wahrscheinlich-keiten p 98

Tabelle 17: Vergleich der Lichtfunktionen auf Basis der aus den Hauptversuchen resultierenden subjektiven Daten; Statistische Verfahren und Überschreitungswahr-scheinlichkeiten $p/pkorr$. 99

Tabelle 18: Blendbeleuchtungsstärke E mit Streumaßen in Abhängigkeit des Scheinwerfertyps 132

Tabelle 19: Prüfung der Blendbeleuchtungsstärke E auf Normal-verteilung mit dem Kolmogorov-Smirnov-Test; Überschreitungswahrscheinlichkeiten p 133

Tabelle 20: Schwellenkontraste KW mit Streumaßen mit und ohne AAB in Abhängigkeit der Situation 148

Tabelle 21: Prüfung der Schwellenkontraste KW auf Normal-verteilung mit dem Kolmogorov-Smirnov-Test; Über-schreitungswahrscheinlichkeiten p 150

Tabelle 22: Vergleich der Szenarien auf Basis der Schwellen-kontraste; Mediandifferenzen ΔKW, Über-schreitungswahrscheinlichkeit p und standardisierte Differenz d 150

Tabelle 23: Prüfung der Erkennbarkeitsentfernungen e auf Normal-verteilung mit dem Kolmogorov-Smirnov-Test; Über-schreitungswahrscheinlichkeiten p 160

Tabelle 24: Prüfung auf Vergleichbarkeit der Szenarienpaare; Überschreitungswahrscheinlichkeit p 161

Tabelle 25: Erkennbarkeitsentfernungen e mit Streumaßen mit und ohne AAB in Abhängigkeit der Situation 163

Tabelle 26: Prüfung der Erkennbarkeitsentfernungen e auf Normalverteilung mit dem Kolmogorov-Smirnov-Test; Überschreitungswahrscheinlichkeiten p 163

Tabelle 27: Vergleich der Szenarien auf Basis der Erkennbarkeitsentfernungen e mit dem T-Test für verbundene Stichproben; Mediandifferenzen Δe, Überschreitungswahrscheinlichkeit p und standardisierte Differenz d 164

Tabelle 28: Prüfung der subjektiven Angaben auf Normalverteilung mit dem Kolmogorov-Smirnov-Test; Überschreitungswahrscheinlichkeiten p 166

Tabelle 29: Fixationshäufigkeiten hVF mit Streumaßen in Abhängigkeit der Vorfeldleuchtdichte und des Straßentyps 191

Tabelle 30: Prüfung der Fixationshäufigkeiten hVF auf Normalverteilung mit dem Kolmogorov-Smirnov-Test; Überschreitungswahrscheinlichkeiten p 192

Tabelle 31: Vergleich der Lichtverteilungen auf Basis der Fixationshäufigkeiten hVF mit dem T-Test für verbundene Stichproben; Mediandifferenzen ΔhVF, Überschreitungswahrscheinlichkeit p und standardisierte Differenzen d 193

Tabelle 32:   Vergleich der Straßentypen auf Basis der
Fixationshäufigkeiten hVF mit dem T-Test für
verbundene Stichproben; Mediandifferenzen ΔhVF,
Überschreitungswahrscheinlichkeiten $p/pkorr.$ und
standardisierte Differenzen d 193

ANHANG

Anhang A
Abkürzungen, Symbole und Einheiten

A.1 ABKÜRZUNGEN

AAB	Adaptive Ambiente Innenraumbeleuchtung
ACE	Automobilclub Europa
AFS	Adaptive Frontbeleuchtungssysteme
ALH	Adaptive Lichthupe
ANOVA	analysis of variance
BMBF	Bundesministerium für Bildung und Forschung
BQ	Blendlichtquelle
CAVGS	Coordination of Automation Visibility and Glare Studies
CIE	Commission internationale de l'éclairage
DAT	Deutsche Automobil Treuhand Gesellschaft
DMD	Digital Micromirror Device
ECE	Economic Commission for Europe
ESP	Elektronisches Stabilitätsprogramm
EU	Europäische Union
GDL	Gas Discharge Lamp
GPS	Global Positioning System

Ha	Halogen
HDG	Hell-Dunkel-Grenze
HU	Hauptuntersuchung
KS-Test	Kolmogorov-Smirnov-Test
KL	Kontaktlinse
LCD	Liquid Crystal Display
LED	Light-emitting Diode
LF	Lichtfunktion
LMT	Lichtmesstechnik
LV	Lichtverteilung
MAIS	Maximum Abbreviated Injury Scale
ML	Markierungslicht
RAS	Richtlinien für die Anlagen von Straßen
S	Szenario
SO	Sehobjekt
SW	Scheinwerfer
TIR	Total Internal Reflection
UDV	Unfallforschung der Versicherer

A.2   SYMBOLE UND EINHEITEN

a	Abstand zwischen Blendlichtquelle und Sehobjekt
b	Abstand zwischen Fahrzeug und Blendlichtquelle
A	Ampere
cd	Candela
d	standardisierte Differenz
E	Beleuchtungsstärke
e	Erkennbarkeitsentfernung
h	Scheinwerferanbauhöhe
I	Lichtstärke
K_W	Kontrast nach Weber
K	Kelvin
L	Leuchtdichte
lm	Lumen
lx	Lux
n	Anzahl
P	Ratewahrscheinlichkeit
p	Signifikanzwert, Überschreitungswahrscheinlichkeit
q	Leuchtdichtekoeffizient
Q	Quartil
R	Kurvenradius
sr	Steradiant
T_F	Farbtemperatur

t	Zeit
U	Spannung
V	Volt
$\bar{x}$	Mittelwert
$\tilde{x}$	Median
x_{min}	Minimum
x_{max}	Maximum
Δx	Differenz
Φ	Lichtstrom
λ	Wellenlänge
θ	Winkel zum Blendfahrzeug
ρ	Reflexionsgrad

Anhang B

Probandenübersicht

Tabelle B.1:

Optometrische Probandendaten; Versuch: Warnsichtsysteme (Kapitel 3.4.4)

Proband	Al-ter	m/w	Seh-hilfe (Ferne)	Visus$_{CC}$ Ferne binokular	Stereo-sehen	Kontrast-sehen o. Blendung	Kontrast-sehen m. Blendung
A 1 – 1	60	m	keine	1,25	ok	0,05	0,05
A 1 – 2	59	m	Brille	1,0	ok	0,05	0,05
A 1 – 3	53	m	keine	1,0	ok	0,05	0,05
A 1 – 4	51	w	keine	1,0	ok	0,05	0,05
A 1 – 5	42	m	Brille	1,25	ok	0,05	0,05
A 1 – 6	57	m	keine	1,0	ok	0,10	0,05
A 1 – 7	53	w	keine	1,0	ok	0,05	0,05
A 1 – 8	46	w	Brille	1,25	ok	0,05	0,05
A 1 – 9	-	m	Brille	-	-	-	-
A 1 – 10	45	m	keine	1,25	ok	0,05	0,05
A 1 – 11	60	m	keine	1,25	ok	0,05	0,05
A 1 – 12	50	m	Brille	1,0	ok	0,10	0,05
A 1 – 13	35	m	keine	1,0	ok	0,05	0,05
A 1 – 14	52	m	keine	1,0	ok	0,05	0,05
A 1 – 15	45	w	k.A.	1,25	ok	0,05	0,05
A 1 – 16	45	m	k.A.	1,25	ok	0,05	0,05
A 2 – 1	41	m	Brille	1,25	ok	0,05	0,05
A 2 – 2	45	m	keine	1,25	ok	0,05	0,05
A 2 – 3	51	w	keine	1,25	ok	0,05	0,05
A 2 – 4	42	w	keine	1,25	ok	0,05	0,05
A 2 – 5	58	m	Brille	1,0	ok	0,10	0,05
A 2 – 6	50	w	keine	1,25	ok	0,05	0,05
A 2 – 7	54	m	keine	1,0	ok	0,10	0,05

A 2 – 8	53	w	KL[40]	1,0	ok	0,05	0,05
A 2 – 9	54	m	KL	1,0	ok	0,05	0,05
A 2 – 10	50	m	keine	1,25	ok	0,10	0,10
A 2 – 11	60	m	keine	1,0	ok	0,10	0,10
A 2 – 12	42	m	keine	1,25	ok	0,05	0,05
A 2 – 13	60	w	keine	1,0	ok	0,05	0,05
B 1	28	w	keine	1,25	ok	0,05	0,05
B 2	28	m	keine	1,25	ok	0,05	0,05
B 3	22	w	keine	1,25	ok	0,05	0,05
B 4	29	w	KL	1,25	ok	0,05	0,05
B 5	29	m	keine	1,25	ok	0,05	0,05
B 6	24	w	keine	1,25	ok	0,05	0,05

Tabelle B.2:

Optometrische Probandendaten; Versuch: Adaptive ambiente Innenraumbeleuchtung; statischer Versuchsteil (Kapitel 4.6.3.5)

Proband	Alter	m/w	Seh-hilfe (Ferne)	$Visus_{cc}$ Ferne binokular	Stereo-sehen	Kontrast-sehen o. Blendung	Kontrast-sehen m. Blendung
C 1	52	m	Brille	1,25	ok	0,05	0,05
C 2	45	w	keine	1,0	nein	0,10	0,10
C 3	54	m	keine	1,0	ok	0,05	0,10
C 4	50	m	KL	1,0	-	0,05	0,10
C 5	52	m	Brille	1,0	ok	0,05	0,10
C 6	46	m	Brille	1,25	ok	0,05	0,05
C 7	43	m	keine	1,0	-	0,10	0,05
C 8	48	w	keine	1,0	ok	0,05	0,05
C 9	55	w	Brille	1,0	ok	5	-
C 10	52	w	keine	1,0	ok	0,05	0,05

[40] KL: Kontaktlinsen

C 11	53	m	keine	1,0	ok	0,10	0,10
C 12	55	m	keine	1,0	ok	0,05	0,05
C 13	53	m	keine	1,0	ok	0,05	0,05
C 14	42	m	keine	1,0	ok	0,10	0,10
C 15	32	w	keine	1,0	ok	0,05	0,05
C 16	48	m	keine	1,0	ok	0,05	0,05
C 17	48	w	Brille	1,0	ok	0,10	0,10
C 18	54	m	keine	1,0	nein	0,05	0,10
C 19	55	w	keine	1,0	ok	0,05	0,10
C 20	43	m	Brille	1,0	ok	0,05	0,05
C 21	48	w	Brille	1,0	ok	0,05	0,05
C 22	52	m	Brille	1,0	ok	0,05	0,05
C 23	47	w	keine	1,0	nein	0,10	0,10
C 24	44	m	keine	1,0	ok	0,05	0,10
C 25	52	m	Brille	1,0	ok	0,05	0,05
C 26	49	w	Brille	1,0	ok	0,05	0,05
C 27	60	m	Brille	1,0	ok	0,10	0,10
C 28	50	w	Brille	1,0	ok	0,05	0,05
C 29	48	m	Brille	1,0	ok	0,05	0,05
C 30	49	m	Brille	1,25	ok	0,05	0,05
C 31	59	w	KL	1,0	ok	0,05	0,05

Tabelle B.3:

Optometrische Probandendaten; Versuch: Adaptive ambiente Innenraumbeleuchtung; dynamischer Versuchsteil (Kapitel 4.7.2.4)

Proband	Alter	m/w	Sehhilfe (Ferne)	Visus$_{cc}$ Ferne binokular	Stereo-sehen	Kontrastsehen (nach Pelly Robson)
D 1	35	w	Brille	1,25	0,022	ja
D 2	28	m	Brille	1,6	0,022	ja
D 3	28	m	Brille	1,6	0,015	ja

D 4	26	w	keine	1,25	0,022	ja
D 5	22	m	KL	1,25	0,022	ja
D 6	26	w	Brille	1,6	0,015	ja
D 7	26	m	keine	1	0,022	ja
D 8	23	w	keine	1,6	0,015	nein
D 9	27	w	Brille	1,25	0,022	ja
D 10	21	m	keine	1,6	0,015	ja
D 11	28	m	KL	1,6	0,015	ja
D 12	27	m	keine	1,6	0,022	ja
D 13	43	m	keine	1,25	0,022	ja
D 14	24	m	keine	1,6	0,015	ja
D 15	30	m	KL	1,6	0,03	ja
D 16	25	w	keine	1,25	0,022	ja
D 17	26	m	KL	1,25	0,022	ja
D 18	28	m	keine	1,25	0,022	ja
D 19	30	m	Brille	1,25	0,022	ja

Tabelle B.4:

Optometrische Probandendaten;

Versuch: Vorfeldausleuchtung (Kapitel 5.5.4)

Proband	Alter	m/w	Seh-hilfe (Ferne)	$Visus_{cc}$ Ferne binokular	Stereo-sehen	Kontrast-sehen o. Blendung	Kontrast-sehen m. Blendung
E 1	20	w	keine	1,25	ok	0,05	0,05
E 2	22	m	KL	1,25	ok	0,05	0,05
E 3	23	m	keine	1,25	ok	0,05	0,05
E 4	24	w	keine	1,25	ok	0,05	0,05
E 5	24	M	keine	1,25	ok	0,05	0,05
E 6	22	w	KL	1,25	ok	0,05	0,05
E 7	37	m	keine	1,25	ok	0,05	0,05
E 8	41	w	keine	1,25	ok	0,05	0,05

E 9	27	m	keine	1,25	ok	0,05	0,05
E 10	23	m	keine	1,0	ok	0,05	0,05
E 12	22	m	keine	1,0	ok	0,05	0,05
E 12	26	m	keine	1,25	ok	0,05	0,05
E 13	24	m	keine	1,25	ok	0,05	0,05
E 14	24	m	keine	1,25	ok	0,05	0,05
E 15	24	m	KL	1,25	ok	0,05	0,05
E 16	23	m	keine	1,25	ok	0,05	0,05
E 17	42	m	keine	1,0	ok	0,05	0,05
E 18	28	w	KL	1,25	ok	0,05	0,05
E 19	25	w	keine	1,25	ok	0,05	0,05
E 20	24	m	KL	1,0	ok	0,05	0,05

Anhang C
Fragebögen

Im Folgenden werden ausschließlich die Studien-bezogenen Fragen und Antworten aufgeführt. Rechtliche Fragen sowie Daten zu den Fahrgewohnheiten, welche lediglich zur Auswahl der Probanden dienen, sind nicht enthalten. Aus diesem Grund kann die aus den Bögen übernommene Nummerierung der Fragen gegebenenfalls Lücken aufweisen. Aus Platzgründen wird auf die grafische Darstellung der Ratingskalen und Antwortmöglichkeiten verzichtet.

C.1 WARNSICHTSYSTEME

ALLGEMEINE FRAGEN ZUM VERSUCH:

Frage 2:

Wie schwer empfanden Sie die Aufgabenstellung in dieser Studie?

[Ratingskala von 1 (sehr schwer) bis 6 (sehr leicht)]

Frage 3:

Wie schwer fiel Ihnen die allgemeine Bedienung des Versuchsfahrzeuges?

[Ratingskala von 1 (sehr schwer) bis 6 (sehr leicht)]

Frage 4:

Wie verständlich waren die Einweisungen des Versuchsleiters?

[Ratingskala von 1 (sehr verständlich) bis 6 (sehr verwirrend)]

Frage 5:

Wie sehr fühlten Sie sich durch die Messaufbauten (z.B. Kameras) im Versuchsfahrzeug abgelenkt?

[Ratingskala von 1 (sehr stark) bis 6 (gar nicht)]

FRAGEN ZUR GESAMTFAHRT:

Frage 7:

Haben Sie Unterschiede in den einzelnen Runden bezüglich der Ausleuchtung der am Straßenrand befindlichen Personenattrappen festgestellt?

[gebundenes Antwortformat mit den Auswahlmöglichkeiten:

- *nein, ich fand die Ausleuchtung in allen Runden als gleich*
- *nur zwischen Runde 1 und 2, identisch empfand ich Runde ___ und 3*
- *nur zwischen Runde 2 und 3, identisch empfand ich Runde ___ und 1*
- *nur zwischen Runde 1 und 3, identisch empfand ich Runde ___ und 2*
- *ja, ich empfand die Ausleuchtung der Personen in allen Runden als unterschiedlich]*

Frage 8:

Bitte beurteilen Sie nun abhängig von der Runde, wann Sie die Fußgängerattrappen erkennen konnten. Vergeben Sie hierfür die Noten 1 bis 6. Sollten Sie die Erkennbarkeit der Personen in zwei Runden als gleich beurteilen, vergeben Sie bitte die gleiche Note.

[Ratingskala von 1 (früh) bis 6 (spät) mit Fallunterscheidung nach Runde]

FRAGEN ZUR RUNDE 1/2/3[41]:

Frage 9-1/2/3:

Bitte beschreiben Sie kurz und stichpunktartig die Funktionsweise des in dieser Runde verwendeten Systems, so wie Sie diese wahrgenommen haben. Gehen Sie dabei nur auf die Unterschiede zu Ihrem Fahrzeugscheinwerfer ein. Sollten Sie keine Unterschiede bemerkt haben, markieren Sie dies im dafür vorgesehenen Feld.

[freies Antwortformat]

---

[41] Im Fragebogen dreifache Ausführung des Abschnittes

Frage 10-1/2/3:

Bitte beurteilen Sie die Ausleuchtung in dieser Runde hinsichtlich der nachfolgenden Merkmale.

[Ratingskala von 1 (hoch) bis 6 (gering) für folgende Merkmale:

- *Sichtbarkeit der Fußgänger*
- *Komfortgefühl beim Fahren*
- *Sicherheitsgefühl beim Fahren*
- *Praxisnutzen*
- *Unterstützung bei der Fahraufgabe*
- *Irritation bei der Fahraufgabe]*

Frage 11-1/2/3:

Haben Sie Ihrer Meinung nach die Fußgängerattrappen am Straßenrand in ausreichender Entfernung erkannt, so dass Sie im Ernstfall (Fußgänger betritt die Fahrbahn) rechtzeitig zum Stehen gekommen wären?

[gebundenes Antwortformat mit den Auswahlmöglichkeiten:

- *nein*
- *ja]*

NICHT IM TEXTTEIL ENTHALTENE ANTWORTEN:

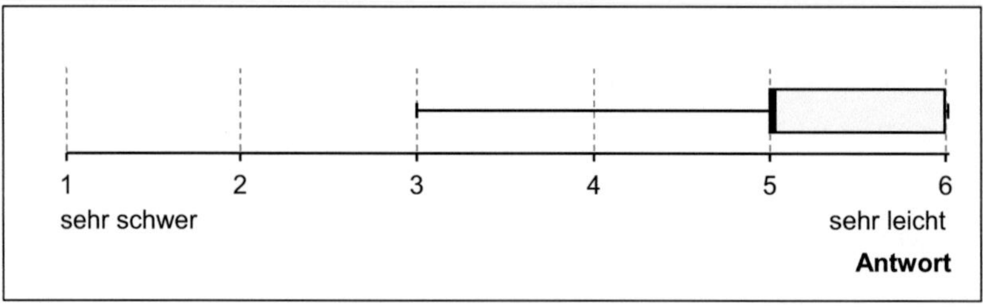

Abbildung C.1:
Boxplots der Antworten auf die Frage 2:
„Wie schwer empfanden Sie die Aufgabenstellung in dieser Studie?"

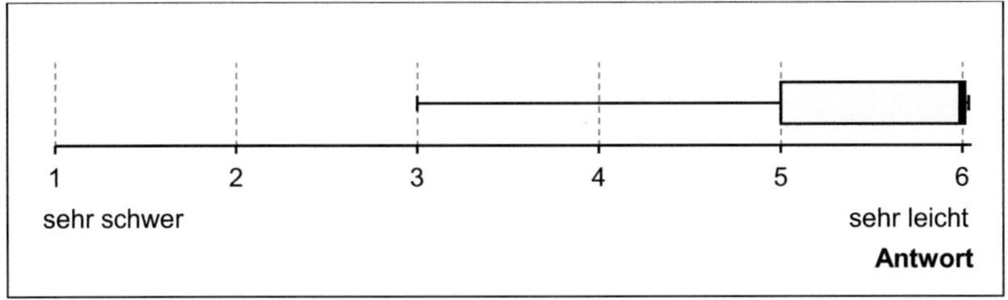

Abbildung C.2:
Boxplots der Antworten auf die Frage 3:
„Wie schwer fiel Ihnen die allgemeine Bedienung des
Versuchsfahrzeuges?"

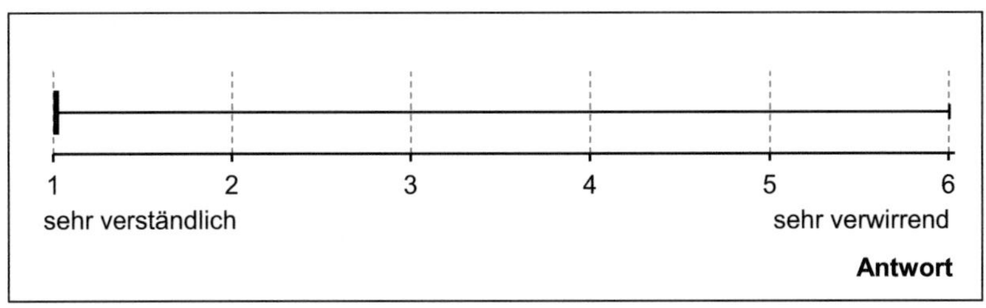

Abbildung C.3:
Boxplots der Antworten auf die Frage 4:
„Wie verständlich waren die Einweisungen des Versuchsleiters?"

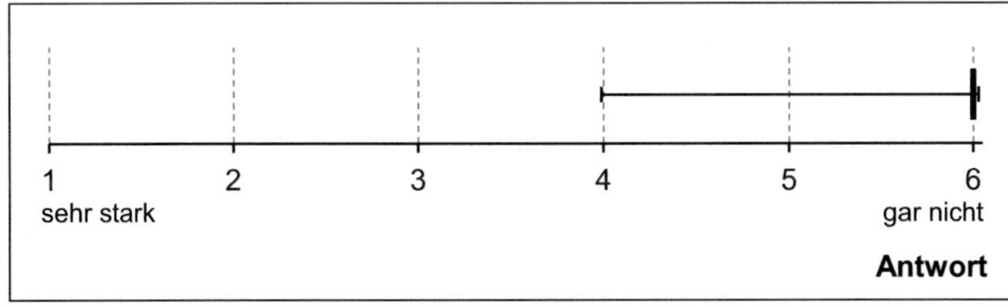

Abbildung C.4:
Boxplots der Antworten auf die Frage 5:
„Wie sehr fühlten Sie sich durch die Messaufbauten (z.B. Kameras) im Ver-
suchsfahrzeug abgelenkt?"

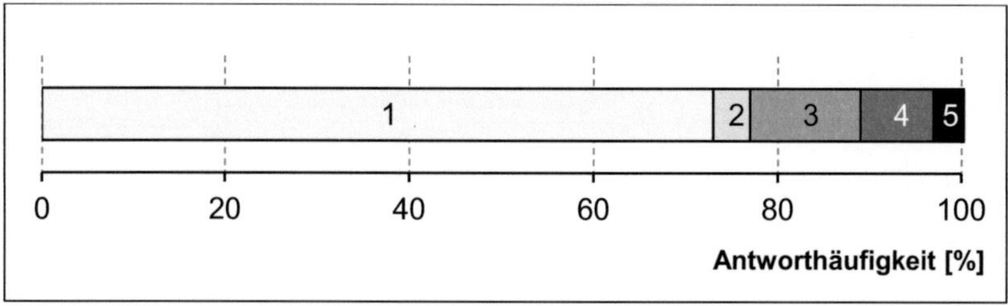

Abbildung C.5:

Relative Antworthäufigkeiten auf die Frage 7: „Haben Sie Unterschiede in den einzelnen Runden bezüglich der Ausleuchtung der am Straßenrand befindlichen Personenattrappen festgestellt?"

Legende: 1: ja; 2: nur zwischen *ML 1/2* und Referenz (*ML 1/2* und *ALH* gleich); 3: nur zwischen *ML 1/2* und *ALH* (*ML 1/2* und Referenz gleich); 4: nur zwischen *ML 1/2* und Referenz (*ALH* und Referenz gleich); 5: nur zwischen *ALH* und Referenz (*ML 1/2* und *ALH* gleich)

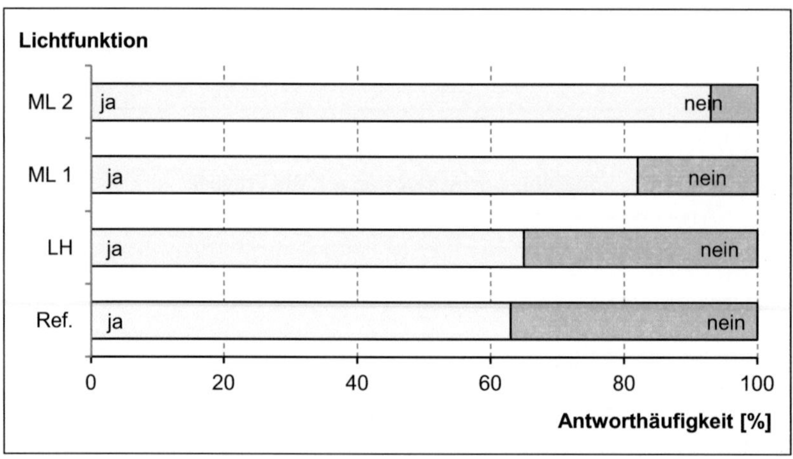

Abbildung C.6:

Relative Antworthäufigkeiten auf die Frage 11-1/2/3: „Haben Sie Ihrer Meinung nach die Fußgängerattrappen am Straßenrand in ausreichen der Entfernung erkannt, so dass Sie im Ernstfall (Fußgänger betritt die Fahrbahn) rechtzeitig zum Stehen gekommen wären?"

C.2 ADAPTIVE AMBIENTE INNENRAUMBELEUCHTUNG *AAB* – DYNAMISCHER VERSUCH

FRAGEN ZUM VERSUCH:

Frage 11:

Wie stark ist die subjektive Blendung ohne ambiente Beleuchtung?

[Ratingskala von 1 (unerträglich) bis 9 (merklich) nach de Boer]

Frage 12:

Wie stark ist die subjektive Blendung mit ambienter Beleuchtung?

[Ratingskala von 1 (unerträglich) bis 9 (merklich) nach de Boer]

Frage 13:

Empfanden Sie die Fahrt mit ambienter Innenraumbeleuchtung als angenehmer?

[gebundenes Antwortformat mit den Auswahlmöglichkeiten:

- *viel angenehmer*
- *etwas angenehmer*
- *kein Unterschied*
- *etwas schlechter*
- *unangenehm]*

Frage 14:

Empfanden Sie die Fahrt mit ambienter Innenraumbeleuchtung als sicherer?

[gebundenes Antwortformat mit den Auswahlmöglichkeiten:

- *wesentlich sicherer*
- *etwas sicherer*
- *kein Unterschied*
- *etwas unsicherer*
- *wesentlich unsicherer]*

C.3   VORFELDAUSLEUCHTUNG

Frage 1:

Konnten Sie den Anweisungen des Versuchsleiters folgen?

[gebundenes Antwortformat mit den Auswahlmöglichkeiten:

- *ja*
- *nein]*

Frage 2:

Haben Sie Unterschiede in der Lichtverteilung wahrgenommen?

[gebundenes Antwortformat mit den Auswahlmöglichkeiten:

- *ja*
- *nein]*

Frage 3:

Würden Sie sagen, dass die unterschiedlichen Lichtverteilungen Ihre Fahrweise beeinflusst haben?

[gebundenes Antwortformat mit den Auswahlmöglichkeiten:

- *ja*
- *nein*
- *nicht aufgefallen]*

Frage 4:

Welche Lichtverteilung empfanden Sie am angenehmsten für den jeweiligen Streckenabschnitt?

[gebundenes Antwortformat mit den Auswahlmöglichkeiten:

- *Grundlichtverteilung*
- *Grundlichtverteilung und zusätzliche Vorfeldausleuchtung*

und den Fallunterscheidungen:

- *Streckenabschnitt Innerorts*
- *Streckenabschnitt Landstraße*
- *Streckenabschnitt Schnellstraße*

Anhang D

Versuchsstrecken

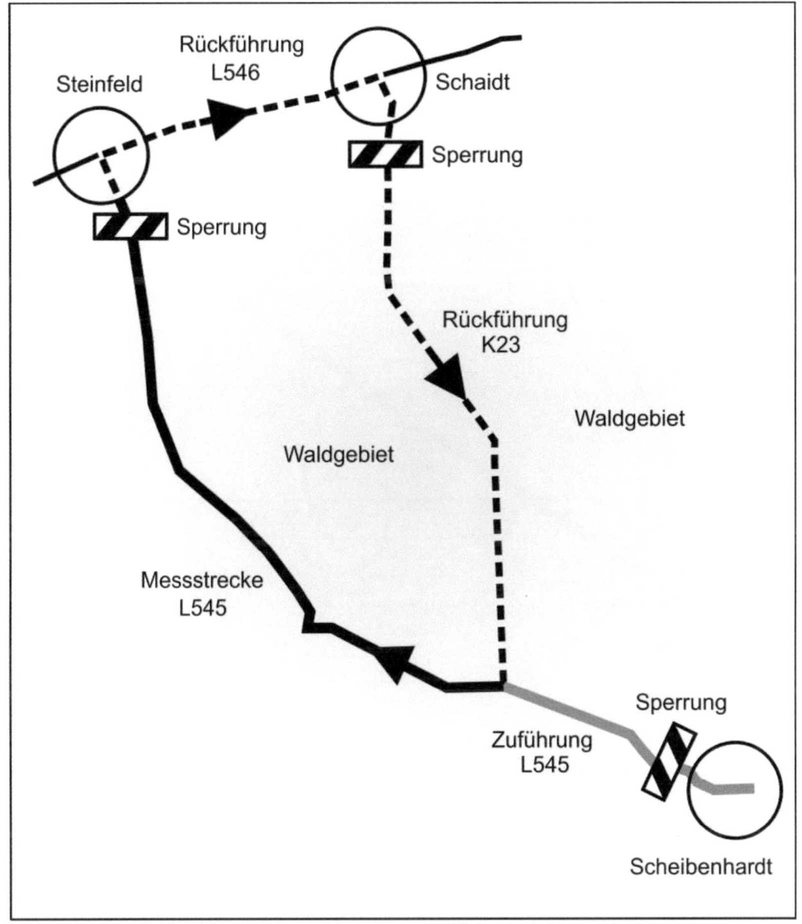

Abbildung D.1:
Versuchsstrecke *Bienwald*, Versuch: Warnsichtsysteme (Kapitel 3.4.5)

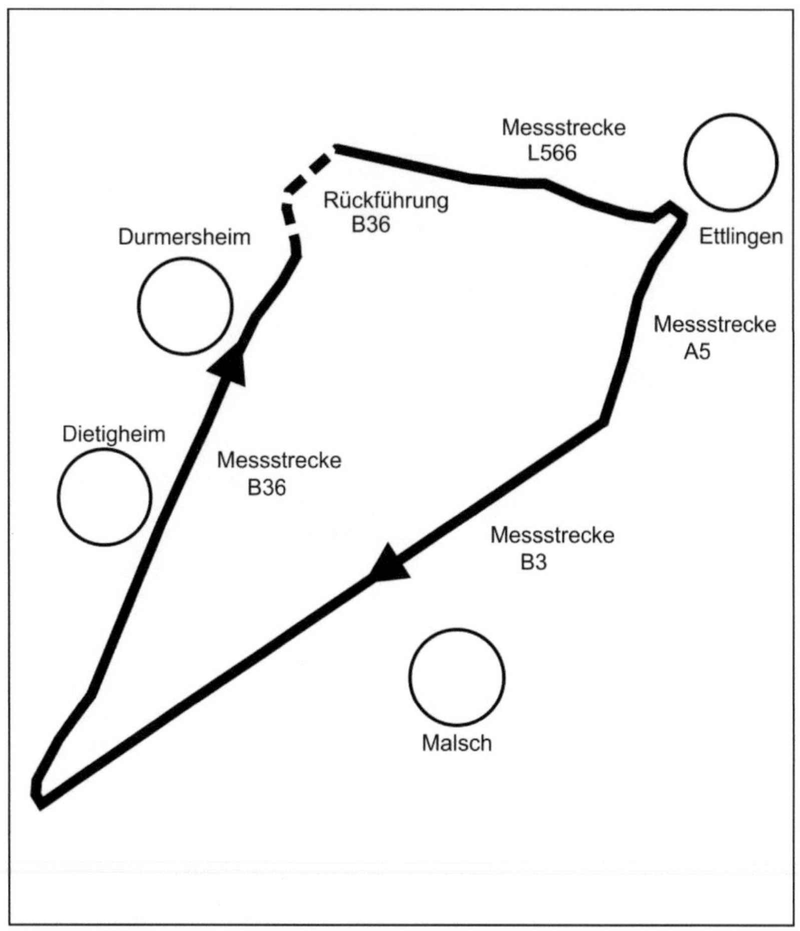

Abbildung D.2:
Versuchsstrecke *Ettlingen*, Versuch: Blendung (Kapitel 4.5.2.6)

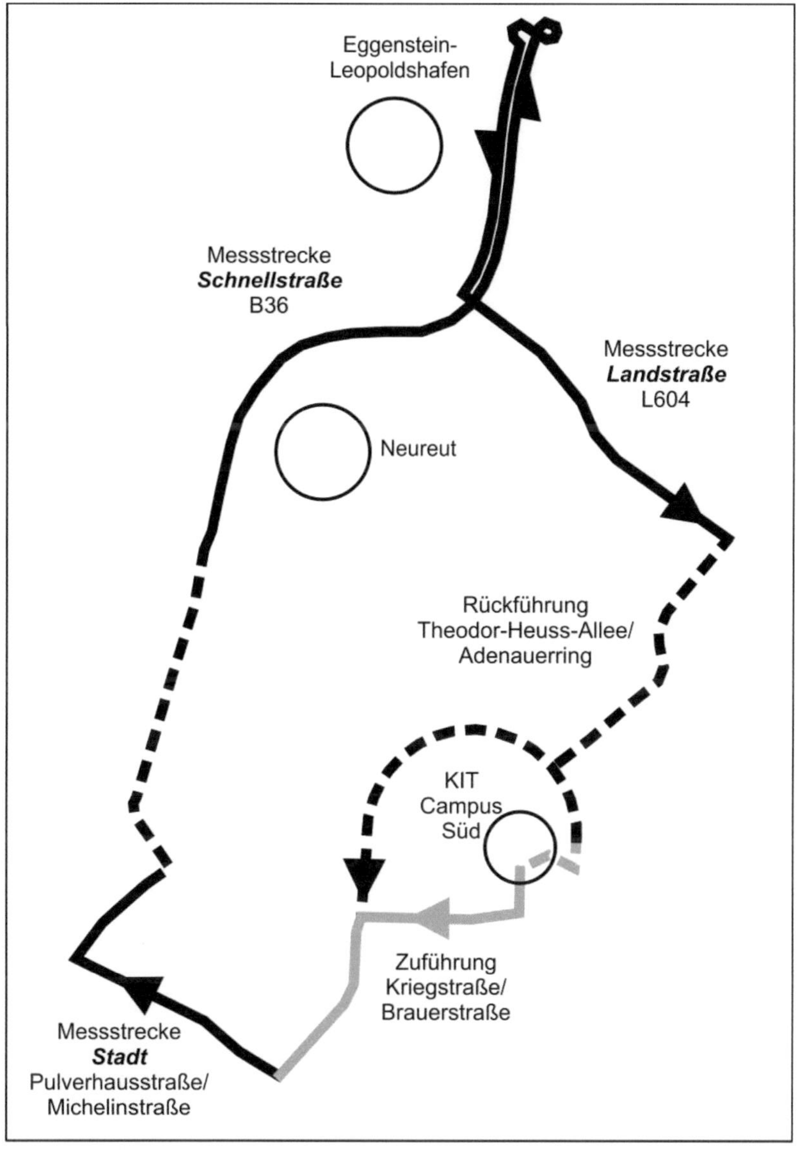

Abbildung D.3:

Versuchsstrecke *Karlsruhe*, Versuch: Vorfeldausleuchtung (Kapitel 5.5.5)

Anhang E
Deskriptive Statistik zur Datenfilterung;
Versuch: Warnsichtsysteme (Kapitel 3.5.2)

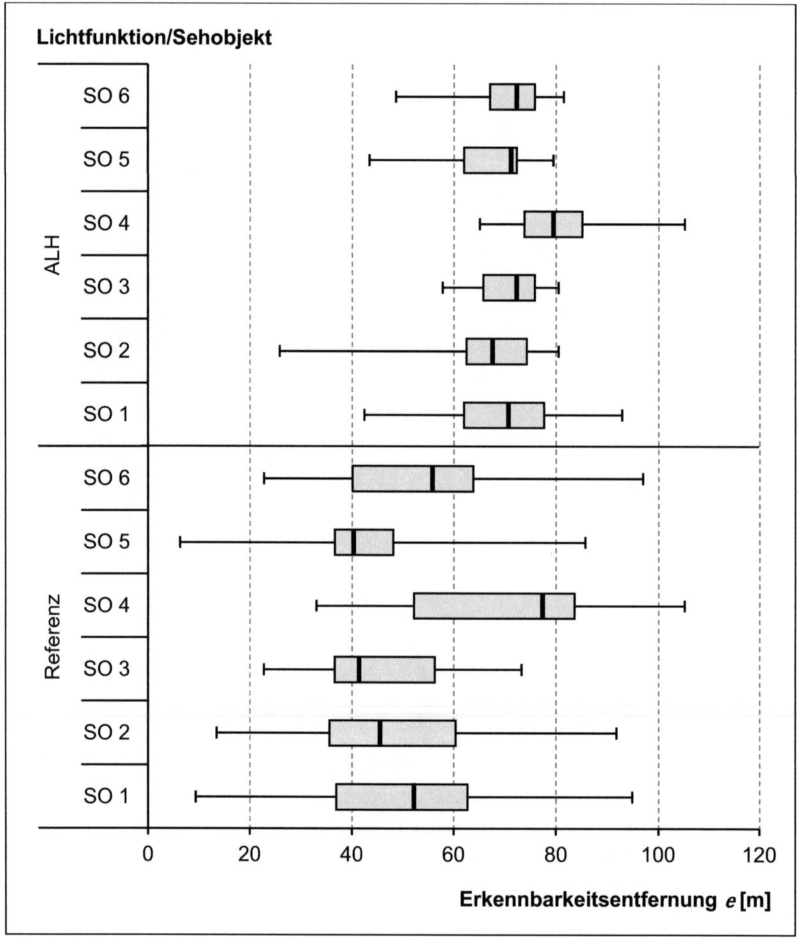

Abbildung E.1:
Boxplots der aus den Hauptversuchen resultierenden Erkennbarkeitsentfernungen e in Abhängigkeit der Lichtfunktion und des Sehobjektes

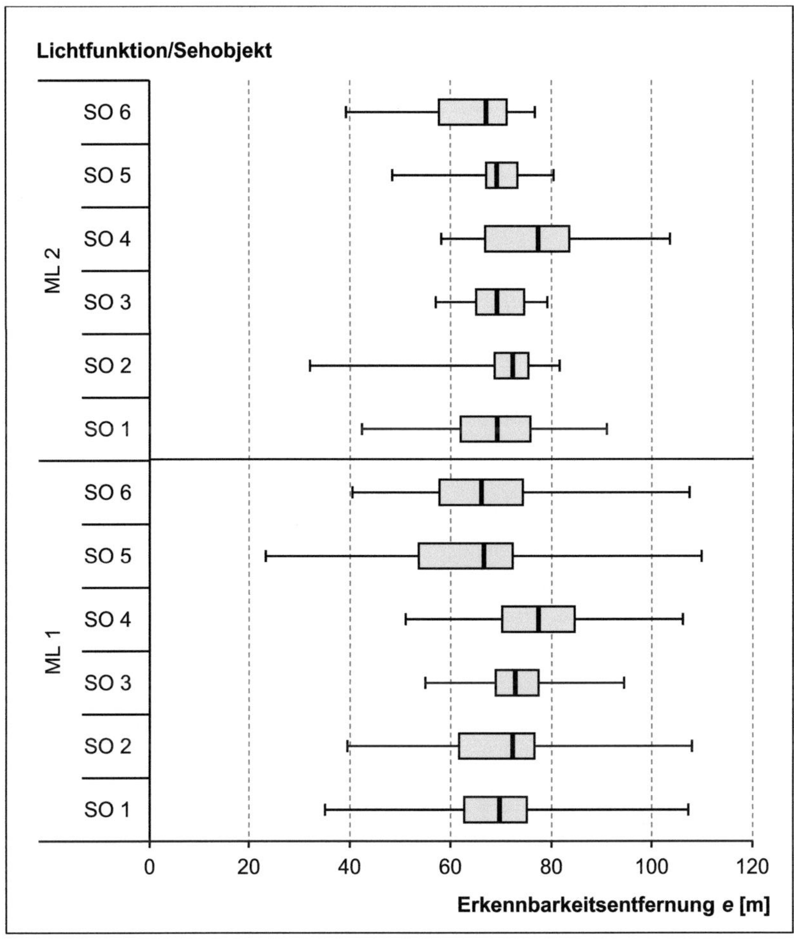

Abbildung E.1:

Boxplots der aus den Hauptversuchen resultierenden Erkennbarkeitsentfernungen *e* in Abhängigkeit der Lichtfunktion und des Sehobjektes

Tabelle E.1:

Aus dem Hauptversuchen resultierende Erkennbarkeitsentfernungen e mit Streumaßen in Abhängigkeit der Lichtfunktion und des Sehobjektes

Datenmatrix	$\bar{e}$ [m]	σ_e [m]	e_{min} [m]	$Q_{0,25}$ [m]	$\tilde{e}$ [m]	$Q_{0,75}$ [m]	e_{max} [m]
$E^{Referenz,SO1}$	51,3	22,0	9,4	37,0	52,2	62,7	94,9
$E^{Referenz,SO2}$	47,6	20,4	13,6	35,7	45,5	60,4	91,8
$E^{Referenz,SO3}$	44,0	13,8	22,8	36,7	41,4	56,3	73,3
$E^{Referenz,SO4}$	69,0	19,0	33,1	52,2	77,4	83,6	105,2
$E^{Referenz,SO5}$	42,6	14,2	6,34	36,7	40,3	48,1	85,7
$E^{Referenz,SO6}$	55,0	20,0	22,8	40,1	55,8	63,8	97,0
$E^{ALH,SO1}$	69,3	12,3	42,4	62,0	70,7	77,7	92,9
$E^{ALH,SO2}$	66,9	11,5	25,9	62,4	67,6	74,3	80,5
$E^{ALH,SO3}$	70,8	6,3	57,8	65,8	72,3	75,9	80,5
$E^{ALH,SO4}$	81,0	10,5	65,1	73,8	79,5	85,1	105,2
$E^{ALH,SO5}$	67,9	8,1	43,4	62,0	71,2	72,3	79,5
$E^{ALH,SO6}$	70,6	7,9	48,6	67,1	72,3	75,9	81,5
$E^{ML1,SO1}$	68,7	9,4	47,5	62,7	69,7	75,1	86,7
$E^{ML1,SO2}$	68,8	12,4	33,1	61,7	72,3	76,6	81,5
$E^{ML1,SO3}$	71,9	6,2	58,9	68,9	72,8	77,4	79,5
$E^{ML1,SO4}$	78,0	9,2	64,0	70,2	77,4	84,6	96,0
$E^{ML1,SO5}$	62,5	13,1	30,0	53,7	66,6	72,3	75,4
$E^{ML1,SO6}$	67,6	10,5	53,7	57,8	66,1	74,3	89,8
$E^{ML2,SO1}$	67,4	10,8	40,3	62,0	69,2	75,9	79,5
$E^{ML2,SO2}$	71,2	5,1	59,9	68,7	72,26	75,4	76,4
$E^{ML2,SO3}$	69,0	6,4	55,8	65,1	69,2	74,6	77,4
$E^{ML2,SO4}$	76,5	10,6	56,8	66,9	77,4	83,6	96,0
$E^{ML2,SO5}$	70,9	4,2	66,1	67,1	69,2	73,3	78,4
$E^{ML12SO6}$	64,4	9,5	41,4	57,8	67,1	71,2	76,4

Anhang F
Veröffentlichungen

F.1   KONFERENZBEITRÄGE MIT VORTRAG

Jebas, C., Klinger, K., Lemmer, U. 2007
Untersuchung des Einflusses der Vorfeld- und Seitenausleuchtung
automobiler Scheinwerfer auf die Erkennbarkeitsentfernung von
Sehobjekten. Lux-Junior Tagungsband. Ilmenau: Technische Universität
Ilmenau. 2007

Jebas. C., Manz, K., Klinger, K. 2007
Relevanz und Optimierungsbedarf des Fußgängerschutzes im
Straßenverkehr aus lichttechnischer Sicht. VKU-Konferenz Dokumentation
Fußgängerunfälle und Fußgängerschutz. Aachen: Vieweg Technology
Forum. 2007

Jebas, C., Klinger, K., Lemmer, U. 2008
New headlamp technologies. Photonics in the Automobile Europe. Band
7003B. Strasbourg: SPIE - The International Society for Optical Engineering.
2008

Jebas. C., Manz, K., Klinger, K. 2008
Relevanz und Optimierungsbedarf des Fußgängerschutzes im
Straßenverkehr aus lichttechnischer Sicht. Tagungsband Licht 2008
Ilmenau. Berlin: LitG Deutsche Lichttechnische Gesellschaft. 2008

Jebas. C., Michenfelder, S. 2010
Ermittlung des Einflusses einer ambienten Innenraumbeleuchtung auf das
Kontrastsehen des Fahrzeugführers. 13. Augenoptisches Kolloquium. Jena:
Fachhochschule Jena. 2010

Jebas. C., Neumann, C. 2011

Physiologische Bewertung von Warnsichtsystemen. Lux Junior
Tagungsband. Ilmenau: Technische Universität Ilmenau. 2011

F.2 KONFERENZBEITRÄGE MIT POSTER

Jebas, C., Klinger, K., Lemmer, U. 2007
Die dynamische Leuchtweitenregelung und ihre Relevanz für die Verkehrssicherheit. Lux-Junior Tagungsband. Ilmenau: Technische Universität Ilmenau. 2007

Jebas, C., Klein, D., Lemmer, U. 2009
Analyse der Beleuchtungsstärke auf Sehobjekten im Fernfeld in Abhängig-
keit der Vorfeld- und Seitenausleuchtung automobiler Scheinwerfer. Lux-
Junior Tagungsband. Ilmenau: Technische Universität Ilmenau. 2009

F.3 EIGENSTÄNDIGE WERKE

Jebas, C., Schellinger, S., Klinger, K., Manz, K., Kooß, D. 2008.
Optimierung der Beleuchtung von Personenwagen und Nutzfahrzeugen.
Berichte der Bundesanstalt für Straßenwesen, Fahrzeugtechnik, Heft F66.
Bremerhaven : Wirtschaftsverlag NW, 2008.

F.4 BUCHABSCHNITTE

Jebas. C., Manz, K., Klinger, K. 2008
Relevanz und Optimierungsbedarf des Fußgängerschutzes im
Straßenverkehr aus lichttechnischer Sicht. Handbuch der Beleuchtung –
Verkehrsbeleuchtung. 42. Erg.-Lfg., Landsberg: Ecomed Sicherheit. 2008. 12

F.5   ZEITSCHRIFTENARTIKEL

Jebas, C., Klinger, K., Lemmer, U. 2008
Die dynamische Leuchtweitenregelung und ihre Relevanz für die Verkehrssicherheit. Verkehrsunfall und Fahrzeugtechnik (VKU). Wiesbaden: Springer Automotive Media / Springer Fachmedien Wiesbaden GmbH, 2008. 04

Jebas. C., Manz, K., Klinger, K. 2009
Relevanz und Optimierungsbedarf des Fußgängerschutzes im
Straßenverkehr aus lichttechnischer Sicht. Verkehrsunfall und Fahrzeugtechnik (VKU). Wiesbaden: Springer Automotive Media / Springer Fachmedien Wiesbaden GmbH, 2009. 03

Jebas, C., Michenfelder, S., Neumann, C. 2010
Einfluss einer ambienten Innenraumbeleuchtung auf das Kontrastsehen des
Fahrzeugführers. Verkehrsunfall und Fahrzeugtechnik (VKU). Wiesbaden:
Springer Automotive Media / Springer Fachmedien Wiesbaden GmbH,
2010. 07-08

Jebas, C., Neumann, C. 2011
Physiologische Bewertung von Warnsichtsystemen. Verkehrsunfall und
Fahrzeugtechnik (VKU). München: Springer Automotive Media / Springer
Fachmedien München GmbH. 2011. 09

F.6   VERÖFFENTLICHUNGEN ALS DRITTAUTOR

Niedling, M., Michenfelder, S., Jebas, C., Neumann, C.
Influence of adaptive interior lighting in vehicles on the discomfort and
disability glare. 9th International Symposium on Automotive Lighting
(ISAL). München: Herbert Utz Verlag. 2011

Anhang G
Betreute Arbeiten

Klein, D. 2008
Messtechnische Erfassung der Lichtverteilung eines LED-
Forschungsscheinwerfers und Bestimmung der Eigenschaften der von ihm
auf der Fahrbahnoberfläche erzeugten Reflexionen. Jena: Fachhochschule
Jena, 2008.

Richter, B. 2008
Analyse des Einflusses einer adaptiven ambienten Innenraumbeleuchtung
auf visuelle Paramater des Fahrzeugführers . Diplomarbeit. Jena:
Fachhochschule Jena, 2008.

Glaß, J. 2009
Untersuchung der Fixationshäufigkeit unterschiedlicher
Vorfeldausleuchtungen automobiler Scheinwerfer. Studienarbeit.
Karlsruhe: Universität Karlsruhe (TH), 2009.

Petri, S. 2009
Entwicklung einer bildverarbeitungsbasierten Scheinwerferkalibrierung
unter Berücksichtigung statischer und dynamischer Einflussfaktoren. Diplomarbeit. Karlsruhe: Universität Karlsruhe. 2009

Michenfelder, S. 2010.
Ermittlung des Einflusses einer ambienten Inneraumbeleuchtung auf das
Kontrastsehen des Fahrzeugführers. Diplomarbeit. Karlsruhe: Karlsruher
Institut für Technologie, 2010.

Matschke, J. 2010
Nächtliche Blendsituationen auf der Landstraße. Bachelorarbeit. Jena :
Fachhochschule Jena, 2010.

Schneider, L. 2010

Einfluss der Vorfeldausleuchtung auf die Kontrastempfindlichkeit von Fahrzeugführern. Bachelorarbeit. Jena: Fachhochschule Jena. 2010

Kronimus, C. 2010

Charakterisierung von Rückstreukurven eines optischen TOF Sensors für Pre-Crash Anwendungen. Diplomarbeit. Karlsruhe: Karlsruher Institut für Technologie. 2011